电气与电子工程技术丛书

电子式互感器测试技术

李振华　李红斌 等　著

国家自然科学基金项目

电能计量装置在线校验的精密传感理论与方法研究（51507091）

科 学 出 版 社

北 京

内 容 简 介

作为电力系统最常用的测量设备，互感器的性能是电网安全稳定运行的保证。在当前泛在电力物联网及智能电网迅速发展的环境下，可靠、稳定、智能的测试技术对保证互感器的运行性能十分重要。本书从电子式互感器这一测量设备的测试技术入手，总结互感器的基本原理、特点及存在的问题，研究组合式互感器、互感器离线测试技术、暂态性能测试技术、在线测试技术、状态评估技术等，形成从互感器本体设计到运行维护的一整套较为完善的方法和技术，为互感器的设计、生产、运维等提供指导。

本书可供从事电磁测量及电能计量等方面研究、设计、生产和使用的科研人员、工程技术人员、科技管理人员使用，尤其可作为从事电磁测量及带电检测研究的电气工程技术人员的参考书。

图书在版编目（CIP）数据

电子式互感器测试技术 / 李振华等著. —北京：科学出版社，2020.9

（电气与电子工程技术丛书）

ISBN 978-7-03-065958-3

Ⅰ. ①电… Ⅱ. ①李… Ⅲ. ①互感器—测试技术—研究 Ⅳ. ①TM45

中国版本图书馆 CIP 数据核字（2020）第 162614 号

责任编辑：吉正霞 李亚佩 / 责任校对：高 嵘

责任印制：张 伟 / 封面设计：苏 波

科 学 出 版 社 出版

北京东黄城根北街16号

邮政编码：100717

http://www.sciencep.com

北京凌奇印刷有限责任公司 印刷

科学出版社发行 各地新华书店经销

*

2020 年 9 月第 一 版 开本：787×1092 1/16

2021 年10月第二次印刷 印张：13 1/2

字数：310 000

定价：95.00 元

（如有印装质量问题，我社负责调换）

《电子式互感器测试技术》编委会

主　编： 李振华

副主编： 李红斌　童　悦　张　竹　陈　庆

编　委：（以姓氏笔画为序）

李红斌　李振华　李振兴　张　竹

张　志　张　磊　陈　庆　焦　洋

童　悦

Preface
前　言

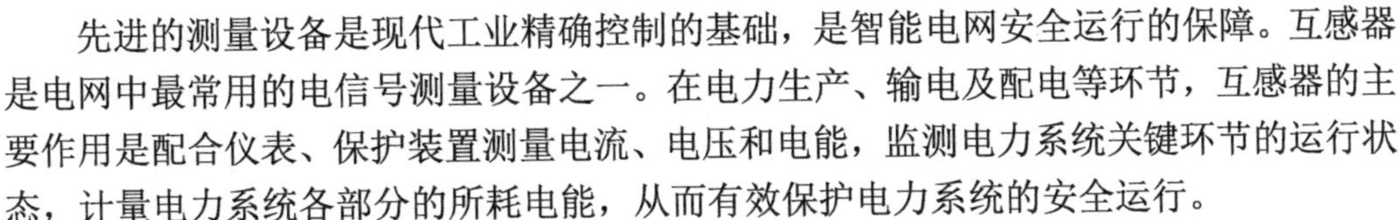

先进的测量设备是现代工业精确控制的基础，是智能电网安全运行的保障。互感器是电网中最常用的电信号测量设备之一。在电力生产、输电及配电等环节，互感器的主要作用是配合仪表、保护装置测量电流、电压和电能，监测电力系统关键环节的运行状态，计量电力系统各部分的所耗电能，从而有效保护电力系统的安全运行。

传统电信号测量方法主要采用电磁式测量方法或分压式测量方法，如电磁式电流互感器、电磁式电压互感器、电容分压型电压互感器、电阻分压型电压互感器等，其测量准确度高、稳定性好，但在测量频带、体积、重量、绝缘等方面存在一些不足之处，难以适应电网的发展需求。智能电网的发展对直流、脉冲、谐波、瞬变等复杂电信号提出了更高的测量需求。具备传感原理新颖、集成化程度高、动态范围大、响应速度快等优势的新型电子式互感器在此种情况下应运而生，近年来取得了迅速的发展，如 Rogowski 线圈电子式电流互感器、基于泡克耳斯效应的光学电压互感器等，它们逐渐应用于智能变电站中，在绝缘设计、动态范围等方面展现出了比传统互感器更优越的优势。然而，由于电子式互感器中的大量电子元件靠近一次线路，处于高电压、大电流的复杂电磁环境中，所受干扰比传统电磁式设备更为强烈，在实际应用中，电子式互感器在长期稳定性、温度性能、电磁兼容性能等方面尚存在一些亟待解决的技术问题。为了保证电子式互感器的性能，需要对其进行定期检修或测试。

本书主要阐述电子式互感器的测试技术。作者及团队成员近年来针对电子式互感器及其测试技术、状态监测技术进行了较为深入的研究，针对电子式互感器现场准确度测试技术、不停电状态下的在线校验技术等进行了详细的分析和设计，对校验时的电磁干扰、误差影响因素等进行了较深入的建模分析，提出了相应的补偿方法。同时，对所研究的设备和技术进行了多次现场测试和应用，提出了相应的改进措施。本书所阐述的互感器现场及在线测试技术、状态评估技术等能有效保证电子式互感器投运后的性能，为其进一步推广应用提供了技术支撑。

本书主要依据作者的教学科研成果撰写而成，内容共分为 7 章。第 1 章简要介绍电子式互感器的类型、特点及相关标准；第 2 章介绍电子式互感器的基本原理及结构；第 3 章介绍电子式互感器的采集单元及合并单元；第 4 章介绍电子式互感器的离线测试技术；第 5 章介绍电子式互感器的在线测试技术；第 6 章介绍互感器状态评估方法；第 7 章介绍典型工程应用案例并分析相应的测试结果。

本书第 1 章由李振华、李红斌撰写；第 2 章由李振华、陈庆撰写；第 3 章由李振兴撰写；第 4 章由李振华、张志撰写；第 5 章由李振华撰写；第 6 章由张竹、张磊撰写；第 7 章由童悦、焦洋撰写。

本书在编写过程中，得到武汉格蓝若光电互感器有限公司、南京磐能电力科技股份有限公司、中国电力科学研究院有限公司，研究生李秋惠、李春燕、陶渊、王尧、蒋伟辉、郑严钢、张阳坡、喻彩云、向鑫、王中、张宇杰、陈兴新、成俊杰、程紫熠等的大力支持，在此表示感谢。

由于作者水平有限，书中难免有一些不足之处，恳请读者提出宝贵的修改意见和建议。

著　者

2020 年 4 月

Contents
目 录

第 1 章

绪 论

1.1 互感器简介

1.1.1 互感器的作用

为了保证电力系统的安全、经济运行，需要对电力系统及其电力设备的相关参数进行测量，以便对其进行必要的计算、监控和保护。互感器由连接到电力传输系统一次和二次之间的一个或多个电流或电压传感器组成，用以传输正比于被测量的量，供给测量仪器、仪表、继电保护或控制装置[1-2]。

互感器的主要作用有以下几个方面。

（1）将电力系统一次侧的电流、电压信息传递到二次侧，与测量仪表和计量装置配合，可以测量一次系统电流、电压并进行电能计量。

（2）当电力系统发生故障时，互感器能正确反映故障状态下电流、电压波形，与继电保护和自动装置配合，可以对电网各种故障构成保护和自动控制。

（3）通常的计量和继电保护装置不能直接接到高电压、大电流的电力回路上。互感器将一次侧高压设备与二次侧设备及系统在电气方面隔离，从而保证了二次侧设备和人身的安全，并将一次侧的高电压、大电流变换为二次侧的低电压、小电流，使计量装置和继电保护装置标准化。

1.1.2 互感器的分类

1. 按原理分类

按照原理分类，互感器可以分为电磁式互感器和电子式互感器。

电磁式互感器由铁心和原、副绕组组成，通过电磁感应原理将大电压、大电流变换为标准的小电压、小电流。从 1882 年设计出第一台互感器至今，电磁式互感器经历了 100 多年的发展，铁心材料和制作工艺不断地改进，为提高测量的准确度也采取了各种补偿措施，现今电磁式互感器的发展已经处于相当成熟的阶段。长期以来，具有铁心的传统电磁式互感器在继电保护和电流计量中一直占主导地位[3-4]。然而，随着电力工业的发展，电力系统的运行电压等级也越来越高，目前我国电网的最高运行电压等级已经达到 1 100 kV。由于铁心的影响、充油绝缘的采用及传统保护措施的限制，传统电磁式互感器逐渐暴露出难以克服的问题和严重的缺陷，存在以下主要问题。

（1）绝缘难度大，特别是 500 kV 以上，绝缘结构的复杂化使得互感器的体积、质量及价格均提高。绝缘击穿、突然性爆炸出现概率大，可造成系统单相对地短路。

（2）产生的暂态信号可能引起快速保护器件的误动作。互感器的分合闸，会因过渡

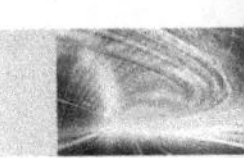

过程产生电压振荡，引起真空开关的永久性破坏；动态范围小，频带窄；互感器铁心在故障状态下的饱和限制了电磁式互感器的动态响应精度；电压互感器整个测量装置存在二次短路的危险。当二次侧负荷开路后，检修人员、配电设备将因开路高压而面临巨大威胁。

（3）电磁式互感器可能产生铁磁谐振，出现过电压危及电气设备的运行安全。电磁式电压互感器在运行中由于铁心饱和引起的铁磁谐振过电压，其绕组的励磁电流大大增加，严重时可达到其额定励磁电流的百倍以上，从而引起互感器的熔断器烧断、喷油、绕组烧毁甚至爆炸。

（4）电磁式互感器的输出信号不能直接与微机化计量及继电保护装置直接接口。在电力系统中广泛应用的以微处理器为基础的数字继电保护装置、电网运行监视与控制系统及发电机励磁装置等，不再需要大功率驱动，仅需±5 V 的电压信号和 μA 或 mA 级的电流信号，即电力系统对互感器的参数要求发生了变化，实质上需要的是电量变送器。

电子式互感器是在数字信号技术、智能传感技术、电磁学等多门学科的基础上发展而来的，与传统互感器相比具有较大的优势。电子式互感器的构成一般可以分为：传感单元、采集单元、合并单元等。传感单元用于将一次侧的高电压、大电流信号转换为合适的低电压、小电流信号；采集单元用于对传感单元的输出信号进行信号调理、滤波、A/D 转换等，并通过微控制器将 A/D 转换的数据按一定的格式进行组帧，通过光纤等发送给合并单元；合并单元对来自多个采集单元的数据进行处理后，一般按照 IEC 61850-9-2（或 IEC 61850-9-2LE）的格式发送给后续的装置，如计量装置、继电保护装置和交换机等[5-6]。

2. 按用途和性能特点分类

按用途和性能特点分类，互感器可以分为测量用互感器和保护用互感器。

测量用互感器主要在电力系统正常运行时，将相应电路的电流变换供给测量仪表、积分仪表和其他类似电器，用于运行状态监视、记录和电能计量等。

保护用互感器主要在电力系统非正常运行和故障状态下，将相应电路的电流变换供给继电保护装置等，以便启动有关设备清除故障，也可实现故障监视和故障记录等。

3. 按测量对象分类

按测量对象分类，互感器可以分为电流互感器、电压互感器和组合式互感器。电流互感器主要实现一次电流信号的测量；电压互感器主要实现一次电压信号的测量；组合式互感器是具有电流互感器、电压互感器功能的装置，可同时实现电压与电流信号的测量。目前组合式互感器的几种经典形式有：组合式光学电流/电压互感器，空心线圈与分压传感器组合的电流/电压互感器，气体绝缘金属封装开关设备（gas insulated metal and enclosed switchgear，GIS）中电子式电流/电压互感器的组合。组合式互感器用一套绝缘支柱，可减少占地面积，节省材料。

1.2 电子式互感器特点

1.2.1 电子式互感器的优点

与传统互感器相比，电子式互感器的优点主要有以下几方面。

（1）一次侧、二次侧电气隔离，绝缘性能好，安全性高。传统互感器采用铁心作为传感器，绝缘结构较为复杂，互感器绝缘成本增长率随电压等级升高而升高。而电子式互感器采用空心线圈或者光学材料作为传感器，极大地简化了绝缘结构，特别是在超高压、特高压输电中，其性价比优势更为突出。

（2）动态范围大，频率响应范围宽。传统互感器的铁磁材料磁饱和问题难以避免，由于电网中故障电流与正常运行电流相差较大，电网对计量和继电保护装置的要求难以同时达到，并且传统互感器有发生铁磁谐振的危险。电子式互感器频响范围大，不仅能完整地测出电网中的基波，还能满足对高次谐波，甚至衰减直流的测量需求。电子式互感器动态范围比传统互感器大，如基于光学元件和空心线圈的电流互感器，测量范围可以从几安培到数万安培。

（3）低压侧不存在开路或短路问题。当电磁式电流互感器二次测量回路开路时，二次侧会产生高压，而电磁式电压互感器短路时会产生大电流，严重危及二次设备和工作人员的安全。电子式互感器二次侧一般为小电压信号或光信号，不存在开路或短路问题。

（4）数据传输抗干扰能力强。电子式互感器输出的是数字信号，以光纤作为传输介质，抗电磁干扰能力强，在恶劣的电磁环境中更是凸显优越。目前电子式互感器的输出数据格式一般为 IEC 61850-9-2（或 IEC 61850-9-2LE），可直接提供数字信号给后续的计量和继电保护装置，有助于加速整个变电站的数字化和信息化进程，符合智能电网发展的要求。

（5）体积小、重量轻、成本低。电子式互感器没有铁心，其重量远小于传统互感器，因此便于运输和安装。另外，电子式互感器的体积小，易于与其他高压设备集成在一起，减少变电站的占地面积。另外，对于超高压或特高压的输电线路，电子式互感器在绝缘方面的优势更加明显。

1.2.2 电子式互感器的主要问题

电子式互感器的准确度和稳定性是考核其性能的关键指标。近几十年来，国内外对电子式互感器的研究取得了较大的进步，但仍然存在一些问题[7-11]，主要如下。

1. 测量准确度和稳定性问题

电子式互感器是由多个环节构成的测量系统，系统误差是涉及每个环节的综合问题。在现场运行中，互感器的传感头受外界因素的影响，主要因素就是环境温度对传感头的影响。以基于 Rogowski 线圈的电子式电流互感器为例，当其工作环境的温度改变时，线圈材料的热膨胀效应使得线圈的结构尺寸发生改变，线圈互感系数也随之发生变化，进而导致线圈的输出电压变化，影响电子式电流互感器的测量准确度。而光学互感器同样易受外界温度变化的影响，一方面是存在温度漂移问题，另一方面是温度变化不仅引起磁光晶体材料的双折射，还使介质的 Verdet 常数发生变化，从而造成测量误差。

2. 电磁干扰问题

互感器处于高电压大电流环境中，电磁环境比较复杂，以空心线圈式电流互感器为例，当线圈受到外部杂散的磁场干扰时会产生干扰电压并叠加在线圈正常感应的电压信号上，从而引起测量误差。此外，平行导线间、线圈与被测导线间存在分布电容，使得电子式互感器较易受到干扰。另外，电子式互感器中含有大量的电子元器件，长期暴露在电磁环境中易受干扰。

3. 供电电源问题

有源型电子式互感器高压侧采集传输单元一般需要稳定的电源供电。目前应用较为广泛的供电方式有母线电流供电、太阳能供电、激光供电、组合供电等。激光供电技术的输出比较稳定，具有很好的发展前景，但由于大功率半导体激光器的技术限制，容易发生激光器退化导致发射功率下降的问题，再加上产品造价较高，激光供电技术有待进一步发展。而母线电流供电方式虽然结构简单、成本低，但当电流过小时会无法正常工作。组合供电方式存在多种电源之间的无缝切换问题。因此，供电问题也是电子式互感器研究的重点和难点。

1.3 电子式互感器相关标准

为了保证电子式互感器的正常运行，需要对其进行出厂性能测试、入网前性能测试及定期检修性能测试等，目前我国已颁布了一系列的相关标准规范，贯穿了电子式互感器的设计、研发和制造整个过程。

1.3.1 电子式互感器的试验标准

为了保证电子式互感器的安全运行，更好地推进电子式互感器相关技术的发展，国际电工委员会（International Electrotechnical Commission，IEC）颁布了一系列关于电子式互感器的标准。

（1）《互感器 第7部分：电子式电压互感器》（IEC 60044-7：1999）。

（2）《互感器 第8部分：电子式电流互感器》（IEC 60044-8：2002）。

（3）《变电站通信网络和系统 第9-1部分：特定通信服务映射（SCSM）单向多路点对点串行通信链路上的采样值》（IEC 61850-9-1）。

（4）《变电站通信网络和系统 第9-2部分：特定通信服务映射（SCSM）-通过ISO/IEC 8802-3的采样值》（IEC 61850-9-2）。

我国对电子式互感器的研究较晚。2005年，全国互感器标准化技术委员会专门针对电子式互感器的标准化召开了会议。2007年，我国在IEC标准的基础上颁布了电子式互感器的国家标准，如下。

（1）《互感器 第7部分：电子式电压互感器》（GB/T 20840.7—2007）。

（2）《互感器 第8部分：电子式电流互感器》（GB/T 20840.8—2007）。

（3）《直流电子式电流互感器技术监督导则》（DL/T 278—2012）。

1.3.2 电子式互感器的试验项目

根据相关标准及规范的规定，针对电子式互感器的性能评价技术一般可以分为三种类型：一是型式试验，即依照相关标准的规定，在专业检测机构开展的试验；二是出厂试验，即依照相关标准的规定，在产品出厂前由制造厂家完成的试验；三是现场试验，一般由相关的检测机构在变电站现场完成。现场试验又可以分为交接验收试验和使用中的检验等。电子式互感器的性能评价项目框图如图1.1所示。

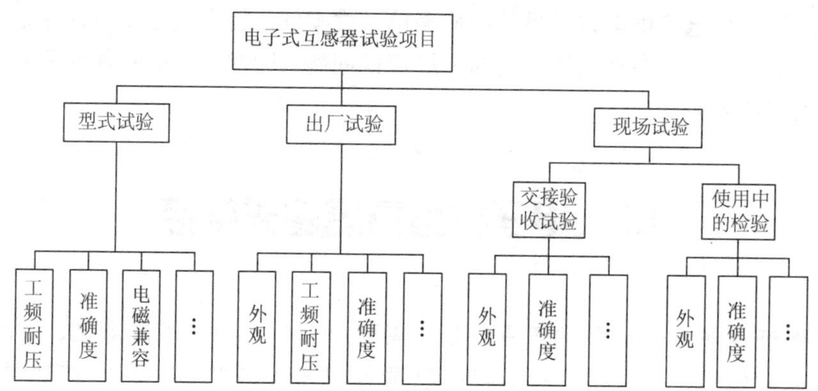

图1.1 电子式互感器的性能评价项目框图

1. 型式试验项目

型式试验是对各个电子式互感器进行的试验，用它验证按同一技术规范制造的所有电子式互感器是否均满足除例行试验外的各项要求。电子式互感器的型式试验一般在专业的检定机构进行，国内目前有两家具备电子式互感器检测资质的检测机构，分别是中国电力科学研究院有限公司和西安高压电器研究院有限责任公司。

《互感器 第7部分：电子式电压互感器》(GB/T 20840.7—2007）和《互感器 第8部分：电子式电流互感器》(GB/T 20840.8—2007）中规定了电子式互感器挂网运行前所需要进行的型式试验，见表1.1。

表1.1 电子式互感器的型式试验项目

序号	电子式电流互感器的型式试验项目	电子式电压互感器的型式试验项目
1	短时电流试验	额定雷电冲击试验和截断雷电冲击试验
2	温升试验	操作冲击试验
3	准确度试验	户外型电子式电压互感器的湿试验
4	雷电冲击试验	准确度试验
5	操作冲击试验	温升试验
6	户外型电子式电流互感器的湿试验	异常条件耐受能力试验
7	无线电干扰电压试验	无线电干扰电压试验
8	传递过电压试验	传输过电压试验
9	低压器件的冲击耐压试验	电磁兼容试验，包括发射和抗扰度试验
10	电磁兼容试验，包括发射和抗扰度试验	低压器件的冲击耐压试验
11	保护用电子式电流互感器的补充准确度试验	暂态性能试验，包括一次短路和线路带滞留电荷的重合闸试验
12	防护等级的验证	
13	密封性试验	
14	振动试验	

2. 出厂试验项目

出厂试验是指按照相关标准的规定，由制造厂对将要出厂的设备进行的试验。电子式互感器的出厂试验包括外观、工频耐压、局部放电、极性检验、准确度试验、低压器件的耐压试验和密封性能试验等。

3. 现场试验项目

互感器的现场试验一般指在变电站现场完成的试验，包括交接验收试验和使用中的检验等。

1）交接验收试验

交接验收试验是指设备安装投运前，为确定设备状态性能而进行的试验。交接验收试验的主要目的是检验设备是否在运输过程中出现问题。电子式互感器的现场交接验收试验一般包括外观检查、绝缘电阻试验、工频耐压、准确度试验和极性试验等。

2）使用中的检验

电子式互感器使用中的检验一般采用定期检修的形式，检修一般在变电站现场进行。根据国家电网有限公司的企业标准《电子式互感器现场校验规范》（Q/GDW 690—2011）的规定，电子式互感器的定期检修项目包括：外观检查、绝缘电阻试验、工频耐压试验、电子式互感器极性检查、电子式互感器输出时间特性测试和准确度校验等。传统互感器经过了多年的发展和应用，展示出了良好的稳定性和可靠性，根据国家计量检定规程《测量用电流互感器》（JJG 313—2010）和《测量用电压互感器》（JJG 314—2010）的规定，检修时间一般为 2 年，而实际操作时检修的时间间隔可能会更长。例如，云南电网有限责任公司企业标准《电流互感器现场校验作业指导书》（Q/YNDW 113.2.170—2006）的规定，测量用电流互感器的校验周期可以为 10 年。而电子式互感器由于属于新兴技术，故障率较高，检修周期也比传统互感器短，一般新投运的电子式互感器检修周期为 1 年，对于连续的两个校验周期内误差变化不大于基本误差限值 1/2 的电子式互感器，可适当放宽检修周期至 2 年。

参 考 文 献

[1] 刘延冰, 余春雨, 李红斌. 电子式互感器原理、技术及应用[M]. 北京: 科学出版社, 2009: 17-28.

[2] 冯军. 智能变电站原理及测试技术[M]. 北京: 中国电力出版社, 2011: 21-33.

[3] ZHOU H, ZHANG W, CONG R, et al. Optimization of reactive power for active distribution network with power electronic transformer[C]//IEEE 12th International Conference on the European Energy Market (EEM), Lisbon, Portugal, 2015: 1-5.

[4] DUJIC D, KIEFERNDORF F, CANALES F, et al. Power electronic traction transformer technology[C]//IEEE 7th International Power Electronics and Motion Control Conference, Harbin, China, 2012: 636-642.

[5] 张冬清. 电子式互感器的应用研究[D]. 北京: 华北电力大学, 2012.

[6] 党晓勇. 基于 IEC61850 电子式互感器数字接口硬件方案研究[D]. 成都: 西南交通大学, 2010.

[7] 阮思烨, 王德林, 徐凯, 等. 直流输电系统电子式电流互感器故障统计分析[J]. 电网技术, 2018, 42(10): 3170-3175.

[8] 刘彬, 叶国雄, 童悦, 等. 气体绝缘开关设备的隔离开关分合操作对电子式互感器电磁兼容特性的影响[J]. 高电压技术, 2018, 44(4): 1204-1210.

[9] 韩海安, 张竹, 王晖南, 等. 基于主元分析的电容式电压互感器计量性能在线评估[J]. 电力自动化设备, 2019, 39(5): 201-206.

[10] 周磊, 官志涛, 李红斌, 等. 精确测量微安直流的全数字化磁调制器[J]. 电测与仪表, 2019, 56(7): 131-141.

[11] 李红斌, 张明明, 刘延冰, 等. 几种不同类型电子式电流互感器的研究与比较[J]. 高电压技术, 2004(1): 4-9.

第2章

电子式互感器基本原理及结构

2.1 电子式电流互感器

根据传感原理不同，电子式电流互感器可分为基于 Rogowski 线圈的电子式电流互感器和基于法拉第效应原理的电流互感器[1-2]。目前，ABB 公司已经研制出多种无源光学互感器，如磁光电流互感器（magneto optic current transformer，MOCT）；法国阿尔斯通（ALSTOM）公司已经研制出 123～756 kV 的光学电流互感器（current transformer with optical- sensors，CTO）。

《互感器 第 8 部分：电子式电流互感器》（GB/T 20840.8—2007）给出了电子式电流互感器的通用框图，如图 2.1 所示。

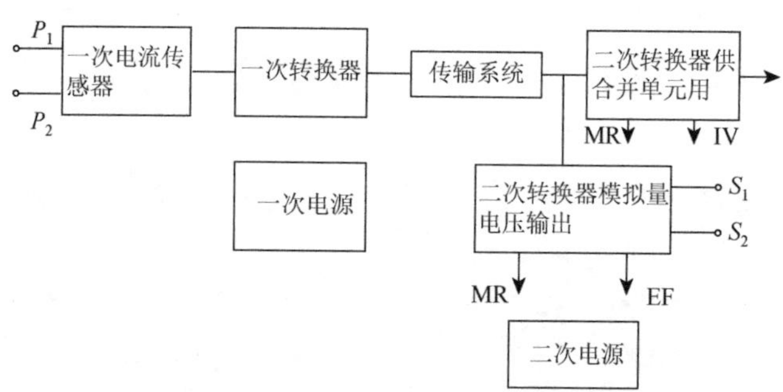

图 2.1 单相电子式电流互感器的通用框图

IV.输出无效；EF.设备故障；MR.维修申请；
P_1，P_2. 一次接线端子；S_1，S_2. 二次接线端子

2.1.1 Rogowski 线圈电子式电流互感器

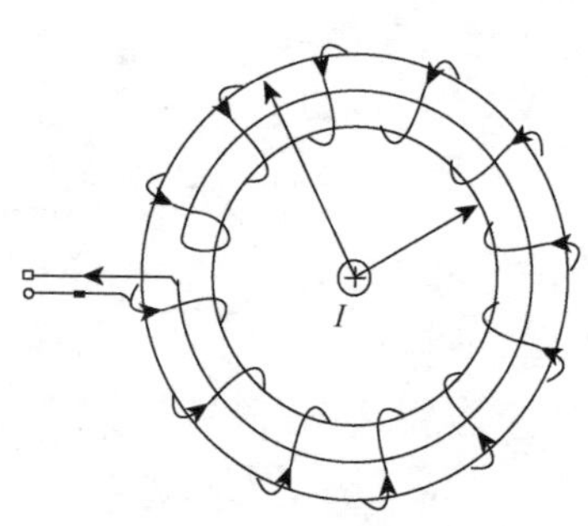

图 2.2 空心线圈结构

Rogowski 线圈电子式电流互感器主要由 Rogowski 线圈、积分器、供电电源和数据传输通道等部分构成。Rogowski 线圈也称为空心线圈，它往往由漆包线均匀绕制在环形骨架上制成，骨架采用塑料或者陶瓷等非铁磁性材料。空心线圈的典型结构如图 2.2 所示，圆柱形载流导线穿过空心线圈的中心，两者的中心轴重合。

空心线圈中的相对磁导率为 1，所以距离中心轴为 x 的任意一点的磁感应强度 B_x 可表示为

$$B_x = \frac{\mu_0 I(t)}{2\pi x} \tag{2.1}$$

式中：μ_0 为真空中的磁导率；$I(t)$为载流导线上的被测电流。

由法拉第电磁感应定律可知，当穿过一定面积的线圈的磁通量发生变化时，该线圈

上将感应到一定大小的电压，该电压的方向与磁通量的变化方向有关，该感应电压的大小为 $\mathrm{d}\Phi/\mathrm{d}t$。

以图 2.2 的空心线圈为例，其骨架截面为矩形，单匝线圈上的磁通量的和可用数学表达式表示为

$$\varphi=\omega\int_a^b B_x \mathrm{d}x=\omega\int_a^b \frac{\mu_0 I(t)}{2\pi x}\mathrm{d}x=\frac{\omega\mu_0}{2\pi}\ln\frac{b}{a}I(t) \tag{2.2}$$

式中：a 和 b 为骨架的内半径和外半径；ω 为空心线圈的厚度。空心线圈的绕线匝数为 N，则空心线圈的感应电压 e 可用式（2.3）表示，M 为空心线圈的互感系数。

$$e=N\frac{\mathrm{d}\Phi}{\mathrm{d}t}=\frac{\omega\mu_0 N}{2\pi}\ln\frac{b}{a}\frac{\mathrm{d}I(t)}{\mathrm{d}t}=M\frac{\mathrm{d}I(t)}{\mathrm{d}t} \tag{2.3}$$

$$M=\frac{\omega\mu_0 N}{2\pi}\ln\frac{b}{a} \tag{2.4}$$

空心线圈的等效电路如图 2.3 所示，R_0 为空心线圈的内阻，L 为空心线圈的自感系数，R_L 为负载电阻，C 为空心线圈的匝间电容，$e(t)$为空心线圈的感应电势。

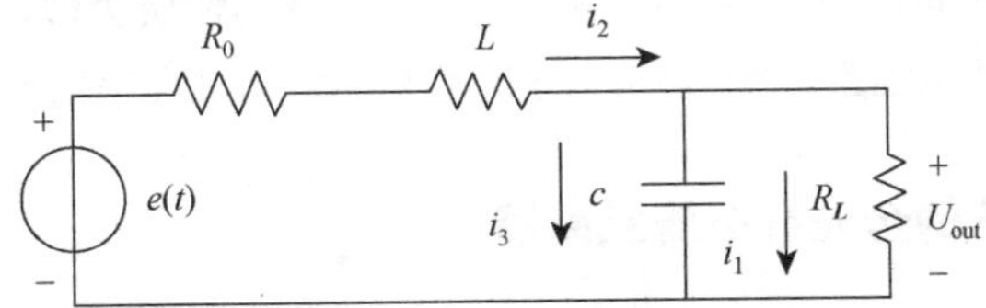

图 2.3　空心线圈的等效原理图

2.1.2　低功率电流互感器

低功率电流互感器（low power current transformer，LPCT）是电磁式互感器的一种发展。为改善电磁式电流互感器在非常高的一次电流下出现饱和特性，LPCT 在测量准确度、线性量程范围、小型化等性能上得到了优化[3-4]。与电磁式电流互感器的 I/I 变换不同，LPCT 通过一个分流电阻 R_{sh} 将二次电流转换成电压输出，实现 I/V 变换。

LPCT 原理如图 2.4 所示，包括一次绕组 N_p、小铁心和损耗极小的二次绕组，后者连接一个分流电阻 R_{sh}，此电阻是 LPCT 的固有元件，对互感器的功能和稳定性非常重要。因此，原理上 LPCT 提供电压输出，其传递函数为

$$U_s=R_{sh}\frac{N_p}{N_s}I_p \tag{2.5}$$

2.1.3　全光纤电流互感器

全光纤电流互感器（fiber optical current transformer，FOCT）是一种无源电子式电流互感器，具有动态范围大、测量频带宽、体积小、重量轻、便于与高压设备集成、可测直流信号等优点。FOCT 的工作原理是基于法拉第效应和安培环路定理，通过测量在传感光纤内传输的模式上正交的两束偏振光之间的相位差来测量电流值[5-6]。

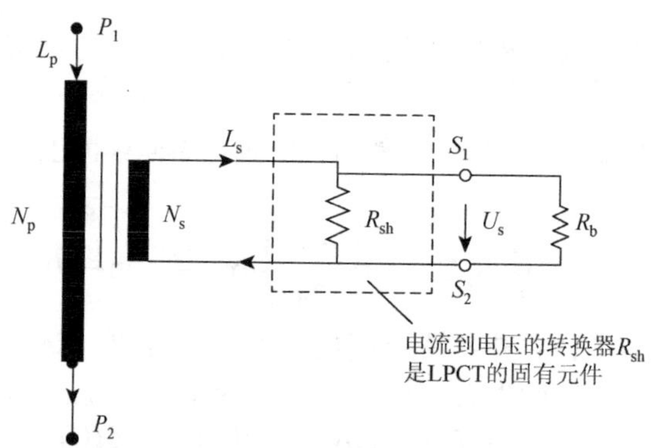

图 2.4　LPCT 原理图

FOCT 主要由两大核心部件组成：传感环和采集器。传感环用于感应电流产生的磁场，它由保偏光纤、1/4 波片、特种传感光纤和反射镜熔接构成。采集器用于为传感环提供光源，同时接收其返回的含有电流信息的干涉光信号并进行解调输出。FOCT 常采用偏振检测方法或利用法拉第效应的非互易性实现检测。与光学玻璃的性质类似，光纤内存在的线性双折射对温度和振动等环境因素较为敏感，是 FOCT 实用化过程中需要解决的关键问题[7-9]。

1. 基于偏振检测方法的全光纤电流互感器

基于偏振检测方法的 FOCT 结构如图 2.5 所示，激光二极管发出的单色光经过起偏器（F）变换为线偏振光，再经过耦合透镜（L）及传输光纤到达高压传感头，进入传感光纤。由于被测电流在周围产生磁场，根据法拉第效应，线偏振光在与其传播方向平行的外界磁场的作用下通过传感光纤时，其光波偏振面将旋转 θ，出射光经过耦合透镜、检偏器，在耦合透镜和起偏器中还应该加一个沃拉斯顿棱镜（W），该棱镜将出射光分为振动方向相互垂直的两束偏振光到达光电转换器（D_1、D_2），进行信号采集，并将转化后的电信号输入信号处理装置，即能获得外界被测电流。

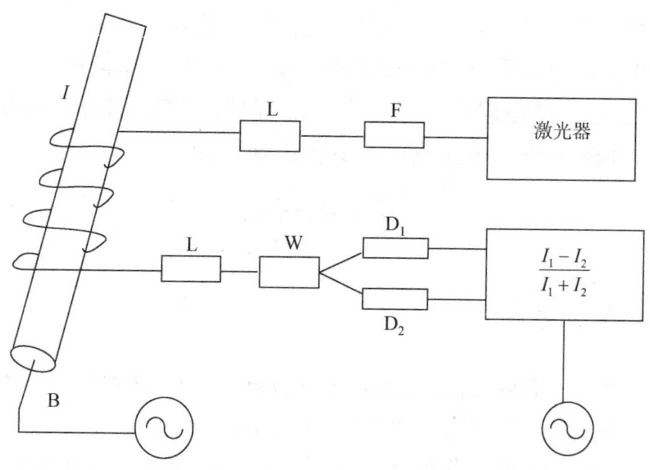

图 2.5　基于偏振检测方法的 FOCT 原理图

2. 基于干涉检测方法的全光纤电流互感器

基于干涉检测方法的 FOCT 并不是直接检测光的偏振面的旋转角度，而是通过受法拉第效应的两束偏振光的干涉，检测其相位差的变化来测量电流。如图 2.6 所示，光路主要由光源、探测器、耦合器、光纤起偏器、相位调制器、1/4 波片、传感光纤圈、信号处理电路组成。

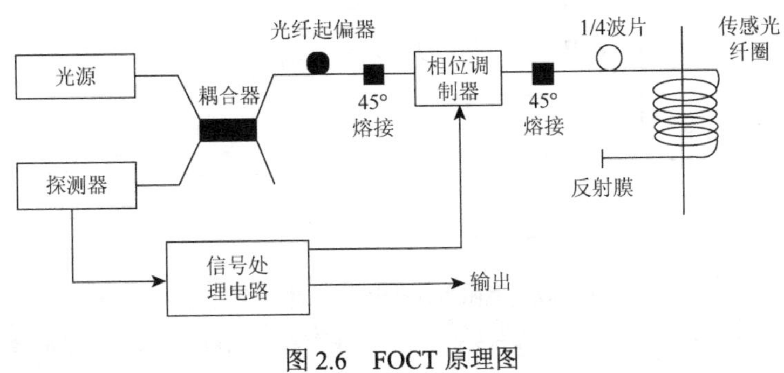

图 2.6　FOCT 原理图

2.2　电子式电压互感器

2.2.1　分压型电压互感器

1. 电阻分压型电压互感器

电阻分压型电压互感器的一个典型结构如图 2.7 所示。互感器主要由电阻分压器、传输系统和信号处理单元组成。电阻分压器由高压臂电阻（R_1）、低压臂电阻（R_2）和过电压保护的气体放电管构成。电阻分压器作为传感器，将一次电压按比例转换为小电压信号输出。传输系统由双层屏蔽双绞线和连接端子构成，主要将电阻分压器输出信号传递到信号处理单元，并屏蔽外界电磁干扰。信号处理单元主要由电压跟随、相位补偿和比例调节电路组成，实现电压互感器的阻抗变换、相位补偿和幅值调节功能，使互感器输出信号满足准确度要求。

由图 2.7 可得出串联电路的分压公式为

$$U_2 = \frac{R_2}{R_1 + R_2} U \tag{2.6}$$

电阻分压器的分压比为

$$k = \frac{U}{U_2} = 1 + \frac{R_1}{R_2} \tag{2.7}$$

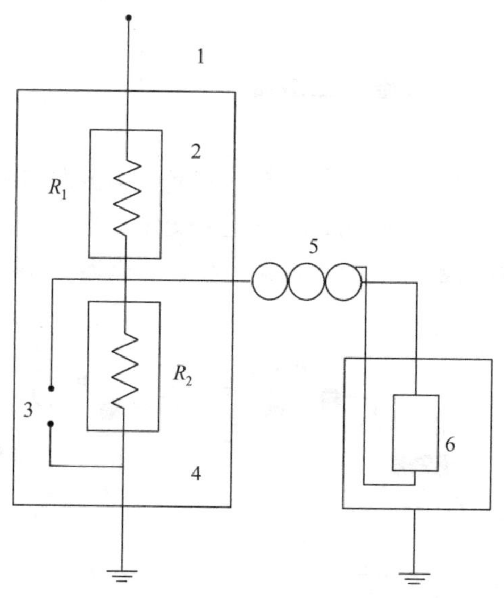

图 2.7　电阻分压型电压互感器结构

1.高端金属屏蔽；2.树脂浇注；3.过压保护；4.低端金属屏蔽；5.屏蔽双绞线；6.信号处理装置

2. 电容分压型电压互感器

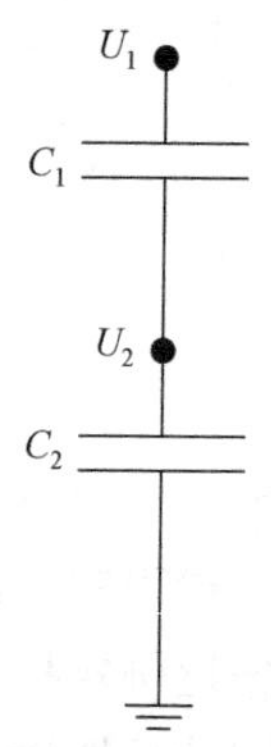

图 2.8　两级串联电容分压型电压互感器示意图

如图 2.8 所示，电容分压型电压互感器的传感头是一个电容分压器，在被测装置的相和地之间接有电容 C_1 和 C_2，按反比分压，C_2 上的电压为

$$U_2 = \frac{U_1 C_1}{C_1 + C_2} = KU_1 \tag{2.8}$$

式中：K 为分压比，$K = \dfrac{C_1}{C_1 + C_2}$。

2.2.2　光学电压互感器

1. 基于电光效应的光学电压互感器

基于电光效应的光学电压互感器，其结构与 FOCT 类似，不同点在于传感器的传感原理不同。

1）电光效应

某些晶体或液体在外加电场的作用下，其折射率将发生变化，这种现象称为电光效应。当光波通过此介质时，其传播特性会受到影响而改变。光波在介质中的传播规律受到介质折射率分布的制约，而折射率的分布又与其介电常量密切相关。理论和实验均证

明：介质的介电常量与晶体中的电荷分布有关，当晶体上施加电场后，将引起束缚电荷的重新分布，并可能导致离子晶格的微小形变，其结果将引起介电常量的变化，而且这种改变随电场的大小和方向的不同而变化（只有在弱电场的情况下，才可把介电常量近似视为与场强无关的物理常量），最终导致晶体折射率的变化。因此，折射率成为外加电场 E 的函数，晶体折射率可用外加电场 E 的幂级数表示[10-12]，即

$$n = n_0 + \gamma E + hE^2 + \cdots \tag{2.9}$$

或写成

$$\Delta n = n - n_0 = \gamma E + hE^2 + \cdots \tag{2.10}$$

式中：γ 和 h 为常数；n_0 为未加电场时的折射率。在式（2.9）中，γE 是一次项，由该项引起的折射率变化，称为线性电光效应或泡克耳斯效应；由二次项 hE^2 引起的折射率变化，称为二次电光效应或克尔效应。对于大多数电光晶体材料，线性电光效应要比二次电光效应显著，可略去二次项（只有在具有对称中心的晶体中，因为不存在线性电光效应，所以二次电光效应才比较明显），故在此只讨论线性电光效应。

2）强度调制检测原理

利用泡克耳斯效应实现电光调制，如图 2.9 所示，在光束进入晶体之前，使其通过起偏器变成线偏振光，用检偏器把经过晶体被调制的互相垂直偏振的两束光变成偏振相同的光，这两束光就变成相干光束，产生干涉；相位调制光变成振幅调制光。于是，相位测量就变成光强度测量。

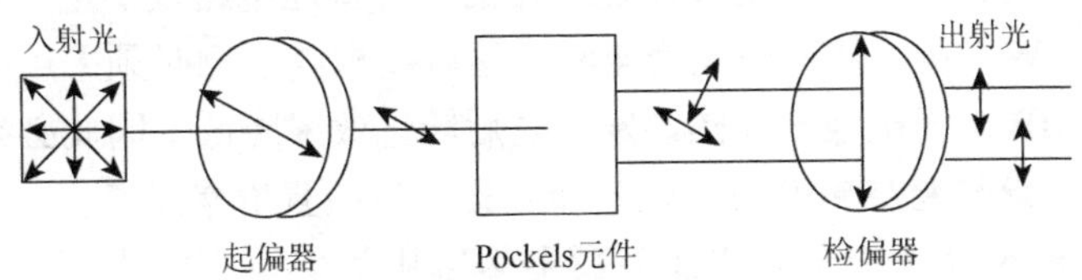

图 2.9　光的偏振干涉原理

2. 基于逆压电效应的电子式电压互感器

逆压电效应是指当在压电介质表面施加电场（电压）时，电偶极矩会因电场作用而被拉长，压电介质会抵抗该变化沿电场方向伸长而产生形变，但当撤掉电场后，压电介质的形变也随之消失，恢复原样。以基于石英晶体的逆压电效应为例，电压通过金属电极加在石英晶体两端，使其产生径向应变，将椭圆心双模光纤绕在石英晶体上感知该应变，从而调制光纤中 2 个传导模式（LP_{01} 模式和 LP_{11} 模式）间的相位差。利用零差相位跟踪技术，测量相位调制量，可得到被测电压的大小和相位。图 2.10 为基于逆压电效应的电子式电压互感器的基本结构，系统由传感部分、控制部分组成。

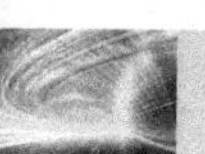

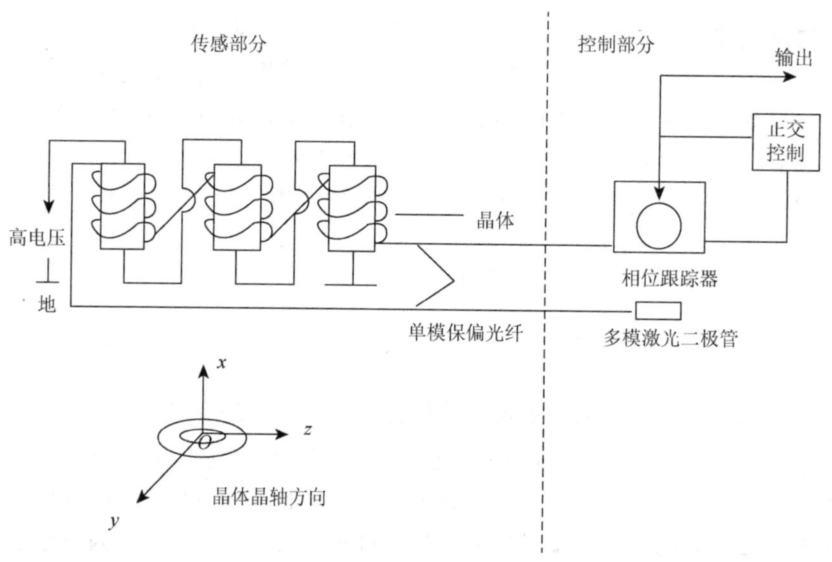

图 2.10　基于逆压电效应的电子式电压互感器的基本结构

2.3　组合式电子式电流/电压互感器

目前常用的高压独立式电子式电流/电压互感器存在的主要问题如下。

（1）需要采用光供电的方式对高压侧工作的信号调理电路板供电。激光提供的功率有限，最多为 1.5 W，转化效率最大为 40%，这就要求高压侧必须采用低功耗设计，功率不能超过 400 MW。光电池易发热，发热之后转化效率降低，因此必须对高压侧进行有效的散热设计，这样将导致其可靠性变差、设计复杂且价格昂贵。

（2）通常高压独立式电子式电压互感器多采用类似电容式电压互感器（capacitor voltage transformer，CVT）多级电容串联分压的方式，易受外界环境因素引起的分布电容的干扰，抗电磁干扰能力较差，测量准确度低，稳定性差。

为了弥补高压独立式电子式互感器的缺点，考虑将电压和电流测量结合起来，组成组合式电子式电流/电压互感器。它用一套绝缘支柱，既可以减少占地面积、节省器材，又可以快速方便地得到电压、电流和电能的信息。

组合式互感器是将电压互感器和电流互感器装在同一外壳内的互感器。目前，组合式电子式电流/电压互感器的几种典型形式有：由光学电压互感器和光学电流互感器组合而成的互感器；空心线圈与分压传感器组合而成的互感器等。

图 2.11 为倒立式 SF_6 气体绝缘组合式互感器的基本结构，其主要由高压壳体、接地板与绝缘套管三部分组成。绕有一定匝数的空心线圈被放置在一个与一次导线同轴的金属屏蔽罩（9）内，该金属腔体通过金属杆与接地板相连，因而处于低电位侧，外屏蔽壳体与一次导线处于高电位侧，高、低电位侧之间通过 SF_6 气体绝缘，该结构将地电位引到高压侧因而得名“倒立式”。

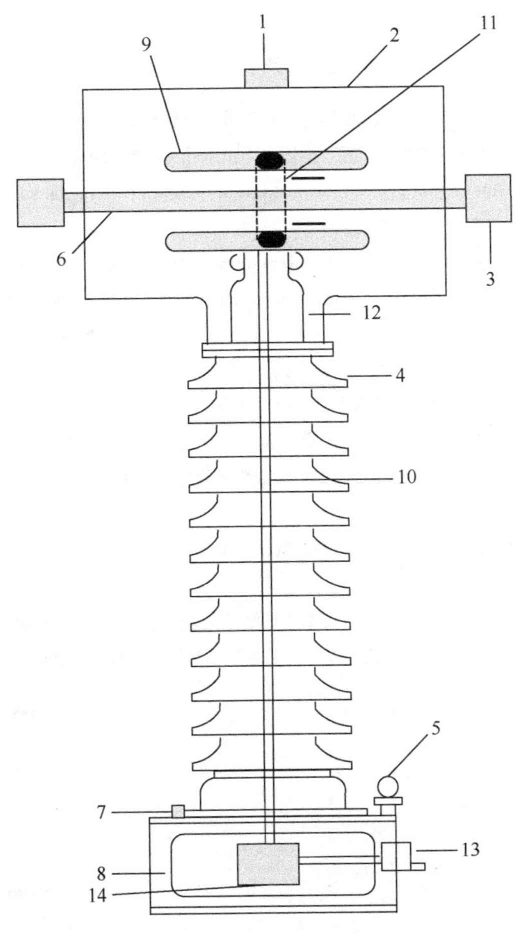

图 2.11　倒立式 SF_6 气体绝缘组合式互感器的基本结构

1. 防爆片；2. 壳体；3. 一次接线端子；4. 绝缘套管；5. 气体密度计；6. 一次导杆；7. 接地螺杆；8. 底座；9. 金属屏蔽罩；10. 金属管；11. 线圈及电容环；12. 支持绝缘子；13. 二次接线盒；14. 铭牌

组合式电子式互感器的电流传感部分采用空心线圈结构，重量轻，且无磁饱和现象，在很宽的频带（0.1～1 MHz）内都有很好的线性度。电压传感部分，以 SF_6 同轴电容为高压臂电容做成分压器，可大幅度减小体积、重量，还可以消除电压互感器固有的铁磁谐振问题。

倒立式 SF_6 气体绝缘方式的绝缘结构简单可靠，在实际运行中故障率极低；与此同时，采用性能优越的空心线圈来取代铁心线圈作为电流检测单元。此外，它利用 SF_6 气体绝缘电流互感器中天然的同轴气体电容构造了一个抗干扰能力强、成本极其低廉的电压检测单元。实验证明，这种组合式电子式互感器既可以节省成本和占地面积，又可以快速地测量电压、电流等参数，还使绝缘性能大大提高，满足了未来电网的测量需求，是未来电子式互感器发展的方向之一。

参 考 文 献

[1] 冯军. 智能变电站原理及测试技术[M]. 北京: 中国电力出版社, 2011: 41-57.

[2] 罗承沐. 电子式互感器与数字化变电站[M]. 北京: 中国电力出版社, 2012: 32-56.

[3] LI J, ZHENG Y, GU S, et al. Application of electronic instrument transformer in digital substation[J]. Automation of electric power systems, 2007, 31 (7): 94-98.

[4] VASILADIOTIS M, RUFER A. A modular multipart power electronic transformer with integrated split battery energy storage for versatile ultrafast EV charging stations[J]. IEEE transactions on industrial electronics, 2014, 62 (5): 3213-3222.

[5] 李振华. 电子式互感器性能评价体系关键技术研究[D]. 武汉: 华中科技大学, 2014.

[6] 林彤. 一种变电站自动化监测系统的实现[D]. 成都: 电子科技大学, 2012.

[7] 吴伯华, 李红斌, 刘延冰. 电子式互感器的使用现状及应用前景[J]. 电力设备, 2007 (1): 103-104.

[8] 刘翔, 童悦, 胡蓓, 等. 电子式电压互感器谐波准确度试验系统的建立[J]. 高电压技术, 2018, 44 (3): 835-840.

[9] 张杰, 叶国雄, 刘翔, 等. 保护用电子式电流互感器暂态特性试验关键技术及装置研制[J]. 高电压技术, 2017, 43 (12): 3884-3891.

[10] 邵霞, 彭红海, 王娜. 适用于智能电网电能质量检测的双积分型电子式电压互感器[J]. 电力系统自动化, 2017, 41 (13): 156-161.

[11] 樊陈, 倪益民, 耿明志, 等. 智能变电站合并单元技术规范修订解读[J]. 电力系统自动化, 2016, 40 (20): 65-75.

[12] 姚东晓, 吕利娟, 倪传坤, 等. 应用于空心线圈电子式互感器的双环数字积分器设计[J]. 电力系统自动化, 2016, 40 (6): 96-100.

第3章

电子式互感器采集单元及合并单元

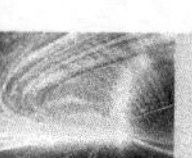

3.1 概　述

电子式互感器采集单元作为电子式互感器中极其重要的一部分，它负责采集被测量的量，对于空心线圈型电子式电流互感器，采集单元需要实现模拟信号的采集，并通过滤波、放大电路等处理对信号进行加工，再经过A/D转换芯片实现信号的模拟量与数字量之间的高精度转化。最后利用现场可偏程门阵列（field programmable gate array，FPGA）等实现对测量信号的积分处理并输出，从而得到与一次被测信号成比例的信号。采集单元的数据经过光纤等传递给合并单元。合并单元可以是互感器的一个组成部分，也可以是一个独立部分，用于同步采集二次转换器提供的多路数据流，并对其进行时间相干的组合，最后按照一定的格式传输给二次侧测量保护装置[1-3]。

图3.1是合并单元数字接口示意图。一台合并单元具有至少12个数字接口，可以合并12个数据通道，也就是说能够承载互感器提供的多达12路单一采样数据流。二次转换器能够把电子式互感器取得的信息汇集到合并单元。

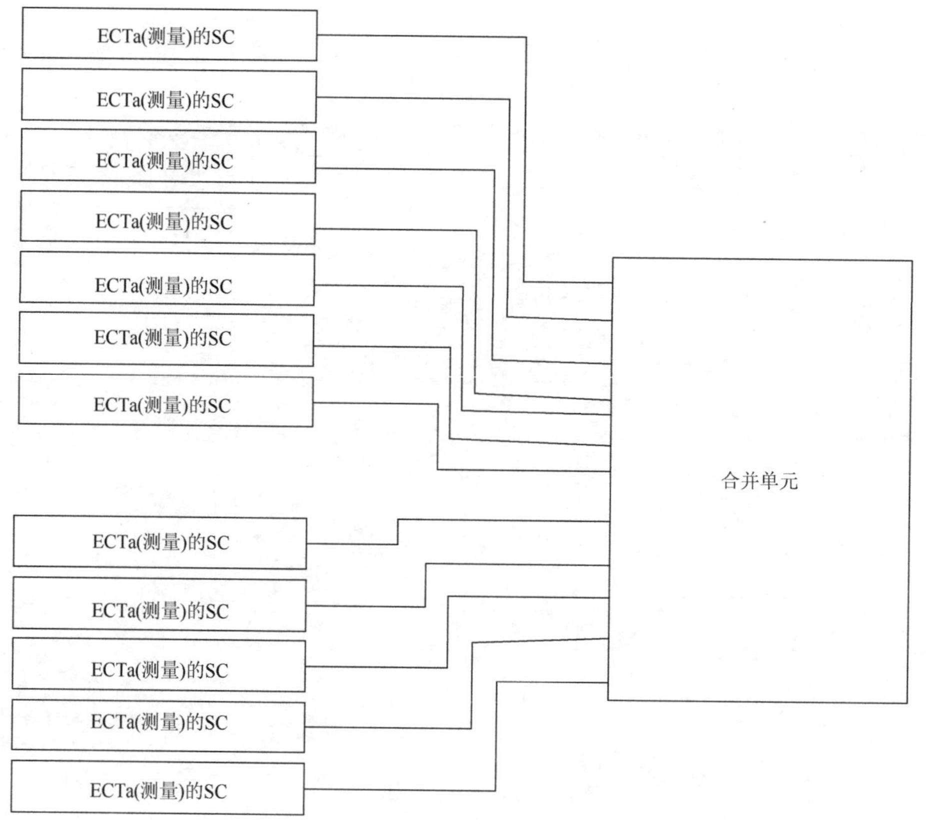

图3.1　合并单元数字接口示意图

3.2 采集单元

3.2.1 采集单元硬件设计

一次传感元件输出的信号经过积分、放大、移相等处理后，需要将其转换成数字信号，以便于用光纤进行传输。使用光纤传输有诸多优点，如传输距离远、衰减小、抗电磁干扰能力强等。采集单元的作用是把输入的模拟量转换为数字量并传输给合并单元[4-5]，其原理图如图 3.2 所示，主要包括输入信号、低通滤波、A/D 采样、单片机等部分。

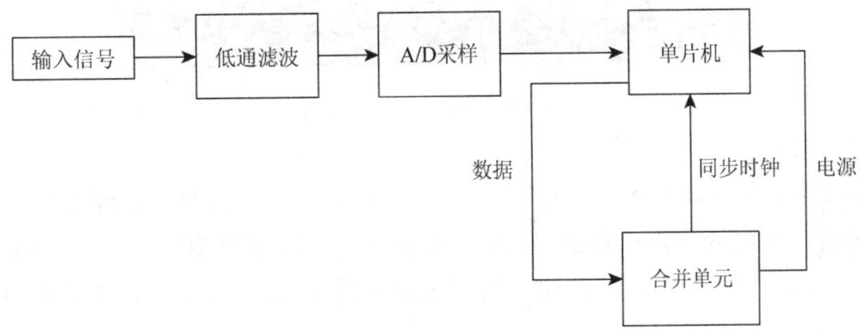

图 3.2　采集单元原理图

1. 滤波模块设计

采用阻容型滤波网络，如图 3.3 所示。

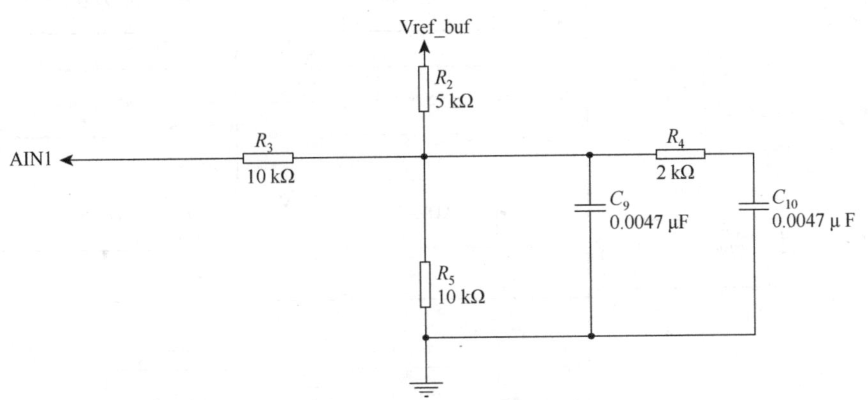

图 3.3　滤波网络原理图

基波频率为 50 Hz，根据 IEC 60044-7：1999、IEC 60044-8：2002 中对采样频率的规定，选用 4 kHz 的采样频率，依照奈奎斯特采样定理，信号中谐波最大频率不能超过

2 kHz，工程中一般取采样频率的 1/10，因此滤波电路的带宽设计为 400 Hz。A/D 只能采集正电压信号，因此在输入信号上叠加了直流电平，同时为了增加 A/D 的输入范围，在滤波网络前加衰减网络。

在 Multisim 中进行仿真，结果如图 3.4 所示。

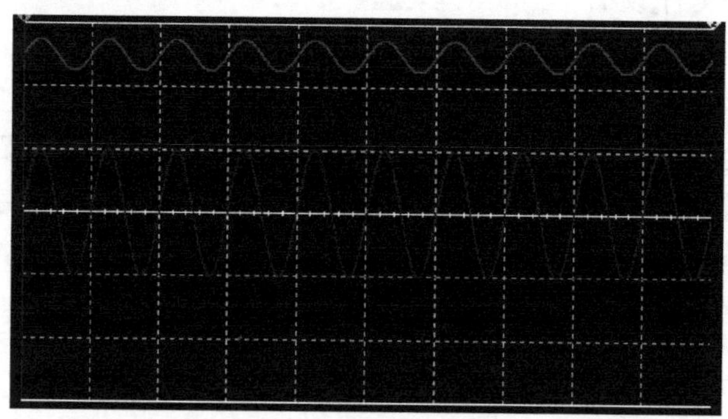

图 3.4　滤波网络仿真图

仿真的波形如图 3.4 所示，其中下方波形代表输入，尺度为 500 mV/Div，上方波形波形代表输出，尺度为 500 mV/Div，横轴表示时间，尺度为 20 ms/Div。由仿真图可以看出，输出电压为输入的 1/4，叠加 1.25 V 直流电平，这与设计的初衷是相符的。

2. 电源模块设计

考虑采集电路中各芯片的供电范围，A/D 用 5 V 供电，基准用 2.5 V 供电，单片机采用 3.3 V 供电，系统电源模块的框图如图 3.5 所示。

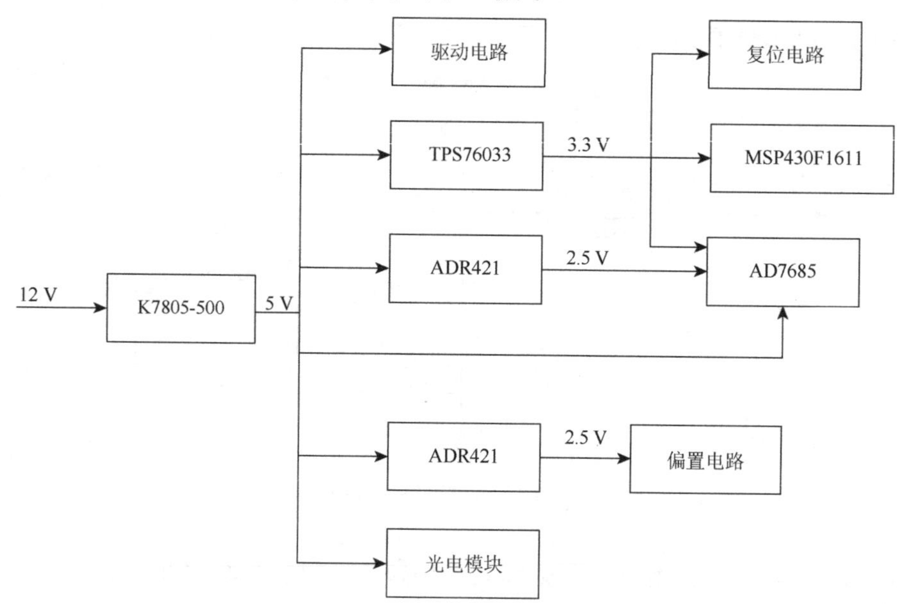

图 3.5　系统电源模块整体框图

3. 同步模块设计

采集单元的同步采用硬件同步方式，由合并单元给单片机发送同步脉冲。当合并单元接收到秒脉冲（pulse per second，PPS）之后，发送 4 kHz 的采样脉冲给单片机，单片机捕捉到采样脉冲上升沿之后，控制 A/D 进行采样，A/D 接收到一次控制信号就采样一次，每秒钟采样 4 000 次。

A/D 选用 AD7685，精度为 16 bit，单片机采用 MSP430F1611，采用低功耗设计，按照上面选择的器件，采集单元整体框图如图 3.6 所示。3 路模拟量输入（电压计量输入、电流计量输入、电流保护输入）分别经过偏置电路、滤波电路、AD7685 变成数字信号后，由 MSP430F1611 将 3 路数据组成规定的帧格式，然后通过 O/E 变换模块再传给合并单元。

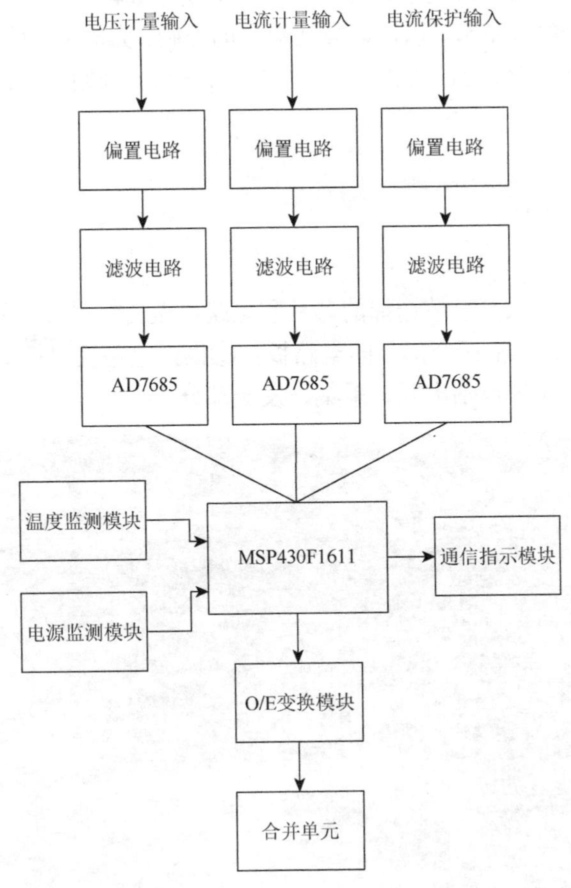

图 3.6　采集单元硬件设计整体框图

3.2.2 软件设计

前面主要介绍了采集单元的硬件电路设计，本小节从软件方面入手，介绍单片机的编程流程及方法。单片机程序的主要功能有以下部分：接收采样同步时钟、控制 A/D 采样、接收 A/D 采样数据、组帧发送等。

软件部分可以细化为以下几个模块。

（1）同步时钟捕获模块。采用 TIMERA 时钟的捕获模式，设置为上升沿捕获，每当捕获到时钟上升沿时，进入中断。

（2）中断模块。中断模块的主要功能是：进入中断后，单片机发出控制指令，控制 A/D 开始采样，每个单片机控制 3 个 A/D，通过顺序置低 A/D 的选通管脚来控制每个 A/D 进行采样，采样数据保存在数组里，第一个 A/D 采集完成后即开始发送帧的首字符，为 2B 的标头，然后边采集边发送，这样比全部采集完成再发送要节省时间，全部发送完成后，再发送一个校验字节，以保证发送数据的正确。完成后，单片机进入等待模式，等待下一次上升沿的到来；当复位中断时，单片机重启，开始新一次的采集，采集结束后，进入休眠模式。

3.2.3 采集单元实物图

根据 3.2.1 小节和 3.2.2 小节选择的芯片和电路，做出的采集单元实物图如图 3.7 和图 3.8 所示。采集单元包括两个部分的电路板：①模拟电路板包括电源部分和积分放大电路部分；②数字电路板包括电源、采集、发送部分。

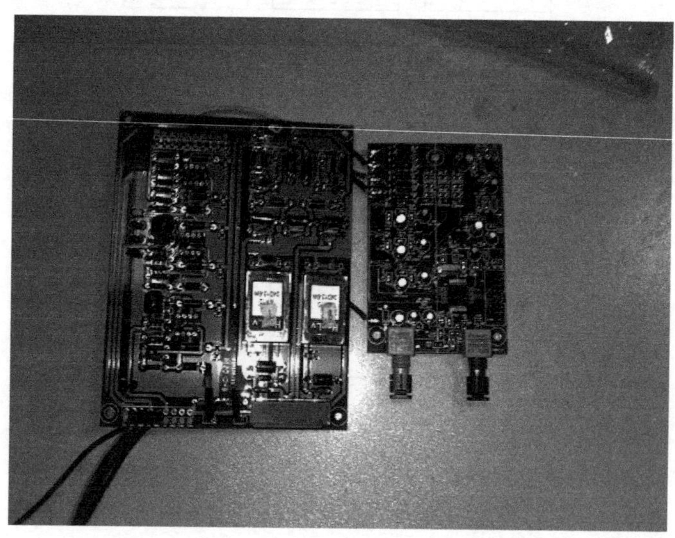

图 3.7　采集单元中模拟电路和数字电路实物图

图 3.8　安装在互感器底座中的采集器

3.3　合并单元

3.3.1　合并单元基本结构

在 IEC 60044-8：2002 中，对合并单元的功能进行了定义：合并单元同步采集多路电子式互感器输出数据，将同步采集的多路数据按照 IEC 61850-9-2 或 IEC 61850-9-2LE 规定的帧格式组帧，通过以太网传输方式将数据帧发送给保护、测控设备。

图 3.9 为合并单元数字接口的框图示例。电子式互感器测得三相电压、电流信号，中性点电压、电流信号，以及母线电压信号，共计 12 路信号，合并单元同步接收经过各电子式互感器二次转换器调制后的 12 路信号，在一个采样间隔内，合并单元将接收到的数字量组帧，通过多路点对点的连接为二次设备提供一组时间一致的电压和电流信号。

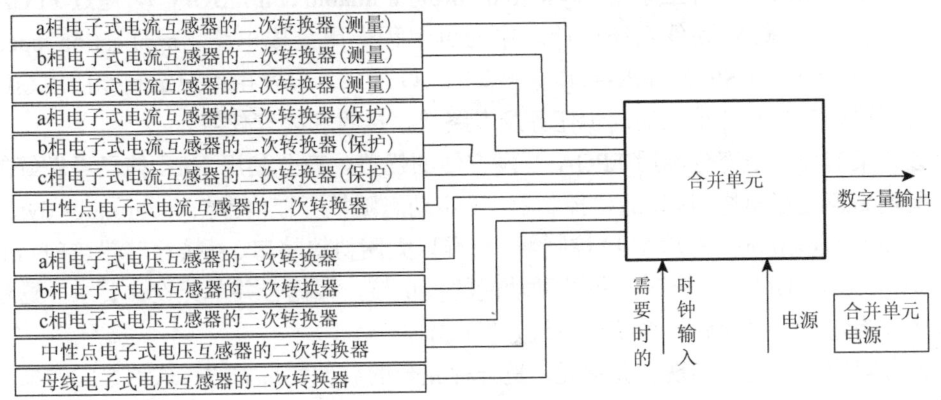

图 3.9　合并单元数字接口的框图示例

采用合并单元后，变电站内电子式互感器与二次设备的数据连接得到实现。电子式互感器通过光纤传输系统将采集数据传送给合并单元，合并单元对信号进行初步处理后按照 IEC 61850-9-2 或 IEC 61850-9-2LE 规定的帧格式将数据传送到控制保护及计量等二次设备。由于传送的是数字信号，控制保护设备通过一个网络接口就可以实时收集多个通道的数据[6-9]。

作为电子式互感器数字输出接口，合并单元对数字化变电站系统的影响主要体现在以下几方面。

（1）简化了二次设备装置结构。变电站内的保护装置、故障录波器等大多采用了计算机技术和微电子技术，传统的电磁式互感器的模拟输出信号到这些装置需要经过采样保持、多路转换开关、A/D 变换。合并单元输出的数字信号可以直接为数字装置所用，简化了二次设备的硬件结构。

（2）消除了电气测量数据传输过程中的系统误差。模拟信号通过交流电缆传输至二次设备，误差随二次回路负荷变化而变化，但合并单元输出的数字信号不受负载影响。

（3）采用光纤通信系统，使得一、二次设备实现了完全的电气隔离，开关场经传导、感应及电容耦合等途径对二次设备的电磁干扰将大为降低，可大大提高设备运行的安全性。

（4）合并单元输出的数字信号，使用现场总线技术实现对等通信方式，或者使用过程总线通信方式，将完全取代大量的二次电缆线，彻底解决二次接线的复杂现象，可实现真正意义上的信息共享。

3.3.2 合并单元设计方案

目前合并单元的设计方案主要有以下几种。

1. 基于 FPGA 嵌入式硬件平台的设计方案

该方案采用可编程片上系统（system on programmable chip，SOPC），通过 FPGA 开发工具完成了 FPGA 硬件系统设计。作为可编程专用集成电路（application specific integrated circuits，ASIC），FPGA 具有丰富的 I/O 端口，以及由用户定制专门用途的特点，特别适合完成合并单元的同步任务及多路数据接收和处理任务。

该方案的优点是充分利用 FPGA 开发方便的优势，充分利用 Nios 核已经做好的包括可配置高速缓存模块、串口通信控制器、同步动态随机存取内存（synchronous dynamic random-access memory，SDRAM）控制器、标准以太网协议接口、直接存储器访问（direct memory access，DMA）、定时器等各种功能的模块核，根据合并单元设计要求，通过各种模块核构建合并单元硬件系统，系统开发成本较低。

该方案使用 FPGA 实现合并单元，是一种完全的硬件实现方式。这种方式的缺点是合并单元系统的可修改性差。一旦硬件系统做好，就很难修改。

2. 基于 FPGA 和 DSP 平台的设计方案

该方案选择了数字信号处理器（digital signal processing，DSP）作为合并单元的主处理器，FPGA 作为类似协处理器的方式架构合并单元的硬件结构，其结构框图如图 3.10 所示。

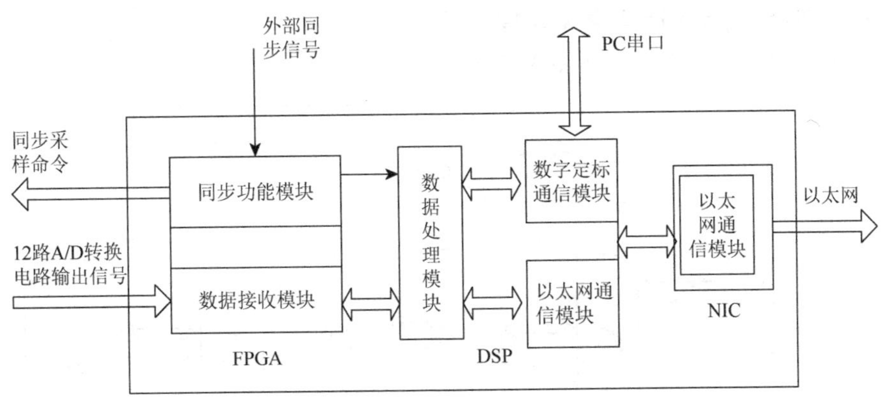

图 3.10　基于 FPGA 和 DSP 的合并单元结构框图

FPGA 完成合并单元中同步功能与数据接收功能；充分利用 DSP 数据处理能力强的特点完成数据处理功能；DSP 与网络接口卡（network interface card，NIC）完成以太网通信模块。通过将合并单元的功能在 DSP 与 FPGA 之间合理的划分，可以获得多种优势，包括性能的提升及开发成本的降低。该方案的缺点是 DSP 可配置性差，只能通过专用软件及下载工具实现对 DSP 程序的修改，用户不能方便地实现对 DSP 功能的配置。

基于 FPGA，通过设计多路相同的串口接收电路及数据处理电路，并行实现多路数据的高速接收和处理，各路数据相互之间没有影响。数据同步并行接收以后，需要嵌入式系统按照 IEC 61850-9-2 或 IEC 61850-9-2LE 规定的帧格式对数据组帧发送。PowerPC 作为目前流行的嵌入式系统解决方案，其内核是一个 32 bit 的精简指令集计算机（reduced instruction set computer，RISC）的中央处理器（central processing unit，CPU），运算速度高达 400 MHz 和 608 DMIPS。PowerPC 内核充分发挥了 POWER 架构的高可扩展性和灵活性，并专为嵌入式应用进行了优化。可授权的嵌入式内核集成了标量的 5 级管线，拥有各自独立的指令缓存和数据缓存，一个联合测试工作组（joint test action group，JTAG）端口，跟踪式先进先出队列（first input first output，FIFO），多个计时器和一个内存管理单元（memory management unit，MMU），性能可达 1.52 DMIPS/MHz。PowerPC 内核的突出性能、低功耗设计及高稳定性使其成为合并单元嵌入式以太网实现的最佳方案。嵌入式操作系统是嵌入式系统的关键组成部分。合并单元要求很高的实时性和稳定性，由于嵌入式实时操作系统 VxWorks 具有极高的稳定性和实时性，在本次设计中选用 VxWorks 作为嵌入式系统[10-13]。

相较于其他的合并单元设计方案，该方案的特点如下。

（1）PowerPC 以其极高的稳定性和抗干扰性，已经在通信行业得到了广泛的应用。作为数字化变电站的核心设备，合并单元的稳定性要求极高，采用 PowerPC 可以保证合并单元极高的稳定性。

（2）VxWorks 系统可以使合并单元的配置更为方便。当用户需要修改合并单元配置，如调整放大比例、开启数字积分等，可以很方便地通过网口或者串口对 VxWorks 系统进行配置，使合并单元满足具体的功能需要。

合并单元的系统结构框图如图 3.11 所示。

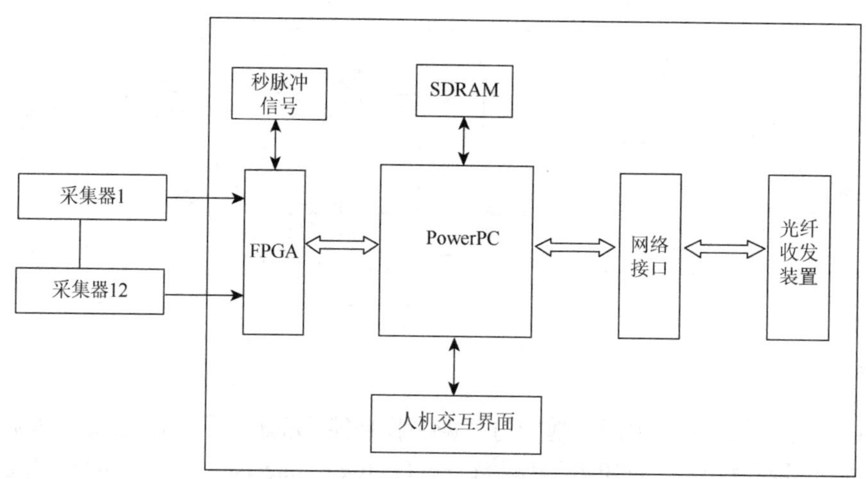

图 3.11　合并单元的系统结构框图

在设计的合并单元中，采用中断方式完成 FPGA 和 PowerPC 间的通信。每次 FPGA 接收完一组同步信号后，给 PowerPC 一个中断信号，PowerPC 接到中断信号后，通过 16 bit 并行数据总线接收 FPGA 数据。

PowerPC 接收完一组数据后，按照 IEC 61850-9-1 协议组成一帧，传送给网络接口，将数据发送出去。同时，PowerPC 还要完成人机交互，如显示控制、键盘控制等功能。

3.3.3　合并单元同步模块

1. 同步脉冲的处理

合并单元中全球定位系统（global positioning system，GPS）同步信号的质量对于数据采集的同步性有着重要影响。由于 GPS 的秒脉冲信号只是用一根信号线来传送，在两次秒脉冲信号之间可能受到干扰影响出现干扰脉冲，所以有效地滤除干扰脉冲及正确识别秒脉冲信号就成为保证精确同步的前提。

为了消除干扰脉冲的影响，首先使用开窗技术，即在合并单元开机接到第一个秒脉冲后，打开定时器，通过定时器控制秒脉冲接收端口在秒脉冲到来前 Δt 时刻开启，在秒脉冲到来后 Δt 时刻关闭，Δt 可取一个较小的值。为了保证同步脉冲信号的正确性，IEC 60044-8 对同步脉冲的高电平及低电平宽度做了规定，如图 3.12 所示。

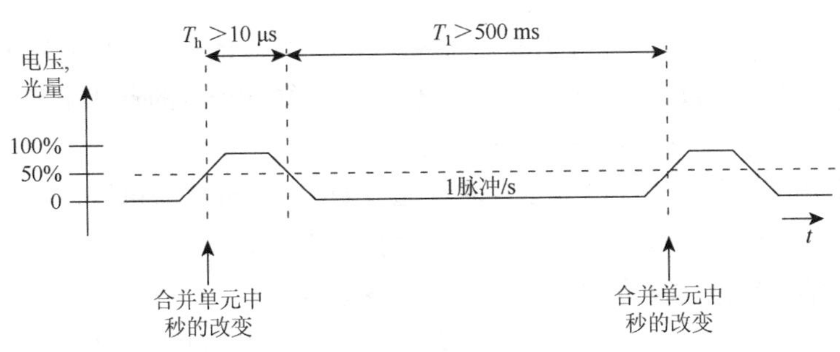

图 3.12　合并单元同步脉冲信号输入波形

捕捉到同步脉冲的上升沿后，使用计数器检测高电平的宽度，当高电平宽度大于 10 时，接收的秒脉冲信号有效。

2. 脉冲同步采集法

根据 IEC 60044-7/8 规定，合并单元的数据同步有两种方法，脉冲同步采集法和数字插值同步法，在该方案中二者并用，以保证合并单元数据严格同步。

脉冲同步采集法就是当合并单元接收到同步脉冲信号并判断为正确信号后，立即同时对各路数据采集器发出同步信号，各路数据采集器接收到同步信号后，立即开始数据采集。

在该方案中数据采集单元控制器使用 MSP430F1611，其特有的捕获模式可以迅速对上升沿或下降沿信号进行捕获并及时响应。通过使用示波器多次实验，可得 MSP430F1611 的捕获模式的响应时间稳定保持为 5 μs 。

目前较为常见的同步方法是合并单元每秒给采集单元发送一个秒脉冲，采集单元通过定时器实现一定采样频率的等间隔采样。由于数据采集模块放置于互感器的高压侧，高电压产生的强电场和大电流产生的强磁场会对采集单元产生干扰。当使用采集单元的定时器来实现等间隔采样时，强电磁场可能会对定时器产生干扰，导致采样间隔的不稳定。另外，当需要修改采样频率时，该方案需要停电取下采集单元修改，操作起来十分困难。为了避免这种情况，该方案为合并单元每发送一个脉冲采集单元完成一次采样，通过合并单元来实现等间隔采样。这种设计的优点是合并单元一般放在变电站控制室内，距离高压强磁场区较远，受电磁干扰较小。另外，当需要修改采样频率时，只需改变合并单元发送脉冲的间隔就可以较为方便地修改采样频率。

3. 数字插值同步法

1）数字插值

对于一个函数 $y = f(x)$ ，当知道函数表达式时，就可以求出函数自变量区间内任一

x 值对应的 y 值。$x_0,x_1,\cdots,x_n$ 是自变量区间内 $n+1$ 个互异的点，若已知它们对应的函数值 $y_0,y_1,\cdots,y_n$，即 $y_i=f(x_i),i=0,1,\cdots,n$，如何通过已知 n 个点的自变量和对应的变量值推出一个函数 $y=h(x)$，满足 $y_i=h(x_i),i=0,1,\cdots,n$。

这样在不知道函数 $y=f(x)$ 表达式时，通过函数 $y=h(x)$ 就可以估算出自变量区间内任一自变量 x 对应的变量 y 值，这就是插值算法的思想。

使用数字插值算法实现合并单元的同步步骤如下。

（1）首先使用 FPGA 对每通道数据设置一个先入先出的循环缓冲，循环缓冲保存 8 个点的数据。FPGA 收到采集单元的数据帧后，将每一路数据分别存储到各自的循环缓冲以待数字插值算法处理。

（2）对每一通道分别设计两个定时器 T_1 和 T_2。当检测到有同步脉冲到来时，启动计时器 T_1、T_2 计时到同步脉冲到来后第一个数据的到来时刻，此计时值记为 t_0。同时将数据存入循环缓冲中。

（3）在循环缓冲中找到同步脉冲到来前的数据，数字插值同步法如图 3.13 所示。由于数据 D1 和 D2 均已知，采样频率决定了 D1 和 D2 的时间间隔为固定值。该方案采样频率为 10 kHz，所以 D1 和 D2 的间隔为 100 μs，在通过计数器得到待插数据的时间间隔 t_0 后，即可使用数字插值算法求数据 DD1，即同步脉冲到来时的采样数据。

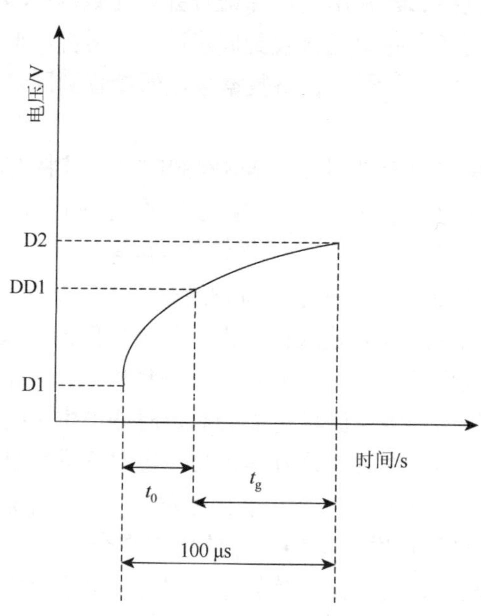

图 3.13　数字插值同步法

（4）为了保证合并单元输出数据为等时间间隔，在接到同步信号的 1 s 内，对于接收到的每一个数据向前推时间 t_g，计算出一组新的数据。图 3.14 为使用数字插值算法实现同步示意图。

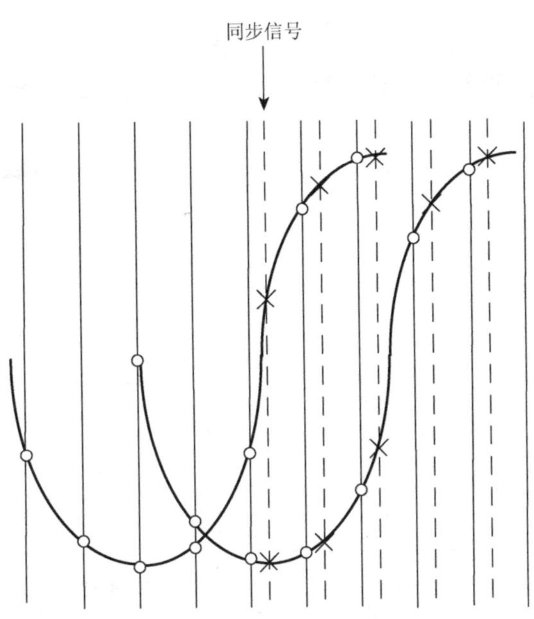

图 3.14　数字插值同步示意图

○-测量数据；×-推算数据

由于合并单元需要接收多路采集单元信号，当采集单元外部同步脉冲接收出现问题时，各通道采集单元不能保证同时完全地同步采集发送。使用数字插值算法实现同步时，各通道插值模块响应同一同步信号后，使用数字插值算法得到同步信号时刻的数据，并根据后续接收数据等间隔推算出一组数据，由于各通道通过数字插值算法后输出的数据对应同一个时间坐标，通过该方法实现了各通道采集数据的同步。

2）数字移相

一次电流的采样时间通常与互感器 A/D 转换器的采样时间是不一样的，原因往往是模拟元件（滤波器等）产生相位偏移，或是一次电流信息到达 A/D 转换器之前的延时。这些延时和相位偏移不是包含在额定延迟时间之内就是包含在额定相位偏移之内。空心线圈的角差、滤波器和 A/D 转换器的延时误差，可能导致电子式互感器系统相位差超出限值。一种较为简便有效的修正相位差的方法是使用数字移相技术。与数字同步技术所不同的是数字同步技术使用内插法，而数字移相技术使用外插法。

如图 3.15 所示，D1 与 D2 为两个相邻的采集信号。当通过互感器校验仪发现整个系统相位滞后，如滞后 10′，可以算出 10′对应的时间标度为 9.267 μs，当使用 50 MHz 的时钟时，定时器精度可以达到 0.02 μs，这样，数字移相误差为 0.007 μs，也就是 0.007 6′，可以忽略不计。这样，通过数字同步的循环缓存，合并单元接收到的 D1 和 D2 使用外插法求出移相 10′后 DD1 的值。在合并单元发送数据时，使用 DD1 替换 D1，从而实现了数字的移相。

数字同步技术和数字移相技术均使用数字插值技术实现。在 FPGA 实现上，可以将两种技术结合起来，如图 3.16 所示，在同步信号来了确定插值时间 t_0 后，根据移相角度算出时间 t_s，根据插值间隔 $t_0 \pm t_s$ 使用插值法同时实现同步和移相。

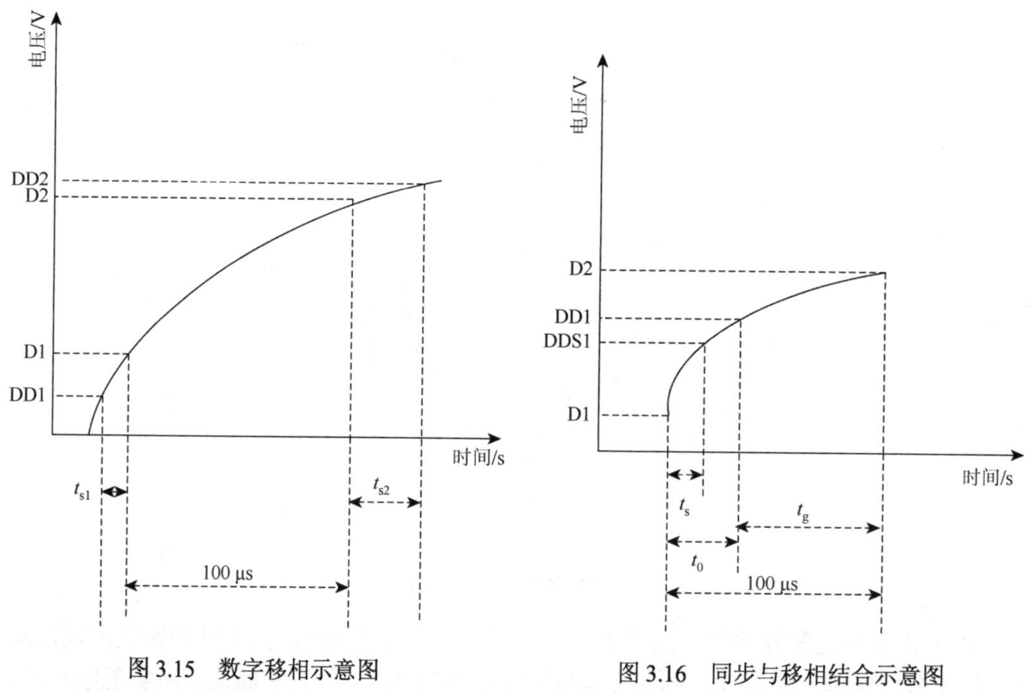

图 3.15　数字移相示意图

图 3.16　同步与移相结合示意图

由于 FPGA 通过内部的锁相环（phase locked loop，PLL）可以倍频出高达 200 MHz 的处理速度，完全可以满足 FPGA 多路信号的同步及移相的运算。

3.3.4　以太网输出模块

1. 基于 PowerPC 的嵌入式硬件控制系统

FPGA 实现了合并单元对多路高速串行信号的并行接收和处理，PowerPC 则作为整个合并单元硬件系统的核心，控制 FPGA 及其他外设，使系统能够保持长期稳定的运行。PowerPC 内核是一个高性能的 32 bit 使用 RISC 的 CPU，嵌入式用的 PowerPC 运算速度达到了 400 MHz 和 608 DMIPS。相较于目前使用最为广泛的 Pentium 系列微处理器使用的复杂指令集，对于同样的运算量，RISC 的运算速度更快。

通过对成本及性能的考虑，采用 Freescale 公司的 MPC8313 作为该方案的微处理器。MPC8313 充分发挥了 POWER 架构的高可扩展性和灵活性，并专门为嵌入式做了优化。在该方案中，FPGA 在完成接收和处理一组多路数据后，通过中断通知 CPU。CPU 每次中断接收 12 路 16 bit 采集数据及 1 路 16 bit 计数器值。MPC8313 的 16 bit 局部总线，频率高达 66.66 MHz，并且具有 11 bit 的地址总线，完全满足 FPGA 与 CPU 的高速通信需要。

2. VxWorks 嵌入式实时操作系统

VxWorks 以抢占式的任务管理为基础，同时使用时间片轮转调度算法。通过对任务标定优先级，高优先级的任务可以直接抢占到系统，从而保证了中断等任务能够及时执行。VxWorks 在不同堆栈中分别处理中断和普通任务，可以使得中断的产生只会引发某些使用寄存器的变化，不会导致任务的上下文切换，这样显著地减少了中断的延迟时间。同时，VxWorks 系统中断处理程序将其他任务尽可能安插在中断程序的间隙完成。另外，VxWorks 不用关中断，直接使用互斥信号量就可以实现，从而缩短了时间。由于在 VxWorks 系统中已经将中断向量与硬件中断进行了绑定，在合并单元程序中只需将中断服务程序与中断向量绑定即可实现程序对中断的及时响应。

当中断到来后，系统响应中断进入中断服务程序，顺序接收 12 路采集数据及计数器数据，当数据接收完后，调用操作系统的网络接口函数控制底层的网络控制器，实现以太网发送数据。

3. 基于 IEC 61850 协议的数据组帧

为了提高数字化变电站系统的灵活性，实现各厂家智能电子设备的可交换性，在 IEC 61850-9-2 中规定了基于以太网的合并单元的网口输出格式。IEC 61850-9-2 要求的以太网帧如图 3.17 所示。

首先在媒体访问控制（media access control，MAC）子层上，标准推荐目标地址使用 OXFFFFFF 的广播地址方式。在以太网通信中，MAC 地址是网卡的物理地址，计算机的网络控制器通过识别数据帧头的目标 MAC 地址来判断是否接收数据。广播地址方式是数据帧面向以太网内的所有网络控制器，这样可以保证与合并单元相连的所有接收端能够接收到数据。在应用层上，IEC 61850-9-2 规定了数据按照应用协议数据单元（application protocol data unit，APDU）的格式组帧，一帧数据可以包含若干个应用服务数据单元（application service data unit，ASDU）。ASDU 作为存储电压、电流等信息的存储单元。

4. 合并单元网络以太网接口设计

合并单元以太网通信的特点是数据量大，速度快，实时性要求较高。根据推算，系统采样频率为 10 kHz 时，所需以太网的速度为 11.808 Mbit/s，考虑到 10%的系统冗余，所需带宽为 12.988 8 Mbit/s，需要 100 MB 的以太网。由于 MPC8313e 集成了以太网控制器，只需外接物理层的芯片即可实现以太网通信。物理接口收发器（physical interface transceiver，PHY）芯片上选取的是千兆级芯片 88E1111，高速、高稳定性的特点已经使其广泛应用于各种以太网解决方案上。

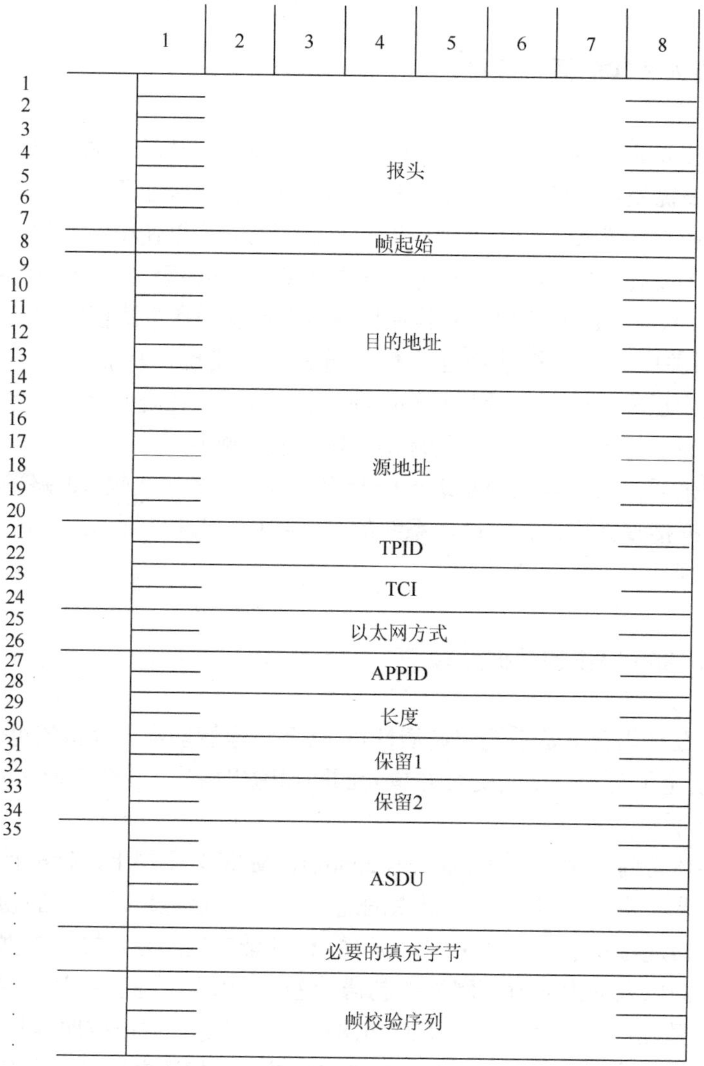

字节	位 1–8
1–7	报头
8	帧起始
9–14	目的地址
15–20	源地址
21–22	TPID
23–24	TCI
25–26	以太网方式
27–28	APPID
29–30	长度
31–32	保留1
33–34	保留2
35…	ASDU
⋮	必要的填充字节
⋮	帧校验序列

图 3.17　以太网帧格式

鉴于变电站较差的电磁环境，合并单元的以太网通信在物理层上采用光纤作为传输介质。IEC 16850-9-2 规定了合并单元的光输出为 1 310 nm 的多模光纤，考虑到合并单元对稳定性的较高要求，在电光转换模块上选用了 Agilent 公司的高速光纤收发器 HFBR-5803，其具有 100 Mbit/s 的速度，满足合并单元系统的以太网传输需要。

5. 合并单元实物图

图 3.18 为合并单元及监控系统实物图。该方案设计的合并单元通过了相关标准规定的全部型式试验，并在变电站顺利完成了试挂网运行。

图 3.18 合并单元及监控系统实物图

参 考 文 献

[1] 刘延冰, 余春雨, 李红斌. 电子式互感器原理、技术及应用[M]. 北京: 科学出版社, 2009: 17-28.

[2] 冯军. 智能变电站原理及测试技术[M]. 北京: 中国电力出版社, 2011: 21-33.

[3] 罗承沐. 电子式互感器与数字化变电站[M]. 北京: 中国电力出版社, 2012.

[4] LIU B, YE G, GUO K, et al. Quality test and problem analysis of electronic transformer[J]. High voltage engineering, 2012, 38(11): 2972-2980.

[5] HU H L, LI Q, LU S F, et al. Comparision of two electronic transformer error measuring methods[J]. High voltage engineering, 2011, 37(12): 3022-3027.

[6] 谢秋金. 电子式互感器合并单元设计[D]. 北京: 华北电力大学, 2013.

[7] 余春雨, 李红斌, 叶国雄, 等. 电子式互感器数字输出特性与通讯技术[J]. 高电压技术, 2003(6): 7-8.

[8] 王忠东, 李红斌, 程含渺, 等. 模拟量输入合并单元计量性能测试研究[J]. 电网技术, 2014, 38(12): 3522-3527.

[9] 胡浩亮, 吴伟将, 雷民, 等. 计量用合并单元及电子式互感器计量接口规范化探讨[J]. 电网技术, 2014, 38(5): 1414-1419.

[10] 董义华, 孙同景, 徐丙垠. 适用于行波传变的电子式互感器信号采集与合并单元的设计与实现[J]. 电力自动化设备, 2013, 33(3): 147-151, 161.

[11] 夏梁, 梅军, 郑建勇, 等. 基于 IEC61850-9-2 的电子式互感器合并单元设计[J]. 电力自动化设备, 2011, 31(11): 135-138.

[12] 王勇, 曹保定, 姜涛. 电子式互感器合并单元的快速数据处理[J]. 电网技术, 2009, 33(1): 87-91.

[13] 徐雁, 吴勇飞, 肖霞. 采用 FPGA&DSP 实现电子式互感器合并单元[J]. 高电压技术, 2008(2): 275-279.

第4章

电子式互感器的离线测试技术

电子式互感器的测试技术主要包括离线测试和在线测试两大部分，其中离线测试主要是指停电状态下针对互感器性能的测试，目前一般采用这种方式进行。在线测试是指在不停电状态下针对运行中的互感器进行的测试。本章主要讨论离线测试技术，在线测试技术将在第 5 章讨论。

4.1 电子式互感器基本准确度测试

电子式互感器基本准确度测试是考量其性能的基本方式。电子式互感器的变换原理不同于传统互感器那么单一，而且该类互感器大多含有电子器件，误差试验的要求比传统互感器更高。从测量方法上看，电子式互感器和传统互感器的二次输出不同，分为数字输出和模拟输出两种。电子式互感器的模拟输出不同于传统意义上的模拟输出，它的输出容量比传统输出小很多。电子式互感器的数字输出是以数字序列的形式，误差采用绝对测量法检测[1-4]。

4.1.1 电子式互感器误差的定义

以电子式电流互感器为例（电子式电压互感器与电子式电流互感器的比值误差定义相同），电流误差（比值误差）为电子式电流互感器测量电流时出现的误差，是由于实际变比不等于额定变比而产生的。对于模拟量输出，电流误差百分数用式（4.1）表示：

$$\varepsilon=\frac{K_{ra}U_s-I_p}{I_p}\times100\% \tag{4.1}$$

式中：K_{ra}为模拟量输出电子式电流互感器的额定变比；I_p为一次剩余电流为 0 时实际一次电流的方均根值；U_s为二次直流偏移电压和二次剩余电压为 0 时二次转换器输出的方均根值。

对于数字量输出，电流误差百分数用式（4.2）表示：

$$\varepsilon=\frac{K_{rd}I_s-I_p}{I_p}\times100\% \tag{4.2}$$

式中：K_{rd}为数字量输出电子式电流互感器的额定变比；I_s为二次直流偏移电流和二次剩余电流为 0 时数字量输出的方均根值。

传统互感器的相位差的定义与相位误差的定义一致；而电子式互感器的相位误差的定义为相位差减去由额定相位偏移和额定延迟时间构成的相位偏移。

在模拟量输出方面，电子式电流互感器的相位差为一次电流相量和二次输出相量的相位之差，相量方向选定与额定频率下理想互感器相差角的正负相关。当二次输出相量超前于一次电流相量时，相位差为正值，通常用分（′）或厘弧（crad）表示。

$$\varphi=\varphi_s-\varphi_p \tag{4.3}$$

式中：φ_s为一次相位移；φ_p为二次相位移。

对于数字量输出，电子式电流互感器的相位差为一次端子某一电流的出现瞬时，与所对应数字数据集在合并单元输出的传输起始瞬时，两者时间之差（用额定频率的角度单位表示）。电子式电流互感器的相位误差等于相位差减去由额定相位偏移和额定延迟时间构成的相位偏移。其中，相位误差是基于额定频率来计算的。

$$\begin{aligned} \varphi_{\varepsilon} &= \varphi - (\varphi_{or} + \varphi_{tdr}) \\ \varphi_{tdr} &= -2\pi f_{tdr} \end{aligned} \tag{4.4}$$

式中：φ_{ε}为相位误差；φ_{or}为额定相位偏移；φ_{tdr}为额定延迟相位偏移；f_{tdr}为额定频率。

4.1.2　基本准确度测试要求

基本准确度测试是指在额定频率、额定负荷和常温下进行测量用和保护用电子式互感器准确度试验，试验结果应满足相关标准中准确度等级对应的上下限。互感器的额定一次电压/电流系数大于 1.2 时，试验应以额定扩大一次电压/电流替代 1.2 倍额定一次电压/电流。对于规定了额定延时的电子式互感器，试验时可采用纯延时装置插入基准互感器与误差测量系统之间。

1. 测量用电子式电流互感器准确度等级

测量用电子式电流互感器的准确度等级分为：0.1 级、0.2 级、0.5 级、1 级、3 级、5 级。

对于 0.1 级、0.2 级、0.5 级和 1 级，额定频率下的电流误差和相位误差不超过表 4.1 中给出的值。

表 4.1　测量用电子式电流互感器误差限值

准确度等级	在下列额定电流（%）时电流误差/±%				在下列额定电流（%）时相位误差							
					±（′）				±crad			
	5	20	100	120	5	20	100	120	5	20	100	120
0.1	0.4	0.2	0.1	0.1	15	8	5	5	0.45	0.24	0.15	0.15
0.2	0.75	0.35	0.2	0.2	30	15	10	10	0.9	0.45	0.3	0.3
0.5	1.5	0.75	0.5	0.5	90	45	30	30	2.7	1.35	0.9	0.9
1.0	3.0	1.5	1.0	1.0	180	90	60	60	5.4	2.7	1.8	1.8

对于 0.2S 级和 0.5S 级，电流互感器的电流误差和相位误差对于在额定频率特定的应用（即连接特殊电表，要求在额定电流 1%和 120%之间的电流下测量准确度）不能超过表 4.2 中给出的值。

表 4.2 对于 S 级电流互感器的限值

准确度等级	在下列额定电流（%）时电流误差/±%				在下列额定电流（%）时相位误差							
					±（′）				±crad			
	5	20	100	120	5	20	100	120	5	20	100	120
0.2S	0.75	0.35	0.2	0.2	30	15	10	10	5	20	100	120
0.5S	1.5	0.75	0.5	0.5	90	45	30	30	2.7	1.35	0.9	0.9

2. 保护用电子式电流互感器准确度等级

保护用电子式电流互感器的准确级是以该准确级在额定一次电流下所规定的最大允许复合误差的百分数来标称，其后标以字母“P”（表示保护）或字母“TPE”（表示暂态保护电子式互感器准确级）。

保护用电子式电流互感器的准确度等级为 5P、10P 和 5TPE。

在额定频率下的电流误差、相位误差和复合误差，以及规定暂态特性时在规定工作循环下的最大峰值瞬时误差，应不超过表 4.3 所列值。误差限值表中所列相位差是补偿额定延迟时间后余下的值。

表 4.3 保护用电子式电流互感器误差限值

准确度等级	在额定一次电流时电流误差/±%	在下列额定电流（%）时相位误差		在额定准确限值一次电流时复合误差/±%	在准确限值条件下最大峰值瞬时误差/±%
		±（′）	±crad		
5TPE	1	60	1.8	5	10
5P	1	60	1.8	5	—
10P	3	—	—	10	—

3. 测量用电子式电压互感器准确度等级

对于测量用电子式电压互感器的准确度等级如下：0.1 级、0.2 级、0.5 级、1 级、3 级。

额定频率下的电压误差和相位误差在额定电压 80%～120%任一电压和功率因素 0.8 滞后的额定负荷的 25%～100%时不超过表 4.4 中所给的限值。

表 4.4 测量用电子式电压互感器误差限值

准确度等级	在下列额定电压（%）时电压误差/±%	在下列额定电压（%）时相位误差	
		±（′）	±crad
0.1	0.1	5	0.15
0.2	0.2	10	0.3

续表

准确度等级	在下列额定电压（%）时电压误差/±%	在下列额定电压（%）时相位误差	
		±（′）	±crad
0.5	0.5	20	0.6
1.0	1.0	40	1.2
3.0	3.0	无规定	无规定

4. 保护用电子式电压互感器准确度等级

在《互感器　第 7 部分：电子式电压互感器》GB/T 20840.7—2007 规定参考范围负荷下，准确度等级的标定用在 5%额定电压至额定电压因数相对应的电压及最大允许误差百分数来表示，并在其后标以字母“P”。

保护用电子式电压互感器的准确度等级为 3P 和 6P，在 5%额定电压和额定电压因数相对应的电压下，两者的电压误差和相位误差的限值相同。2%额定电压因数下的误差限值是 5%额定电压下的误差限值的 2 倍。若电子式电压互感器在 5%额定电压下和在上限电压（及额定电压因数为 1.2、1.5 相对应的电压）下的误差限值不同，则由制造厂和用户协商规定。在额定频率下的电压误差限值和相位误差限值见表 4.5。

表 4.5　保护用电子式电压互感器误差限值

准确度等级	在下列额定电压（%）时								
	2			5			x^*		
	电压误差/±%	相位误差		电压误差/±%	相位误差		电压误差/±%	相位误差	
		±（′）	±（crad）		±（′）	±（crad）		±（′）	±（crad）
3P	6	240	7	3	120	3.5	3	120	3.5
6P	12	480	14	6	240	7	6	240	7

4.1.3　电子式互感器准确度校验方式

电子式互感器离线校验是指在停电状态下对电子式互感器进行误差校准，根据电子式互感器二次侧输出形式不同，分为模拟量输出校验和数字量输出校验。电子式互感器模拟输出为小电压/电流信号，而数字输出为数据报文。其中，模拟量输出校验方法又分为直接比较法和差值法。

1. 电子式互感器模拟量输出校验

1）直接比较法

如图 4.1 所示，被校验通道由被校验电子式互感器、二次转换器及被校验通道信号采集装置构成，标准通道由标准互感器、标准信号转换装置及标准通道信号采集装置构成。直接比较法是指一次信号源通过两路通道进行数据转换和采集，利用个人计算机（personal computer，PC）的软件直接进行对比分析，计算出被校验电子式互感器的误差大小。其中，标准通道和被校验通道的数据采集通过外部同步时钟进行同步。直接比较法不需要标准互感器和被校验电子式互感器的额定变比相同，方便了标准互感器的选取。

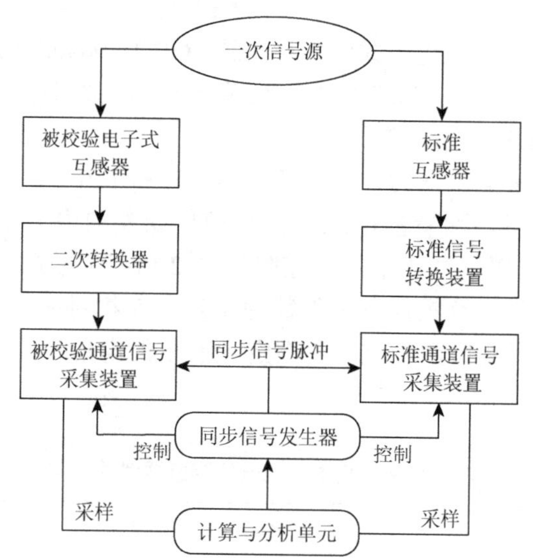

图 4.1　电子式互感器模拟量输出直接比较法校验原理图

2）差值法

差值法的校验原理大致上与直接比较法相同，不同的是被校验通道的二次转换器改为差值处理电路。差值处理电路是将被校验电子式互感器的模拟输出量与标准互感器的输出量作差，传输到计算机分析软件，计算出被校验电子式互感器的误差。为了减少测试误差，差值法要求被校验电子式互感器的输出量与标准互感器的输出量差别不大，因此与直接比较法相比，限制了标准互感器的选取[5-7]。

2. 电子式互感器数字量输出校验

如图 4.2 所示，被校验通道由被校验电子式互感器、合并单元构成，被校验电子式互感器与合并单元作为一个整体进行校验。标准通道由标准互感器、标准信号转换装置和标准通道信号采集装置构成，标准互感器输出模拟量经过转换装置变为小模拟信号，通过采集装置变为数字信号，在校验中与被校验电子式互感器的数字输出序列进行计算

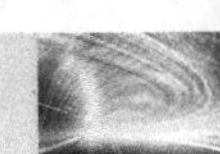

与分析。同步信号发生器使被校验通道与标准通道实现同步采样。电子式互感器数字量输出校验的实现过程中对每一个环节的准确度要求均比较高。

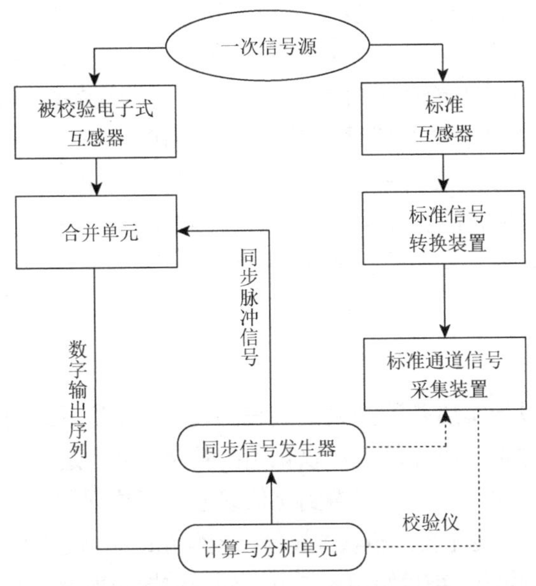

图 4.2　电子式互感器数字量输出校验原理图

除了电子式互感器模拟量输出校验的两种方法外，被校验电子式互感器和标准互感器的模拟输出量还可转换成数字量再进行校验。针对电子式互感器数字量输出校验方法，可以将被校验电子式互感器的数字量转成模拟量与标准互感器的模拟量进行对比，计算出被校验电子式互感器的比值误值和相位误差，或者将标准互感器的模拟量转化成数字量与被校验电子式互感器输出的数字量进行对比。以上方法表明，电子式互感器的模拟量输出校验和数字量输出校验可以相互转化。我们可以考虑能够兼顾模拟量和数字量输出的电子式互感器的校验方法，从电子式互感器模拟量和数字量输出的校验原理出发，以此提高校验准确度。

离线校验按照被校验电子式互感器输出的形式不同有不同的校验方法，模拟量输出模式中的直接比较法对标准互感器的要求不高，但是二次转换器的存在会加大测量误差；差值法对标准互感器的要求高，但是相比直接比较法测量误差较小。数字量输出模式的校验方式对每一个单元的准确度要求都比较高。总体来说，无论模拟量输出校验还是数字量输出校验，误差的构成有标准互感器误差、信号采集误差、信号传输延时和同步误差、信号处理算法误差等。减小校验误差应该减小上述每一部分的误差，这也是今后需要继续研究的问题[8-13]。

4.1.4　电子式互感器离线校验系统

1. 校验系统原理

传统互感器的校验系统因为缺少相应的数字接口已经不能用于对电子式互感器的校验。IEC 60044-8 附录中给出了电子式电流互感器的准确度试验布置方法。电子式互感器离线校验系统主要由标准通道、被校验通道、校验仪三部分组成，主要设备有标准电流/电压互感器、标准信号转换箱、电子式互感器校验仪、电源调节装置等。校验系统的主要设备的选择应符合以下要求：标准器的准确度等级应比被校验电子式互感器高两个准确度等级，且实际误差不应大于被校验电子式互感器误差限制的 1/5；标准信号转换箱所产生的误差不能超过被校验电子式互感器误差限制的 1/10；校验仪引入的误差不应大于被校验电子式互感器误差限制的 1/10。

数字输出电子式互感器校验系统技术指标：准确级为 0.05 级，具有 0.2（S）级的校验能力，采用光纤传输，能够校验基于 IEC 60044-7/8 和 IEC 61850-9-1 通信标准的数字输出电子式互感器，连续运行时间不小于 24h。

2. 校验系统构成

校验系统的结构设计实质是数据采集系统的设计。校验系统的标准通道采集标准互感器输出的模拟信号并转换成计算机可以识别的数字信号，送入计算机，同时获取网卡上被测通道信息，通过软件处理计算得到比值误差、相位误差、幅值、相位等参数。

校验系统的设计包括硬件设计和软件设计。校验系统组成包括：同步脉冲发生卡、标准互感器、标准信号转换箱、被校验电子式互感器、数据采集卡、工控机、上位机软件等。

1）标准互感器

校验系统的准确度等级为 0.05 级，可以校验准确度为 0.2S 及以下的电子式互感器。本校验系统选用了准确度等级为 0.01 级的标准互感器，满足高于被校验电子式互感器两个准确级的要求。

2）数据采集卡

在校验系统中，数据采集卡的转换精度对校验系统的精度的影响较大，选择合适的数据采集卡是校验系统性能优良的关键。在对输入信号进行离散化之前需要对模拟信号进行信号调理，包括隔离、滤波等。在数据采集时还需考虑输入通道数、采样频率、分辨率、输入范围等因素。由于目前许多设备商把信号调理和数据采集部分集成为一个设备，并且稳定性和精度均较高，本校验系统选用了美国国家仪器（National Instruments，NI）公司的 PCI-4474 采集卡来完成数据采集处理。采集卡主要是用来实现 A/D 转换，该采集卡的动态范围为 0～118 dB，根据 $(0\sim118)=20\lg\frac{10}{V}$，可以在±12.6 μV～±10 V 精确采样，能够满足电子式互感器动态范围宽的特点；该采集卡采用的是多通道并行 A/D 转换方式，采样频率高达 102.4 kHz/s，完全满足校验系统的高速采样过程；分辨率为 24 bit，最小理论误差为 $1\,\text{LSB}^{①}=\frac{1}{2^{24}}=6\times10^{-8}$，估计该采集卡的精度不会超过万分之一，对于校验系统 0.05 级的要求，选用该采集卡足够了。并且接入采集卡的信号经过了共模抑制、交直流耦合、差分缓存、滤波后再进行 A/D 转换，抑制了噪声干扰。

① LSB 为最低有效位。

3）标准信号转换箱

标准信号转换箱将标准电压/电流互感器输出转化为数据采集卡输入范围内。标准信号转换箱接电压输入 100/57.7 V 时，通过标准信号转换箱中的精密电压互感器转换为 4 V 电压输出；标准信号转换箱接电流输入 5 A 时，通过精密电阻转换为 4 V 电压输出。

4）同步脉冲发生卡

本校验系统自行研制了外围组件互连（peripheral component interconnect，PCI）同步脉冲发生卡，用于校验系统的信号同步。该发生卡将 PCI-4474 采集卡上的采样时钟通过实时系统集成（real-time system integration，RTSI）总线路由出来，分频为秒脉冲，并以电和光的形式输出，采用 PCI 结构总线，插入工控机内的 PCI 插槽，方便使用。

5）工控机

校验系统采用了便携式工控机，全钢机箱设计，具有抗冲击、抗振动、抗电磁干扰能力，适用于现场校验的恶劣环境。同步脉冲发生卡和数据采集卡均是 PCI 总线，插在工控机 PCI 插槽中，组成校验仪平台。

6）上位机软件

上位机软件主要完成数据获取、测频滤波、误差计算、波形显示等工作。

3. 校验系统主要硬件参数

1）标准信号转换箱

图 4.3 为标准信号转换箱面板图，主要包含开关、互感器输入、光纤输出、同步时钟输入等几部分。

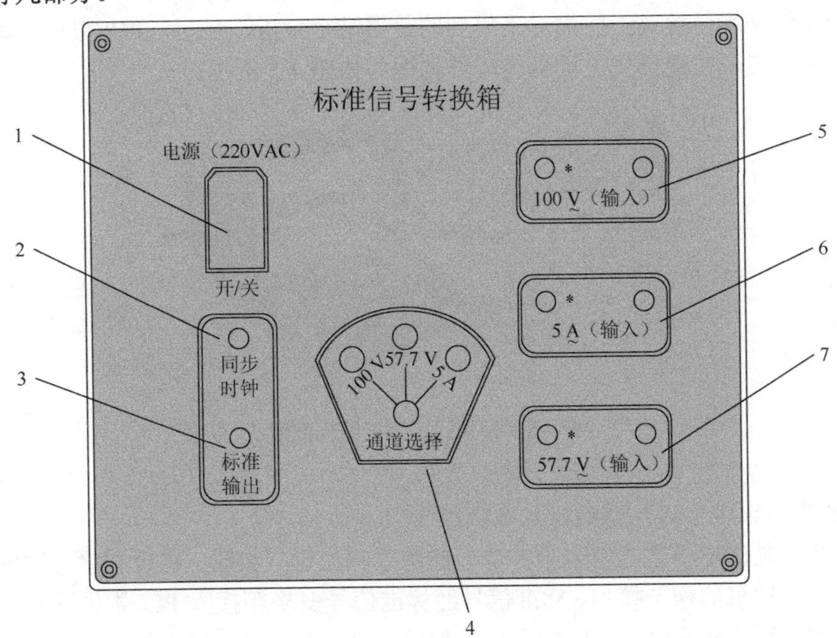

图 4.3　标准信号转换箱面板图

1. 电源（220VAC）开关；2. 同步时钟光纤输入；3. 标准信号光纤输出；4. 电流或电压校验通道选择；5. 标准电压互感器二次 100 V 交流输入；6. 标准电流互感器二次 5 A 交流输入；7. 标准电压互感器二次 57.7 V 交流输入

2）PCI 数据采集卡

校验系统采用了 PCI 数据采集卡，集成了信号调理和同步采集功能，功能结构框图如图 4.4 所示。

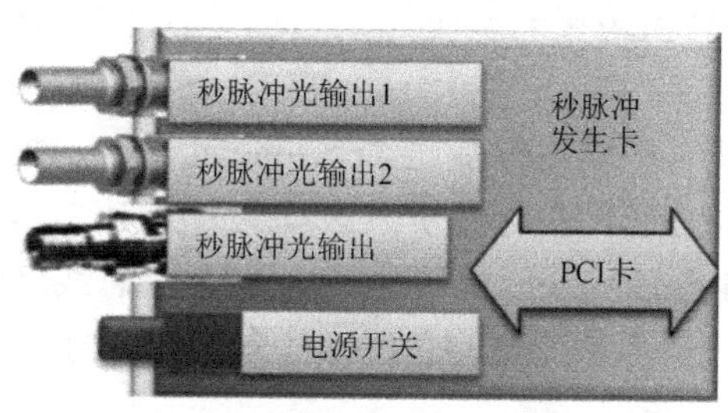

图 4.4　PCI 数据采集卡功能结构框图

具体参数如下。

模拟输入：4 路同步采样（1 路脉冲、1 路标准、1 路被校、1 路备用）。

输入方式：伪差分模式。

总线：PCI。

分辨率：24 bit；最高采样频率：102.4 kHz。

最大电压范围：−10～10 V。

动态范围：110 dB。

3）便携式工控机

校验系统采用便携式工控机对采集到的数据进行分析、显示。PCI 数据采集卡和秒脉冲发生卡都集成在便携式工控机内，结构框图如图 4.5 所示。

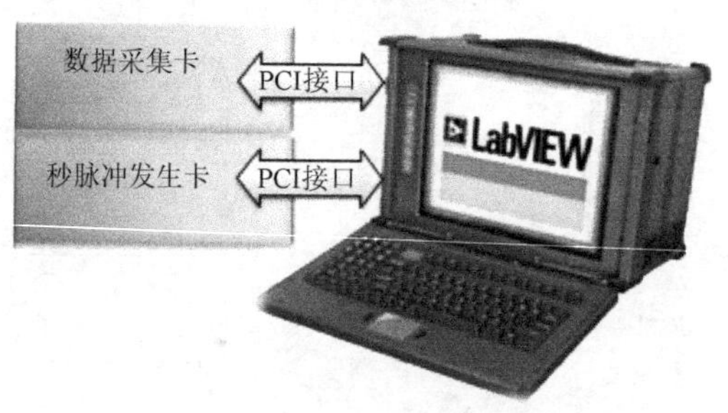

图 4.5　便携式工控机结构框图

4）数字输出电子式互感器校验系统接线图

校验系统是对电子式互感器合并单元的数字输出进行校验。将合并单元输出的被校验信号接入工控机的网卡接口，标准信号经标准信号变换箱接入 PCI 数据采集卡的标准信号输入端，秒脉冲发生卡的电输出接入数据采集卡的秒脉冲输入端，秒脉冲发生卡的光输出接入合并单元的光输入端。接线图如图 4.6 所示。

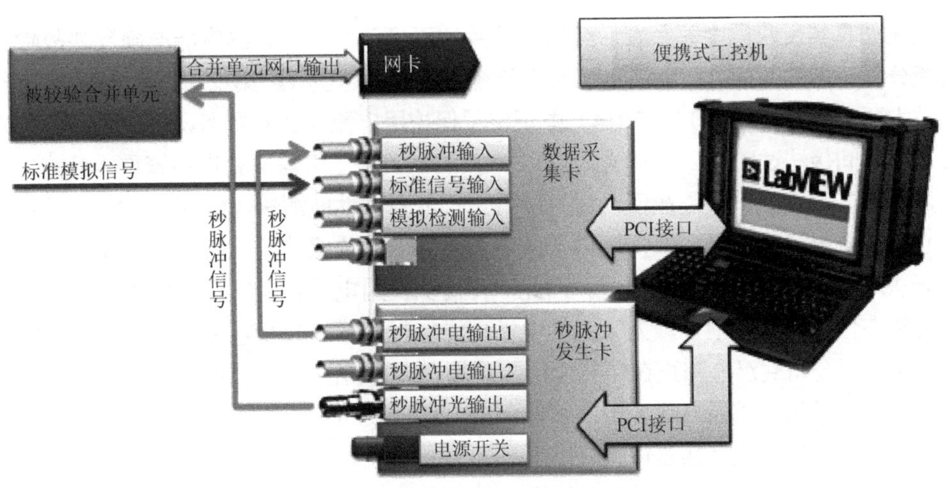

图 4.6　数字输出电子式互感器校验系统接线图

4. 现场测试

为了验证校验系统的可行性及准确度，在国家电网有限公司国网武汉高压研究院计量站对数字量输出的电压和电流进行了系统功能校准。结果表明，该校验系统的比值误差和相位误差均满足 IEC 60044-7/8 标准规定的 0.05%的规定限值，因此该校验系统可以校验 0.2S 级及以下准确度的数字量输出电子式电压、电流互感器。同时，该校验系统已经应用于现场校验，如图 4.7 所示。现场应用效果表明该校验系统操作方便，准确度高。

图 4.7　校验系统现场校验

4.1.5　电子式互感器暂态性能测试技术

保护用电子式电流互感器的暂态性能十分重要，其对暂态过程中的一些重要性质和物

理量变化的真实反映程度关系着后续保护装置的正确动作，互感器应能准确反映故障产生的直流分量、谐波畸变等故障波形。对于传统互感器，《互感器 第 2 部分：电流互感器的补充技术要求》（GB 20840.2—2014）中规定了保护用电流互感器暂态误差测试的方法为直接法试验和间接法试验（二次励磁试验）。直接法试验由于所需试验设备笨重，目前只在实验室进行。二次励磁试验是在现场对互感器进行的暂态性能测试，但这种方法只适用于含有铁心的传统电流互感器。保护用电子式电流互感器的传感单元一般为空心线圈或光学元件，无法用二次励磁试验进行测试。因此，目前保护用电子式电流互感器的现场交接试验中没有暂态性能测试的项目。为了在变电站现场实现互感器的暂态性能试验，中国电力科学研究院有限公司武汉分院正在研究可用于现场交接试验的 TPE 级电子式电流互感器暂态试验源，取得了初步成果。除了暂态试验源外，还需要相应的暂态校验系统。现有的校验仪一般以传统的电磁式互感器作为标准互感器，体积大、重量重，不适合现场使用，且由于铁心的限制，测量暂态信号时会产生失真[14-17]。

基于光学元件和空心线圈原理的互感器暂态性能较传统互感器要好，但光学互感器的传感单元制作工艺较复杂，且性能易受温度变化的影响。空心线圈电流互感器的测量频带宽，动态范围大，且制作工艺简单，但空心线圈的输出取决于稳定的互感系数，其互感系数与结构、尺寸、相对于一次导体的位置等因素有关。对于某一确定的空心线圈，结构和尺寸是固定的，互感系数主要受相对于一次导体的位置的影响。本节提出了一种基于空心线圈互感系数自校验的标准电流互感器暂态性能现场校验方法，并研制了暂态性能校验系统。利用空心线圈和铁心线圈各自的特点，即空心线圈体积小、动态范围大、线性度好，但输出易受相对于一次导体的位置等因素的影响；铁心线圈准确度高，但测量暂态大电流时所需体积大、重量重，不适合现场使用。本节首先将铁心线圈作为参考，在小电流时对空心线圈的互感系数进行校验，然后将校验后的空心线圈作为暂态大电流的测量标准，保证了校验时的准确度。另外，采用改进的数字积分算法对空心线圈的输出进行积分。本节研制的校验系统不仅可以校验电子式电流互感器的暂态性能，还可以校验其稳态性能。

1. 基于空心线圈互感系数自校验的标准电流互感器设计

为了在变电站现场实现高准确度的暂态大电流测量，本节利用两种不同特性的线圈实现，即空心线圈和铁心线圈。利用这两种线圈的特性，设计了一种基于空心线圈和铁心线圈的标准电流互感器。在小电流时利用铁心线圈对空心线圈的互感系数进行校验，从而确保空心线圈在每次使用时的安装位置误差在允许范围内，然后用校验后的空心线圈作为标准电流互感器。校验后的空心线圈既可以用作暂态电流时的测量标准，也可以用作稳态电流时的测量标准。详细设计方案如下。

1）空心线圈设计及分析

图 4.8 为空心线圈的示意图，空心线圈一般采用漆包线在非磁性骨架上绕制而成，或采用印制电路板（printed circuit board，PCB）技术在 PCB 上下两面布线，然后利用过孔将布线连接起来，形成绕组。由于不含铁心，磁导率与空气磁导率相同。空心线圈的输出电压为

$$e(t) = M\frac{\mathrm{d}i}{\mathrm{d}t} \tag{4.5}$$

式中：M 为空心线圈的互感系数；i 为穿过空心线圈的电流。M 与空心线圈的结构、尺寸、相对于一次导体的位置等因素有关，当一次导体偏心时，M 会变化，导致空心线圈的输出产生误差。本书中空心线圈采用基于 PCB 的空心线圈实现，其分析计算如下。

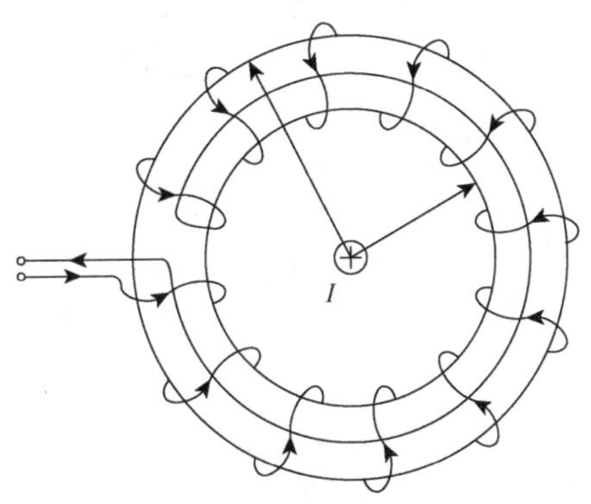

图 4.8　空心线圈示意图

图 4.9 中，O 点为空心线圈的圆心，正常情况下一次导体通过 O 点且垂直于空心线圈的平面。O_1 为偏心后一次导线的位置，偏心距离为 l。R_1 为空心线圈的内半径，R_2 为空心线圈的外半径。$O_{y1}O_{y2}$ 为线圈的对称轴，则空心线圈可分为左右对称的两个半圆形线圈，只分析右半圆即可。设空心线圈总匝数为 N 且均匀分布，右半圆的匝数为 n（$n = N/2$）。图 4.9 中，$A_{10}A_{1\mathrm{m}}$ 为右半圆第一个线匝，$A_{j0}A_{j\mathrm{m}}$ 为右半圆第 j 个线匝（$j = 1,2,\cdots,n$），$OA_{j\mathrm{m}}$ 为线匝 $A_{j0}A_{j\mathrm{m}}$ 与圆心 O 之间的连线。α为任意两线匝与圆心之间连线的夹角（$\alpha = 2\pi/N$）。一次导体位置偏心时，位置由 O 点移至 O_1 点，导致空心线圈的互感系数发生变化，对每个线匝的互感系数分析如下。

图 4.10（a）为线匝 $A_{10}A_{1\mathrm{m}}$ 的互感分析示意图。以 O_1 点为圆心，O_1A_{10} 为半径画圆，与 $O_1A_{1\mathrm{m}}$ 的交点为 A，图中 OA_{10} 长度为 R_1，$OA_{1\mathrm{m}}$ 长度为 R_2，则由图 4.10（a）和（b）可知，穿过线匝 $A_{10}A_{1\mathrm{m}}$ 的磁通量与穿过截面 $AA_{1\mathrm{m}}$ 的磁通量相同，其值为

$$\phi_1 = \int_{r_{10}}^{r_{1\mathrm{m}}} \mu_0 h \frac{I}{2\pi x}\mathrm{d}x = \frac{\mu_0 hI}{2\pi}\ln\frac{r_{1\mathrm{m}}}{r_{10}} \tag{4.6}$$

式中：h 为空心线圈的厚度；μ_0 为真空磁导率；r_{10} 为 O_1A_{10} 和 O_1A 的长度；$r_{1\mathrm{m}}$ 为 $O_1A_{1\mathrm{m}}$ 的长度；它们可由式（4.7）计算得出：

$$\begin{cases} r_{10} = \sqrt{l^2 + R_1^2 - 2lR_1\cos\left(\pi - \dfrac{\alpha}{2}\right)} \\ r_{1\mathrm{m}} = \sqrt{l^2 + R_2^2 - 2lR_2\cos\left(\pi - \dfrac{\alpha}{2}\right)} \end{cases} \tag{4.7}$$

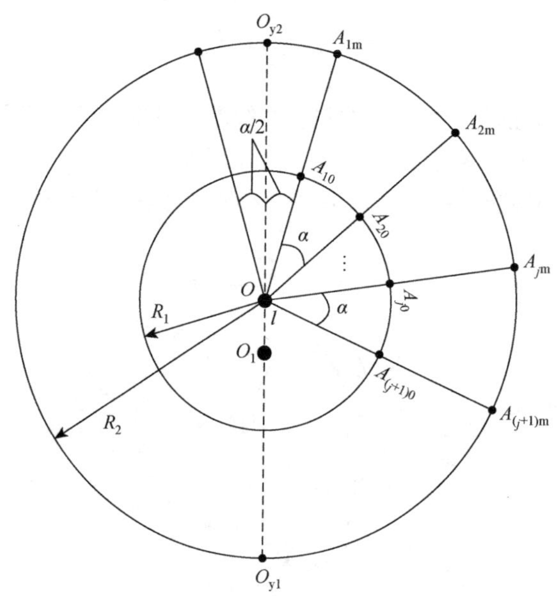

图 4.9　空心线圈的偏心分析示意图

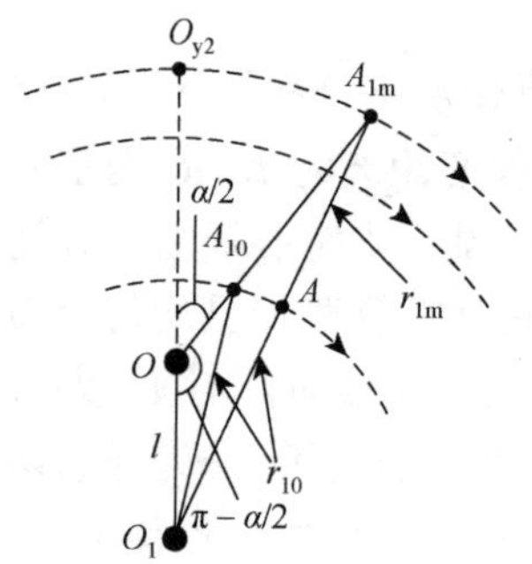

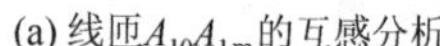
(a) 线匝$A_{10}A_{1m}$的互感分析

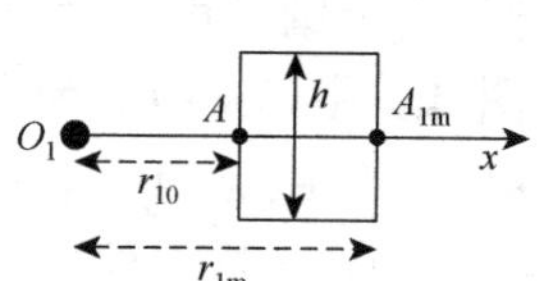

(b) 线匝AA_{1m}磁通量分析

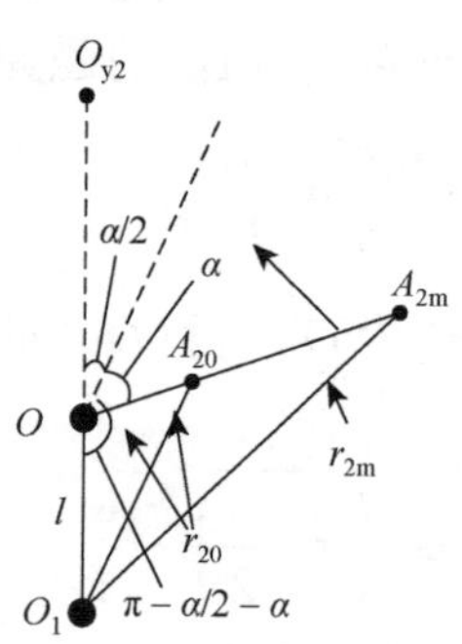

(c) 线匝$A_{20}A_{2m}$磁通量分析

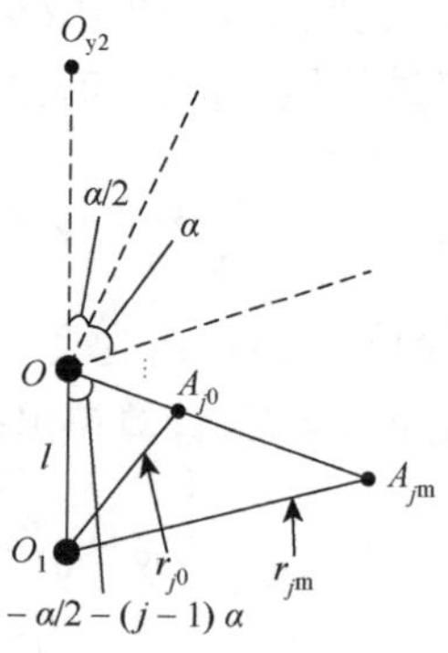

(d) 线匝$A_{j0}A_{jm}$磁通量分析

图 4.10　单个线匝互感分析

利用式（4.6）、式（4.7）并结合图 4.10（d），可求得线匝 $A_{j0}A_{jm}$ 中的磁通量为

$$\begin{cases} \phi_j = \dfrac{\mu_0 hI}{2\pi}\ln\dfrac{r_{jm}}{r_{j0}} \\ r_{j0} = \sqrt{l^2 + R_1^2 - 2lR_1\cos\left[\pi - \dfrac{\alpha}{2} - (j-1)\alpha\right]} \\ r_{jm} = \sqrt{l^2 + R_2^2 - 2lR_2\cos\left[\pi - \dfrac{\alpha}{2} - (j-1)\alpha\right]} \end{cases} \tag{4.8}$$

式中，$j = 1,2,\cdots,n$。

右半圆线圈的总磁通量为

$$\phi_{右} = \sum_{j=1}^{n}\phi_j = \sum_{j=1}^{n}\frac{\mu_0 hI}{2\pi}\ln\frac{r_{jm}}{r_{j0}} \tag{4.9}$$

整个线圈的总磁通量为

$$\phi_{总} = 2\phi_{右} = 2\sum_{j=1}^{n}\frac{\mu_0 hI}{2\pi}\ln\frac{r_{jm}}{r_{j0}} \tag{4.10}$$

此时空心线圈的互感系数（偏心距离为 l）为

$$M=\frac{\phi_{总}}{I} = 2\sum_{j=1}^{n}\frac{\mu_0 h}{2\pi}\ln\frac{r_{jm}}{r_{j0}} \tag{4.11}$$

当偏心距离 l 为 0 时，空心线圈的互感系数为

$$M_0=2n\frac{\mu_0 h}{2\pi}\ln\frac{R_2}{R_1} = N\frac{\mu_0 h}{2\pi}\ln\frac{R_2}{R_1} \tag{4.12}$$

当空心线圈偏心为 l 时，引起的互感系数误差为

$$\varepsilon_M = \frac{M - M_0}{M_0}\times 100\% \tag{4.13}$$

本节研制的空心线圈内半径 $R_1 = 114$ mm，外半径 $R_2 = 124$ mm，厚度 $h = 6$ mm，匝数 $N = 1\ 000$。在 MATLAB 中仿真，可得一次导体偏心对空心线圈的误差影响结果，见表 4.6。

表 4.6　偏心距离对误差的影响仿真结果

偏心距离/mm	误差/%
0	-9.18×10^{-14}
1	-1.42×10^{-8}
5	-6.88×10^{-8}
10	-1.32×10^{-7}
50	-5.05×10^{-7}

表 4.6 表明，在线匝均匀分布的理想情况下，随着偏心距离的增大，误差也增大，但是误差增大的绝对值却很小，可以忽略，因此可认为在线匝均匀分布的理想情况下，空心线圈的输出几乎不受相对于一次导体的位置的影响。由于实际制作的 PCB 空心线圈不可能绝对均匀，如有的线匝可能会比其他线匝尺寸大，有的可能比其他线匝尺寸小，有的线匝厚度可能与其他线匝不同等，这类情况如图 4.11 所示。

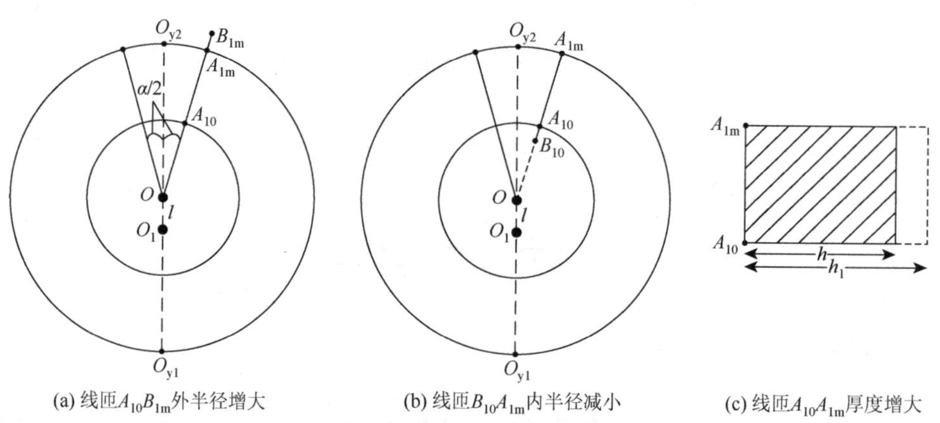

图 4.11　空心线圈不均匀线匝示意图

如图 4.11 所示，(a) 表示线匝 $A_{10}B_{1m}$ 的外半径比其他线匝大，OB_{1m} 长度为 R_a；(b) 表示线匝 $B_{10}A_{1m}$ 的内半径比其他线匝小，OB_{10} 长度为 R_b；(c) 表示线匝 $A_{10}A_{1m}$ 的厚度比其他线匝厚，厚度由 h 变为 h_1。由式（4.8）、式（4.10）～式（4.12）可以得出，当一次导线偏心距离为 l 时，三种情况下空心线圈的互感系数分别为 M_{x1}、M_{x2}、M_{x3}，可由以下公式计算得出：

$$\begin{cases} M_{x1}=2\sum_{j=1}^{n}\dfrac{\mu_0 h}{2\pi}\ln\dfrac{r_{jm}}{r_{j0}}-\dfrac{\mu_0 h}{2\pi}\ln\dfrac{r_{1m}}{r_{10}}+\dfrac{\mu_0 h}{2\pi}\ln\dfrac{r_{x1}}{r_{10}} \\ r_{10}=\sqrt{l^2+R_1^2-2lR_1\cos\left(\pi-\dfrac{\alpha}{2}\right)} \\ r_{x1}=\sqrt{l^2+R_a^2-2lR_a\cos\left(\pi-\dfrac{\alpha}{2}\right)} \end{cases} \tag{4.14}$$

$$\begin{cases} M_{x2}=2\sum_{j=1}^{n}\dfrac{\mu_0 h}{2\pi}\ln\dfrac{r_{jm}}{r_{j0}}-\dfrac{\mu_0 h}{2\pi}\ln\dfrac{r_{1m}}{r_{10}}+\dfrac{\mu_0 h}{2\pi}\ln\dfrac{r_{1m}}{r_{x2}} \\ r_{x2}=\sqrt{l^2+R_b^2-2lR_b\cos\left(\pi-\dfrac{\alpha}{2}\right)} \\ r_{1m}=\sqrt{l^2+R_2^2-2lR_2\cos\left(\pi-\dfrac{\alpha}{2}\right)} \end{cases} \tag{4.15}$$

$$\begin{cases} M_{x3}=2\sum_{j=1}^{n}\dfrac{\mu_0 h}{2\pi}\ln\dfrac{r_{jm}}{r_{j0}}-\dfrac{\mu_0 h}{2\pi}\ln\dfrac{r_{1m}}{r_{10}}+\dfrac{\mu_0 h_1}{2\pi}\ln\dfrac{r_{1m}}{r_{10}} \\ r_{10}=\sqrt{l^2+R_1^2-2lR_1\cos\left(\pi-\dfrac{\alpha}{2}\right)} \\ r_{1m}=\sqrt{l^2+R_2^2-2lR_2\cos\left(\pi-\dfrac{\alpha}{2}\right)} \end{cases} \tag{4.16}$$

式中：M_{x1} 为图 4.11（a）情况下的互感系数；M_{x2} 为图 4.11（b）情况下的互感系数；M_{x3} 为图 4.11（c）情况下的互感系数；r_{x1} 为图 4.11（a）中 O_1B_{1m} 的长度；r_{x2} 为图 4.11（b）中 O_1B_{10} 的长度。

当不存在偏心时（即偏心距离 l 为 0 时），空心线圈的互感系数为

$$\begin{cases} M_{x10}=(N-1)\dfrac{\mu_0 h}{2\pi}\ln\dfrac{R_2}{R_1}+\dfrac{\mu_0 h}{2\pi}\ln\dfrac{R_a}{R_1} \\ M_{x20}=(N-1)\dfrac{\mu_0 h}{2\pi}\ln\dfrac{R_2}{R_1}+\dfrac{\mu_0 h}{2\pi}\ln\dfrac{R_2}{R_b} \\ M_{x30}=(N-1)\dfrac{\mu_0 h}{2\pi}\ln\dfrac{R_2}{R_1}+\dfrac{\mu_0 h_1}{2\pi}\ln\dfrac{R_2}{R_1} \end{cases} \tag{4.17}$$

式中：M_{x10} 为一次导线不偏心时图 4.11（a）情况的互感系数；M_{x20} 为一次导线不偏心时图 4.11（b）情况的互感系数；M_{x30} 为一次导线不偏心时图 4.11（c）情况的互感系数。

此时上述三种线匝不均匀情况引起的偏心误差可以按照式（4.13）的方法计算。假设 OB_{1m} 的长度比其他线匝长 1 mm，即 $R_3 = 125$ mm（情况 1）；OB_{10} 的长度比其他线匝小，为 $R_4 = 113$ mm（情况 2）；$h_1 = 6.1$ mm（情况 3）（结合生产厂家的制造工艺，这种假设是合理的）。其他尺寸与前面仿真时的参数一致。通过改变这种不均匀匝数的数量，得到仿真结果见表 4.7。

表 4.7　线匝不均匀时偏心距离对误差的影响仿真结果

偏心距离/mm	情况 1 时互感系数误差/%			情况 2 时互感系数误差/%			情况 3 时互感系数误差/%		
	1 匝	20 匝	100 匝	1 匝	20 匝	100 匝	1 匝	20 匝	100 匝
0	-7.86×10^{-14}	-9.16×10^{-14}	-6.50×10^{-14}	-9.18×10^{-14}	-7.85×10^{-14}	-6.49×10^{-14}	-7.87×10^{-14}	-9.18×10^{-14}	-6.55×10^{-14}
1	-7.61×10^{-5}	-1.60×10^{-3}	-1.80×10^{-2}	-9.15×10^{-5}	-1.90×10^{-3}	-1.95×10^{-2}	-1.39×10^{-5}	-3.63×10^{-4}	-1.19×10^{-2}
5	-3.69×10^{-4}	-7.71×10^{-3}	-8.24×10^{-2}	-4.42×10^{-4}	-9.20×10^{-3}	-8.96×10^{-2}	-6.72×10^{-5}	-1.70×10^{-3}	-5.30×10^{-2}
10	-7.10×10^{-4}	-1.48×10^{-2}	-1.49×10^{-1}	-8.48×10^{-4}	-1.76×10^{-2}	-1.62×10^{-1}	-1.29×10^{-4}	-3.20×10^{-3}	-9.21×10^{-2}
50	-2.70×10^{-3}	-5.55×10^{-2}	-3.85×10^{-1}	-3.20×10^{-3}	-6.48×10^{-2}	-4.31×10^{-1}	-4.93×10^{-4}	-1.08×10^{-2}	-1.64×10^{-1}

表 4.7 中可以看出，当线匝存在不均匀的情况时，偏心引起的误差较大，且误差随着偏心距离的增大而增大。实际制作的 PCB 型线圈不可能完全均匀，可能上述三种不均匀的情况都存在。为测试实际制作的线圈受偏心的影响状况，按上述尺寸制作了 10 个线圈分别测试，结果见表 4.8。

表 4.8　偏心距离对误差的影响测试结果

线圈编号	一次导体偏心引起的空心线圈误差/%			
	1 mm	5 mm	10 mm	50 mm
1	−0.073	−0.256	−0.512	−0.740
2	−0.062	−0.380	−0.537	−0.735
3	−0.057	−0.379	−0.541	−0.681
4	−0.071	−0.307	−0.540	−0.731
5	−0.086	−0.388	−0.524	−0.671
6	−0.077	−0.328	−0.493	−0.633
7	−0.063	−0.352	−0.594	−0.721
8	−0.054	−0.237	−0.342	−0.403
9	−0.015	−0.241	−0.468	−0.563
10	−0.070	−0.342	−0.571	−0.702

测试结果表明，由于制作工艺的误差，空心线圈受偏心距离的影响较大，且误差随着偏心距离的增大而增大。对比表 4.7 和表 4.8 可知，尽管仿真结果与实测的数值不完全一致，但两者变化的趋势相同，仿真和测试的结果吻合。实际使用时，为减小空心线圈偏心引起的误差，可以通过制作相应的夹具来进行固定。然而，由于被测导体的直径不同，这种制作夹具的方式降低了空心线圈的通用性。而且，校验系统会在不同的现场之间移动，机械固定的方式也不能保证空心线圈每次的安装位置一致。一旦空心线圈出现偏心的情况，现场无法判断其偏心的大小，更无法判断偏心引起的误差大小，此时校验结果会产生误差，导致校验结果的可信度受到质疑。

2）铁心线圈设计及分析

一般来说，基于铁心线圈的电流互感器准确度较高，且一般不受一次载流导体位置的影响。然而，由于现有的基于铁心线圈的标准电流互感器较为笨重，尤其是在测量暂态大电流信号时，要求铁心的体积很大，不利于现场使用。铁心线圈要保证较高的准确度，其体积一般随着测量范围的增大成比例增长，因此，如果要求铁心的测量范围较小的话，就可以减小体积和重量。本节采用铁心线圈的目的是在较小的电流下用其作为标准来校验空心线圈，然后用校验后的空心线圈作为标准来校验稳态电流或暂态大电流时的电子式电流互感器。铁心线圈的测量电流小，则所需铁心的体积小，重量轻，适合现场使用。

本节研制的铁心线圈尺寸如下：内半径为120 mm，外半径为180 mm，厚度为44 mm，额定变比为 1 000 A∶1 A。为了验证铁心线圈受一次载流导线位置的影响程度，对铁心

线圈进行偏心试验，测试结果见表 4.9。从表 4.9 可以看出，研制的铁心线圈几乎不受一次载流导体位置的影响，因此它可以作为判断空心线圈是否偏心的标准。

表 4.9　铁心线圈偏心试验

偏心距离/mm	比值误差/%	相位误差/(′)
1	–0.007	0.212
5	–0.012	0.340
10	–0.010	0.453
50	–0.014	0.521

3）空心线圈互感系数自校验及其标准电流互感器的实现

上述分析过程表明，空心线圈易受一次导体偏心的影响，偏心后互感系数会发生变化，导致结果产生误差。因此在使用时，要尽量控制偏心的发生。但在实际使用中，即使通过机械的方式控制，也可能产生毫米级的偏移，且偏心后无法判断偏心产生的误差大小，导致校验结果的可信度受到质疑。本节采用了一种新型的空心线圈互感系数自校验方法，保证了使用时空心线圈的准确度。基于空心线圈互感系数自校验的标准电流互感器如图 4.12 所示。空心线圈互感系数校验流程图如图 4.13 所示。

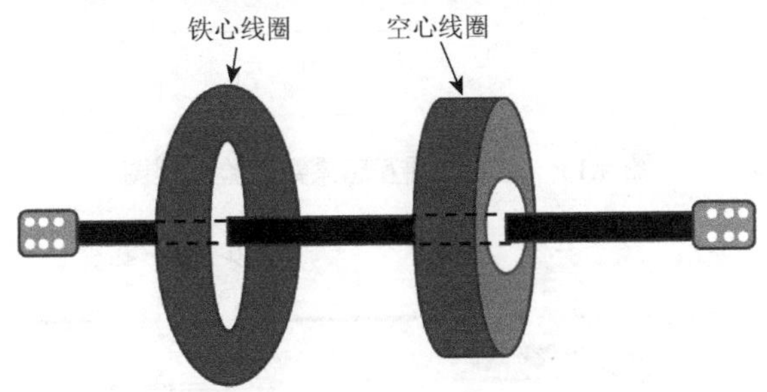

图 4.12　基于空心线圈互感系数自校验的标准电流互感器

如图 4.13 所示，利用铁心线圈的准确度高、不受导体位置影响的优点，在小电流时，用铁心线圈的输出作为标准，分析空心线圈的互感系数与最初的值是否存在偏差。若偏差过大，则说明空心线圈存在偏心，应对空心线圈的安装状态进行调整，直到空心线圈的互感系数在规定的误差范围内方可开始校验。在空心线圈被校准之后，以空心线圈作为标准电流互感器，用以对电子式电流互感器的稳态性能或暂态性能进行校验。

2. 系统整体设计

在基于空心线圈互感系数自校验的标准电流互感器的基础上，设计了电子式电流互感器的暂态性能校验系统，如图 4.14 所示。图 4.14 中，校验系统主要由标准通道、被校验通道及 PC 等部分组成。标准通道包括标准电流互感器、信号转换装置和数据采集卡等。标准电流互感器采用基于空心线圈互感系数自校准的标准电流互感器实现，利用铁心线圈在小电流时对空心线圈进行校验，校验后的空心线圈既可以作为暂态大电流的测量标准，也可以作为稳态电流的测量标准。采集系统基于美国 NI 公司的 24 bit PCI-4474 采集卡，如图 4.15 所示。最高采样频率可达 102.4 kHz，带宽可达 45 kHz，输入电压范围±10 V，分辨率可达 24 bit，动态范围为 110 dB。

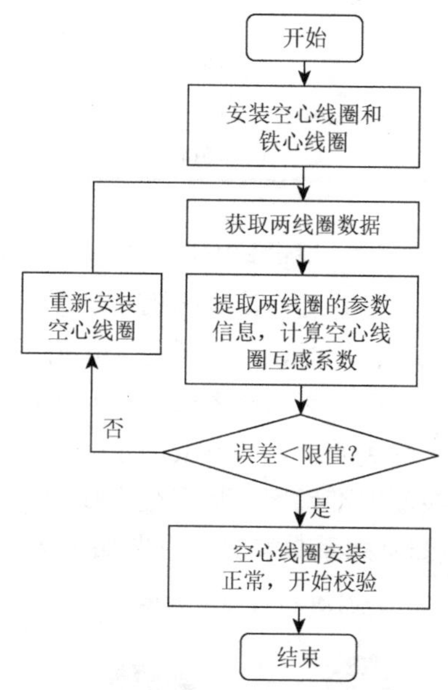

图 4.13　空心线圈互感系数校验流程图

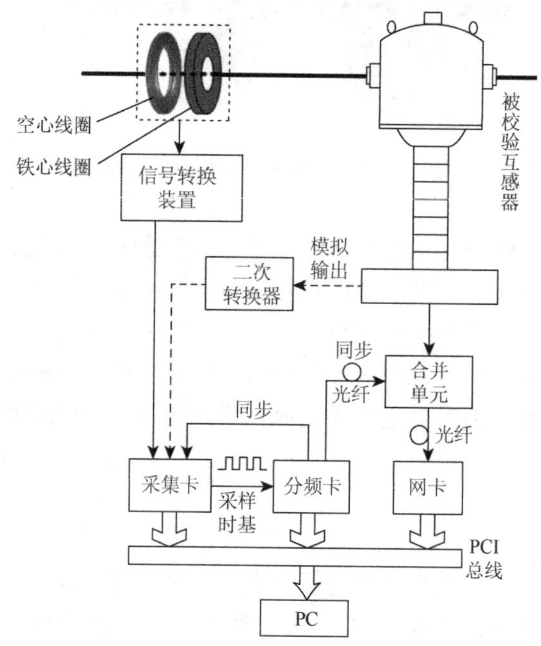

图 4.14　基于空心线圈互感系数自校验的标准电流互感器校验系统原理图

图 4.15　PCI-4474 采集卡

被校验互感器分两种：①对于传统模拟量输出的电流互感器，输出信号经二次转换器之后由数据采集卡同步采集标准电流互感器信号，通过 PC 中的软件进行误差分析计算；②对于数字量输出的电子式电流互感器，在接收到同步脉冲后，合并单元的数字量信号经网卡传给 PC。同步脉冲由采集卡中的高频晶振路由输出至分频卡后，分频产生频率为 1 Hz 的同步信号，对被校验电子式互感器和标准互感器的输出信号实现同步。

3. 同步模块设计

对互感器进行校验时，必须保证标准通道信号和被校验通道信号的同步采样。对于工频信号采样，若标准通道和被校验通道之间的采样脉冲相差 1μs，则会产生 1.08′的相位误差。当同步误差较大时，整个系统的准确度难以保证，因此要尽量控制同步误差。传统同步方式一般采用外部独立触发源来触发两路信号，但由于不同晶振之间的频率差异，随着时间的增加误差累加，严重影响校验结果的准确度。针对这种情况，本节提出了一种新颖的同步触发方法：以 PCI-4474 采集卡的板载晶振为源，利用 RTSI 总线路由采样时基分频得到同步秒脉冲来触发标准通道和被校验通道的信号，原理如图 4.16 所示。

根据所需采样频率的不同，分频卡可以进行相应的设置，采样时基分频得到秒脉冲。因为时钟源为 PCI-4474 采集卡的内部高频晶振，所以和独立的外部触发源相比，路由脉冲更加稳定，脉宽失真和抖动更小。

图 4.17 中，线条①是采用新的同步方法，采样率为 10 kHz 时相位的变化，可以看出相位呈线性变化，这说明触发时标之间的时间是固定的（1s）。图 4.18 给出了同步脉冲触发过程。

如图 4.18 所示，理论情况下，同步脉冲每次都在触发点位置触发，但由于电网频率的波动会造成触发点的偏移。新设计中由于被校验通道的同步触发源和标准通道信号所用的是相同的时钟晶振，没有晶振间的误差，不会出现触发时标在两采样点之间

波动的情况。虽然触发点会偏移，但是偏移引起的相位变化是线性的。所以，标准通道的同步误差只是晶振本身的误差，对于频率为 10 MHz 的晶振，同步误差可控制在纳秒级。

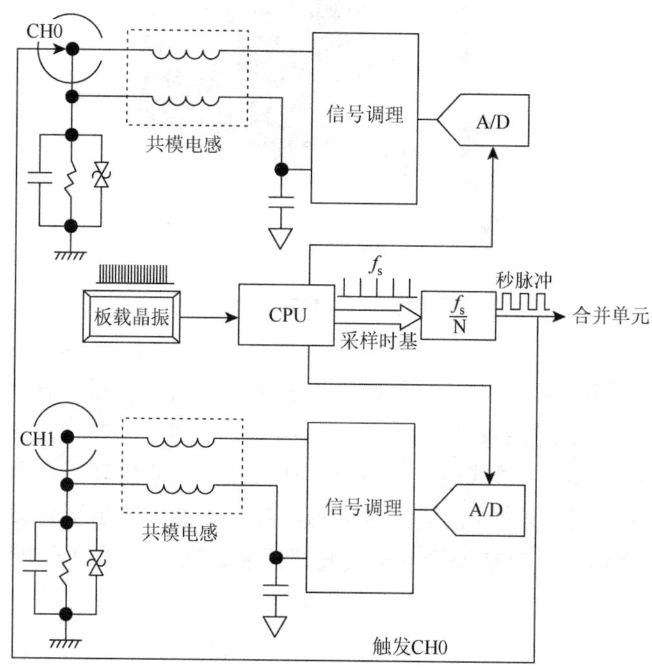

图 4.16　同步触发脉冲路由过程

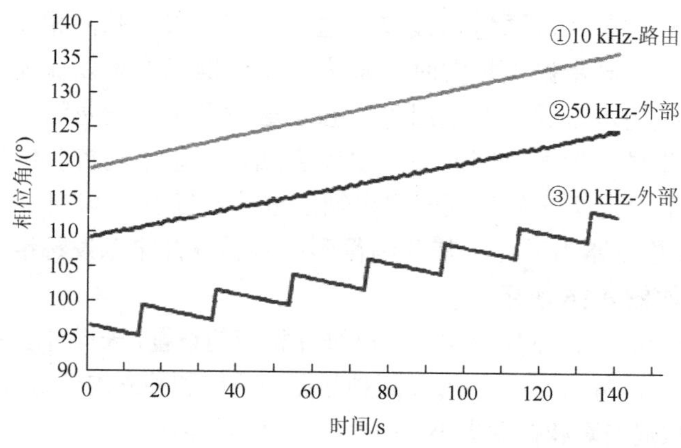

图 4.17　标准通道信号相位变化

4. 软件设计

LabVIEW 是一种基于图形化语言（又称为 G 语言）的编程环境，广泛应用于工业和科研领域中。LabVIEW 是一个功能强大的数据采集和仪器控制软件，它集成了与满足 GPIB、

RS-232、VXI 和 RS-485 协议的硬件及数据采集卡通信的全部功能，还内置了便于应用 TCP/IP、ActiveX 等软件标准的库函数，利用它可以方便地建立校验系统软件平台。

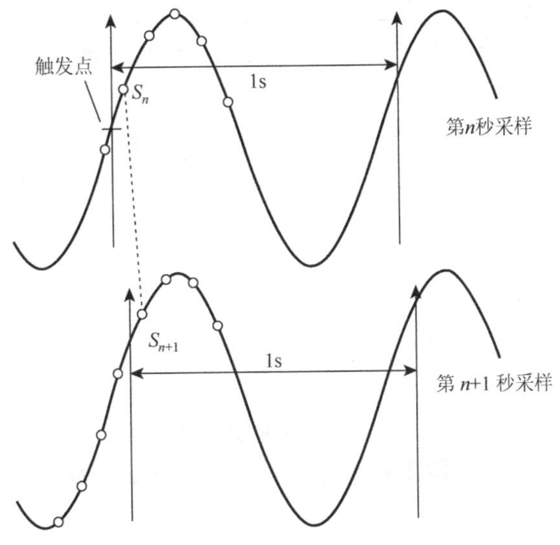

图 4.18　同步脉冲触发过程

校验系统软件功能，主要是用来对信号进行显示、储存、分析和报警等，采用了多种表示方式，方便工作人员对信号的分析判断。校验系统软件主要分为前面板显示程序和后面板处理程序。前面板主要实现标准和被测波形显示、数据显示、参数的设定及功能性参数监测，如图 4.19 所示。

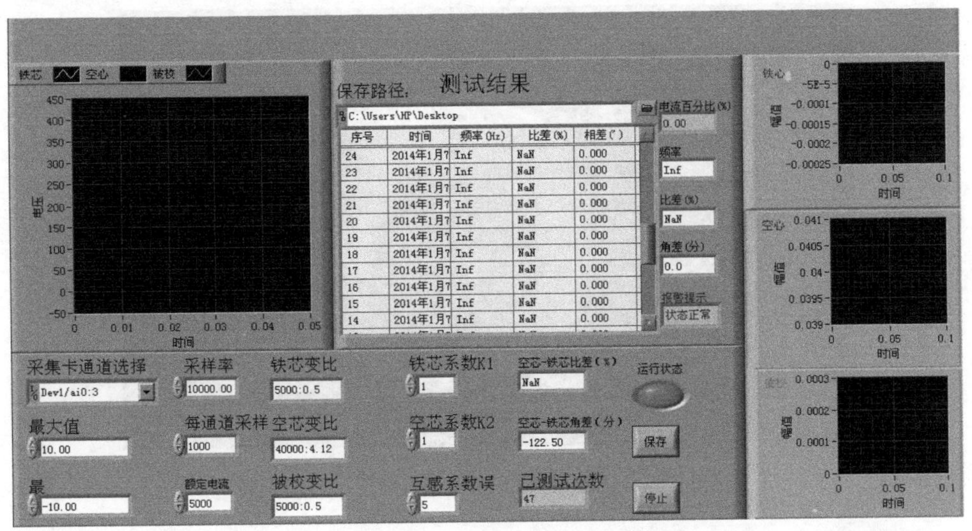

图 4.19　基于空心线圈互感系数自校验的标准电流互感器现场校验系统主程序界面

系统主界面由四部分组成：系统配置界面、结果列表显示界面、波形显示界面和监

测界面。其中系统配置界面用来参数设置、网卡选择等；结果列表显示界面和波形显示界面分别用来实时显示所选测量项目的结果及波形；监测界面主要是为了方便用户了解整个系统的运行。后面板是程序的主体，完成通信机制的建立、数据的处理，主要包括标准通道信号的接收、被校验通道合并单元（IEC 61850-9-2）数字信号的接收及解码处理。

校验系统软件具有如下特点：①信息量丰富，形象地显示一次电流、电压和频率，通过这些数据，可以很容易从图形特性及实时数据上判断出波形异常及系统运行情况；②具有自动记录测试数据功能，方便对历史数据查询；③具有强大的报警功能，方便工作人员对异常情况的处理；④具有实时监测数据丢失状态的功能，方便工作人员对问题进行处理。

5. 基于空心线圈互感系数自校验的校验系统测试结果

基于空心线圈互感系数自校验的校验系统如图 4.20 所示。空心线圈和铁心线圈固定在小推车上，两线圈同轴，线圈中心重合，构成一个系统。为了验证其性能，对其进行了以下测试。

1）校验系统的基本准确度测试

基于空心线圈互感系数自校准原理的校验系统的误差来源主要有以下几点。

（1）标准电流互感器的误差。

（2）信号转换装置的误差。

（3）数据采集卡的误差。

（4）数字积分算法的误差。

图 4.20　基于空心线圈互感系数自校验的校验系统

标准电流互感器的误差是所有测量方法中的固有限制，对于校验系统而言要尽可能地选取高准确度的互感器作为标准，本节由于对空心线圈首先进行了互感系数的自校验，保证了现场测试时的准确度。信号转换装置中铁心线圈部分主要是选用高准确度的

无感取样电阻将铁心线圈的二次电流转换成电压信号，以适应 24 bit 采集卡的采样要求。对空心线圈而言，主要是将空心线圈的输出放大为合适的电压信号，放大电路采用精密运算放大器 OPA2227 实现。对于数据采集卡产生的误差，本校验系统采用 NI 公司的 24 bit PCI-4474 采集卡，在额定输入电压（±10 V）范围内，比值误差变化小于 0.01%，相位误差变化小于 0.4′。而对于数字积分算法产生的误差，由上面的测试结果发现，数字积分产生的比值误差和相位误差分别小于 0.01%、0.2′。

为了测试系统整体的准确度，参照《互感器校验仪检定规程》（JJG 169—2010）的要求，在中国电力科学研究院有限公司武汉分院国家高电压计量站对本节的校验系统进行了测试，由于试验条件的限制，仅能测试 10 kA 以内的准确度，对于系统在 10～40 kA 的准确度，采用外推法计算，结果见表 4.10。表 4.10 中可以看出，研制的校验系统在 100 A～10 kA 电流范围内比值误差变化≤0.082%，相位误差变化≤2.09'。

表 4.10　校验系统校准结果

一次电流/A	比值误差/%	相位误差/(′)
100	0.082	2.09
500	0.074	1.65
2 000	0.031	0.68
8 000	0.012	0.50
10 000	0.007	0.56
40 000	−0.012	0.38

对于系统在 10～40 kA 的测量准确度，采用外推法实现。空心线圈在测量小电流时信噪比较低，测量大电流时信噪比较高，因此在额定电流范围内，测量的电流越大，比值误差和相位误差变化越小，表 4.10 中也证实了这一点。电流从 10 kA 变化到 40 kA，动态范围变化 4 倍，则需要确定动态范围变化 4 倍时校验系统的误差变化。表 4.10 中，一次电流从 500 A 变化至 2 000 A 时，动态范围变化 4 倍，此时比值误差变化−0.043，相位误差变化−0.97′；一次电流从 2 000 A 变化至 8 000 A 时，动态范围变化也为 4 倍，此时比值误差变化−0.019%，相位误差变化−0.18′。可以看出，对同样的动态变化范围，测量电流越大时，比值误差和相位误差变化越小。因此当一次电流从 10 kA 变化到 40 kA 时，比值误差和相位误差的变化值要小于电流在 2 000～8 000 A 的变化值。考虑最差的情况，取 10～40 kA 的比值误差和相位误差变化值等于 2 000～8 000 A 的变化值，则根据表 4.10 中 10 kA 时的测量值，可推出校验系统在 40 kA 时的误差。

从表 4.10 中可以看出，研制的校验系统在 100 A～40 kA 的比值误差变化小于 0.1%，相位误差变化小于 3′，满足现场使用要求。

2）校验系统的暂态性能测试

本节研制的校验系统，主要目的是用于保护用电子式电流互感器现场暂态性能的测试。研制的校验系统采用空心线圈作为暂态大电流时的电流互感器，因此系统的暂态性能测试主要针对空心线圈。测试电路原理图如图 4.21 所示。

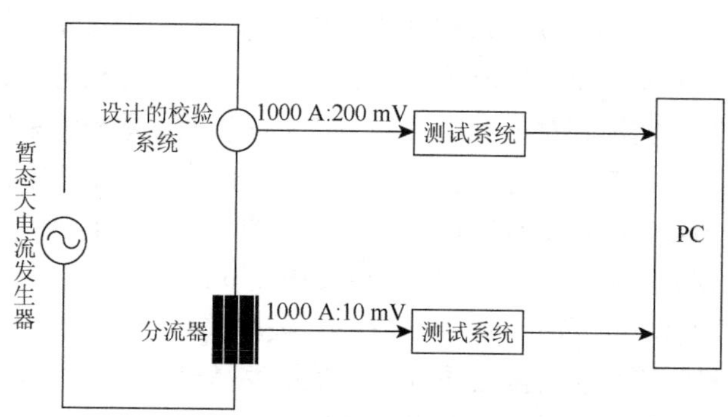

图 4.21　暂态性能测试电路

由于试验条件的限制，动模实验室无法产生峰值为 40 kA 的暂态大电流，只能模拟电力系统短路时产生峰值为 1 000 A 的暂态电流，该暂态电流波形含有衰减直流分量，类似于电力系统大电流时短路波形的特性，可以用来验证空心线圈的暂态性能。由于本节研制的空心线圈额定电流较大，另外制作了额定电流较小的空心线圈，额定变比为 1 000 A∶200 mV。分流器具有良好的暂态性能，作为此次测试中的参考标准，阻值为 0.000 01 Ω，额定变比为 1 000 A∶10 mV。

结果表明，研制的校验系统由于采用空心线圈作为标准电流互感器，具有与分流器同样好的暂态性能，两者波形吻合得很好。基于直流负反馈原理的数字积分器不会将衰减直流分量消除，而是可以准确地还原出来。空心线圈的体积和重量要远小于分流器，因而方便在变电站现场使用。

4.2　电磁兼容性能测试

电子式互感器中含有大量的电子元器件，在变电站复杂的电磁环境中，其受到的电磁干扰比传统互感器更为复杂，因此其电磁兼容性能的测试比传统电磁式互感器更为严格。相关标准中一般常见的电磁兼容试验项目包括：浪涌（冲击）抗扰度、电快速瞬变脉冲群抗扰度、振荡波抗扰度、静电放电抗扰度、工频磁场抗扰度、脉冲磁场抗扰度等[18-20]。

4.2.1　电子式互感器常见的电磁干扰现象

变电站作为对电压和电流进行变换的场所，站内包含大量的电力和电子设备，鉴于目前我国大力推进特高压输电技术的发展，变电站的电压等级也在不断提高，其电磁环境也越发复杂。而电子式互感器作为变电站中重要的电气测量设备，受到电磁干扰的影响不可避免。变电站中常见的电磁干扰现象有以下几类。

1. 高压开关操作

变电站中隔离开关的开合闸会产生高频过电压和大电流。在隔离开关从完全断开到开关逐渐闭合直至完全闭合的过程中，伴随着空气的多次击穿，产生拉弧现象，电弧多次重燃和熄灭。最初闭合时，隔离开关两端口间距较大，没有击穿现象发生。当开关两端口逐渐靠近时，所需击穿电压逐渐减小，当两端口电压超过空气击穿电压时，空气放电，电路中产生高频感应电流，随着高频电流的衰减，过零时电流熄灭，空气绝缘强度逐渐恢复，一段时间后，两端口电压再次超过空气击穿电压，再次放电，此后重复这种电弧熄灭和重燃的过程。当隔离开关两端口彻底接触，隔离开关合闸完成后，放电现象结束。

2. 雷电冲击

雷击事件会对变电站中一次或二次设备造成一定的影响，其影响范围和程度取决于当时雷电能量的大小，以及雷击点的位置。发生雷电冲击时，雷电波能量由电力线路感应出暂态过电压，经过传导耦合将能量在线路中传播。虽然目前变电站的防雷措施一般较为完善，但雷电波产生的暂态过电压比额定电压要大得多，频率量级接近兆赫兹。

3. 系统接地故障

当变电站发生系统接地故障时，会有一部分电流接地，对地电位产生影响，而有源型电子式互感器多采用地电位供能，此时的暂态地电位会对电子式互感器的供能产生影响，进而产生电磁干扰，但这种干扰的电压和频率并不是太高。

4. 无线电辐射场

变电站内各种无线电通信装置如对讲机等都会对站内设备产生电磁波辐射干扰，但与前述几种电磁骚扰事件相比能量较小。

5. 气体绝缘变电站内快速暂态过电压

气体绝缘变电站内由隔离开关或短路器等操作引起的电弧重燃现象会在系统内引起快速暂态过电压（very fast transient overvoltage，VFTO）。VFTO 在本质上是高压开关操作暂态的一种，但因其引起的二次侧暂态电压频率和峰值能达到上百兆赫兹和几十千伏，对二次侧设备将造成较大的危害。

4.2.2 电子式互感器在隔离开关开合中的电磁干扰机理

运行经验表明，电磁干扰是导致电子式互感器故障的主要原因之一。由于电子式互感器安装位置接近一次回路，在开关操作和系统都短路的条件下，通过直接传导和电磁场耦合更容易受到干扰。而这些干扰的强度远远超过目前电磁兼容标准规定的干扰水平，这也是目前电子式互感器已通过了电磁兼容试验，在现场仍然出现电磁防护故障的主要原因。变电站电磁干扰主要包括隔离开关和断路器操作、雷电和系统短路等几种情况下在变电站内引起的强电磁干扰。研究表明：隔离开关操作产生的暂态电磁干扰是电力系统最为强烈的干扰。如果将隔离开关操作过程产生的干扰用于检验电子式互感器的电磁兼容性能，将更加接近互感器现场实际运行中的电磁环境，有助于最大限度地测试电子式互感器的电磁防护性能。本节以空心线圈电流互感器为例，将隔离开关开合试验对电子式互感器的干扰分为传导干扰和辐射干扰，从这两个方面分别对其进行建模仿真。

1. 空心线圈电流互感器的建模

空心线圈电流互感器主要由三个部分组成：一次传感单元、采集单元和合并单元。采集单元和合并单元需要外部供电。对于采集单元位于高压侧的互感器，其供能方式一般为激光供能、高压取能线圈供能或两者的组合。对于采集单元位于地电位侧的互感器，其供能方式一般为地电位站用电源供电。合并单元供电方式一般为站用电源供电。

1）一次传感单元所受干扰分析

由于空心线圈的频带一般较宽，对于暂态的高频率大电流信号，可能会使空心线圈感应出很高的电压信号，进而对空心线圈本身产生影响，或者通过电气连接线直接传输至采集单元，对采集单元产生影响。例如，当被测电流幅值为 10 kA，当电流频率为工频 50 Hz 时，空心线圈输出电压为 0.2 V；而当电流频率为 300 kHz 时，空心线圈输出电压为 1 200 V。这种变化对线圈本身和采集单元是一项严重考验。

2）采集单元所受干扰分析

采集单元一般放置在金属盒内，仅有信号输入、输出和电源接口。采集单元可能受到两个方面的干扰：一是隔离开关开合时，空心线圈感应出的暂态信号直接通过电气连接线传递到采集单元的电路中；二是隔离开关开合时，瞬态电磁场以电磁辐射的形式干扰采集单元电路的正常工作。

3）合并单元所受干扰分析

合并单元与采集单元之间的信号传输采用光纤连接，因此采集单元一般不会向合并单元传导干扰。另外，合并单元一般安装在控制室内，受电磁辐射干扰的影响较小。

由于一次传感单元和采集单元在互感器所有组成部分中所受的影响较严重，且采集单元的干扰源主要来自一次传感单元。因此，本节首先对互感器的传感单元建模，仿真

其在隔离开关开合时的感应输出，分析此输出对后续采集单元可能产生的影响，并根据仿真结果，提出可行的抗干扰措施。

2. 传导干扰对空心线圈电流互感器的影响

传导干扰是指在电路中电磁骚扰以电压或电流的形式，通过导线、元器件（如电容器、电感器、变压器等）耦合至被干扰电路。图 4.22 为隔离开关开合时对空心线圈电流互感器的传导干扰仿真原理图。

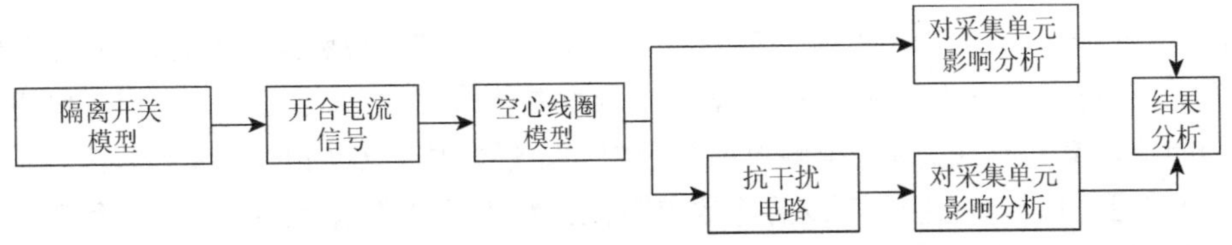

图 4.22　隔离开关开合时对空心线圈电流互感器的传导干扰仿真原理图

首先建立隔离开关开合时的模型，获取开合时电路中的暂态电流波形，然后根据暂态电流和空心线圈的模型仿真空心线圈及电路的暂态输出信号。仿真流程如图 4.23 所示，仿真的具体步骤如下。

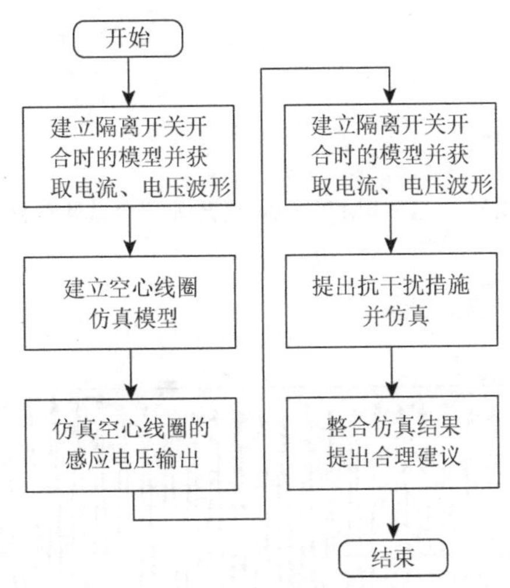

图 4.23　仿真流程图

1）隔离开关开合容性小电流时的试验模型

首先用 ATP-EMTP 软件仿真隔离开关开合产生的高频电流信号 $i(t)$。参考《高压交流隔离开关和接地开关》(GB 1985—2004) 中附图 B.1“母线转换电流关合和开断试验”的试验回路，并结合 2011 年电子式互感器性能测试中隔离开关试验的原理图，建立如图 4.24 所示的隔离开关开合容性小电流试验的仿真电路图。

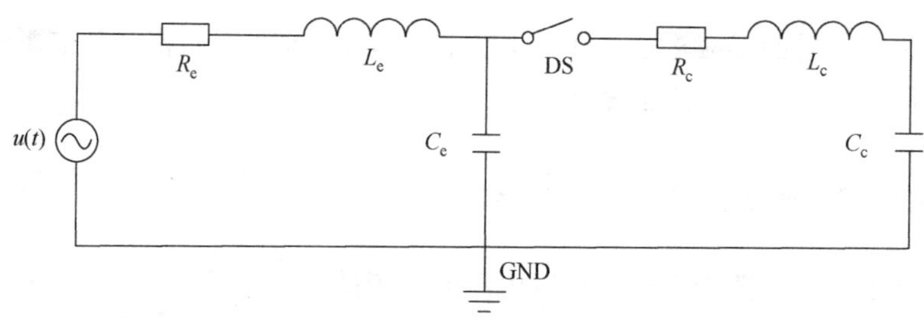

图 4.24　隔离开关开合容性小电流试验的仿真电路图

图 4.24 中，$u(t)$为线路额定电压，针对 110 kV 的互感器，电源电压有效值为 110 kV $\sqrt{3}$，仿真中采用交流电源代替。R_e为电源侧线路等效电阻；L_e为电源侧等效电感，经验值取 0.2 H；C_e为电源侧对地等效电容，经验值取 0.1 μF；DS 为隔离开关；R_c为隔离开关到负荷电容之间连线的等效电阻；L_c为连线等效电感；C_c为容性负载等效电容，试验时设计值为 5 000 pF。

在 ATP-EMTP 中，仿真电路的模型如图 4.25 所示，仿真结果如下。

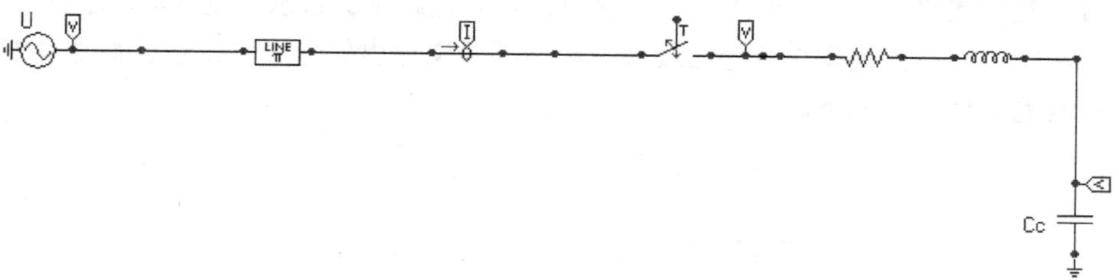

图 4.25　ATP-EMTP 中隔离开关开合试验电路图

合闸时的仿真图如图 4.26 所示。

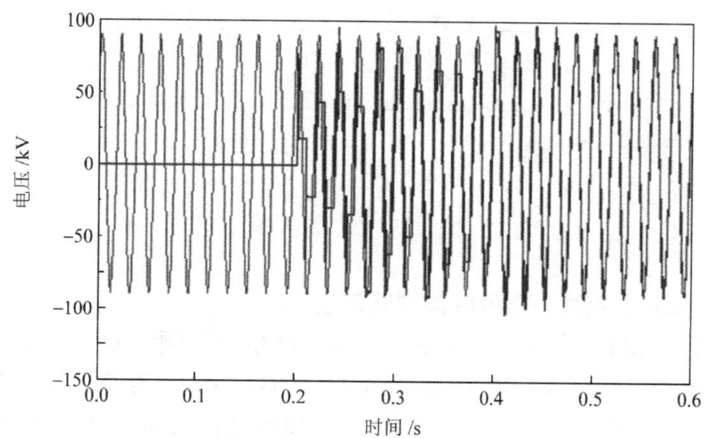

(a) 稳态波形为电源电压波形，暂态波形为容性负载C_c两端的电压波形

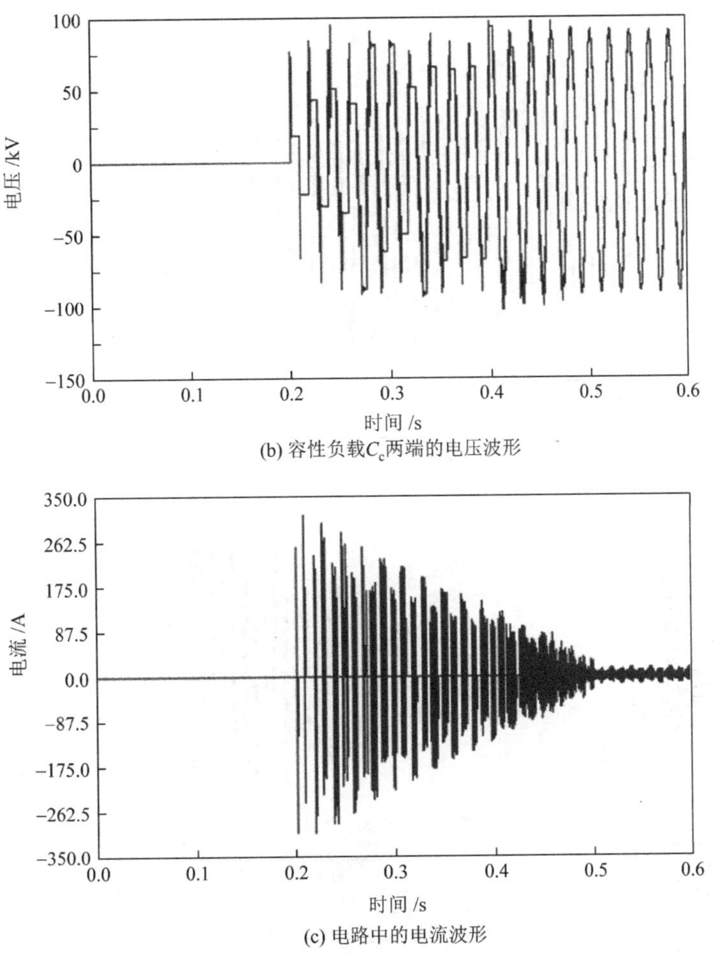

(b) 容性负载C_c两端的电压波形

(c) 电路中的电流波形

图 4.26　隔离开关合闸时电路中的波形

从图 4.26 可以得出，合闸过程产生的高频电压信号达到 1.16 倍的额定电压，将图 4.26（b）放大之后可看出其瞬态过电压频率达到 350 kHz 以上；产生的高频电流最大达 317 A，将图 4.26（c）放大之后可看出频率高达 210 kHz，而稳态峰值根据图 4.24 的计算结果约为 0.14 A，频率为 50 Hz。仿真结果表明隔离开关开合时会产生较大的过电压、过电流，其中过电流可能达到稳态值的几百倍，且频率很高，这对互感器本身是一个严峻的考验。

分闸时的仿真图，如图 4.27 所示。

从图 4.27 可以看出，分闸过程产生的高频电压信号达到 1.21 倍的额定电压，频率达到 330 kHz 以上；产生的高频电流幅值最大达 375 A，频率高达 207 kHz，而稳态峰值仅为 0.14 A，频率为 50 Hz。

仿真结果表明，隔离开关开合时会在线路中产生高频的暂态高电压、大电流信号。为了研究这些暂态信号对空心线圈电流互感器的影响，下一步将对空心线圈电流互感器进行建模，仿真隔离开关开合对空心线圈电流互感器的影响。

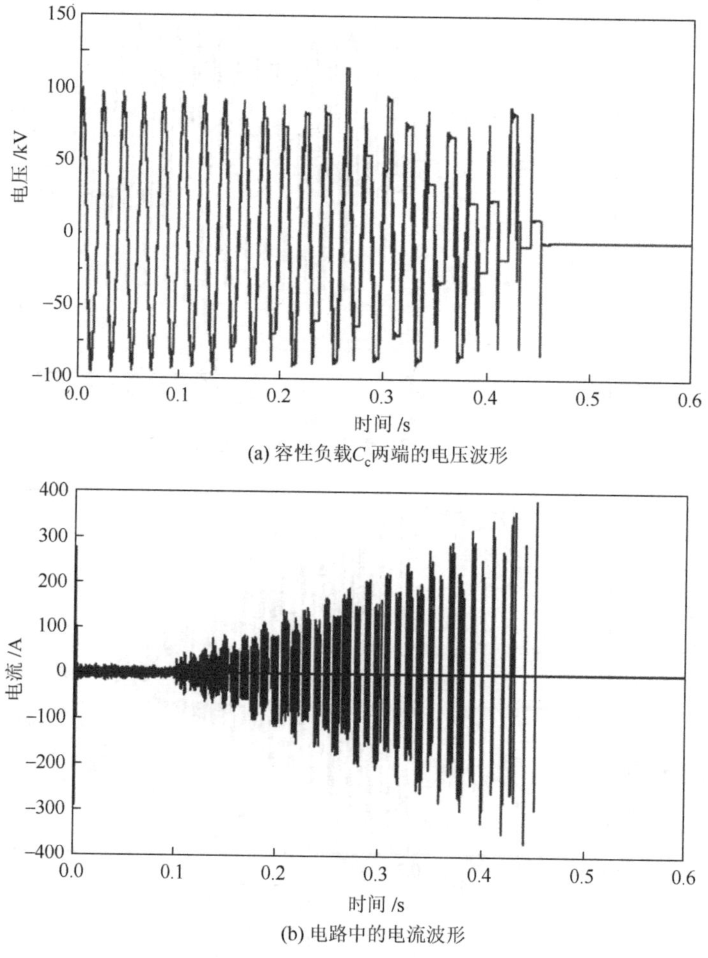

(a) 容性负载C_c两端的电压波形

(b) 电路中的电流波形

图 4.27　隔离开关分闸时电路中的波形

2）建立空心线圈电流互感器的仿真模型

由于隔离开关开合时的电流为高频信号，此时需要考虑空心线圈的高频模型。根据空心线圈的结构和尺寸，可以计算出空心线圈的等效电路。空心线圈在测量高频信号时的等效电路如图 4.28 所示。

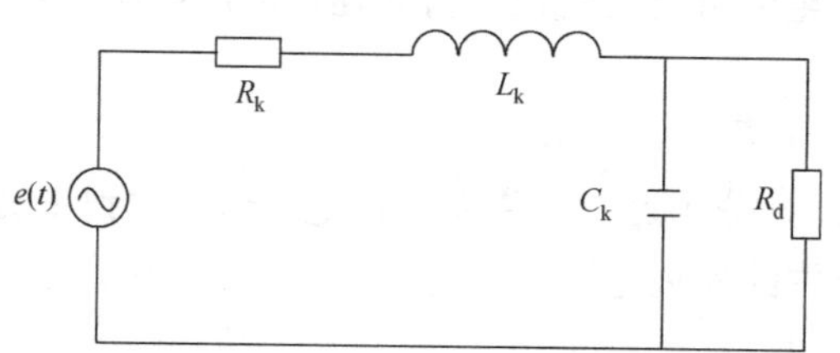

图 4.28　空心线圈在高频下的等效电路图

图 4.28 中，$e(t)$为线圈的感应电压；L_k、C_k、R_k 分别为线圈的分布电感、电容、电

阻；R_d 为负载阻抗。以某公司生产的 110 kV 型空心线圈电流互感器为例，其中空心线圈作为保护用，其额定电流为 600 A，额定动态范围为 20 倍（12 000 A）。厂家提供的空心线圈参数如下：互感系数 $M = 0.53\ \mu H$，内阻 $R_k = 45\ \Omega$，自感 $L_k = 3.2$ mH，杂散电容 $C_k = 200$ pF，空心线圈在 20 倍额定电流时的输出为 2 V。得出空心线圈的参数之后，即可在 ATP-EMTP 中建立空心线圈的仿真模型。

3）仿真空心线圈输出并分析其对后续电路的影响

由隔离开关开合的试验模型和空心线圈的等效电路，可建立空心线圈在隔离开关开合时的仿真模型。由于空心线圈的输出为微分信号，与通过空心线圈的电流有如下关系：

$$e(t) = M\frac{di}{dt} \tag{4.18}$$

ATP-EMTP 中并没有空心线圈的模型，因此仿真时利用电感的输出来等效这种微分关系。电感的电压与通过其中的电流呈微分关系：

$$e(t) = L\frac{di}{dt} \tag{4.19}$$

电感模型与空心线圈的输出特性一致，所以用来代替空心线圈完全是满足要求的，仿真结果也证实了这一点。并且电感值非常小，即使在高频下其阻抗也很小，不会影响隔离开关开合试验仿真电路的输出。空心线圈的仿真模型如图 4.29 所示。

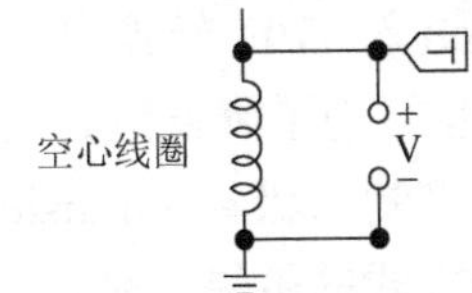

图 4.29　空心线圈的仿真模型

结合图 4.29 中空心线圈的仿真模型，建立仿真电路如图 4.30 所示。该电路利用 ATP-EMTP 中的 FORTRAN 函数，将图 4.28 中电感两端的电压作为电压源，模拟空心线圈的输出电压。

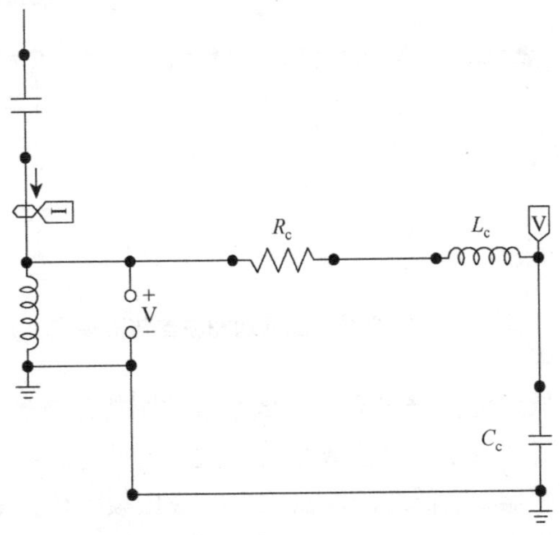

图 4.30　空心线圈及积分电路的高频模型

如图 4.30 所示，R_c为空心线圈的内阻，L_c为空心线圈的自感，C_c为空心线圈对地的杂散电容。根据空心线圈的参数，仿真结果如图 4.31 所示。

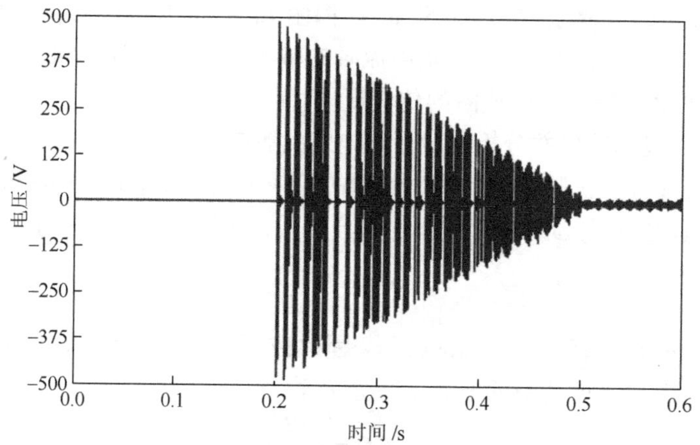

图 4.31　合闸时空心线圈的输出电压

从图 4.31 中可以看出，当隔离开关开合时，线路中产生高频的电流信号，使得空心线圈的感应电压也为高频信号，且峰值达 500 V。这种高频电压对空心线圈后续的电路将产生一个严重的影响，如果直接进入 A/D 转换器，将导致其饱和，或直接引起 A/D 转换器损坏，整个采集单元将无输出。为了降低这种高频电压对 A/D 转换器的影响，可以采用在空心线圈之后加瞬态电压抑制二极管（transient voltage suppressor，TVS）或者低通滤波器的方式，下面对这两种方式的效果分别进行仿真。

4）抗干扰措施的仿真及优化

（1）加低通滤波器。采用电容电阻无源低通滤波器，仿真电路图如图 4.32 所示。仿真中通过调整低通滤波器的参数来改变其上限频率值，仿真结果如图 4.33 所示。

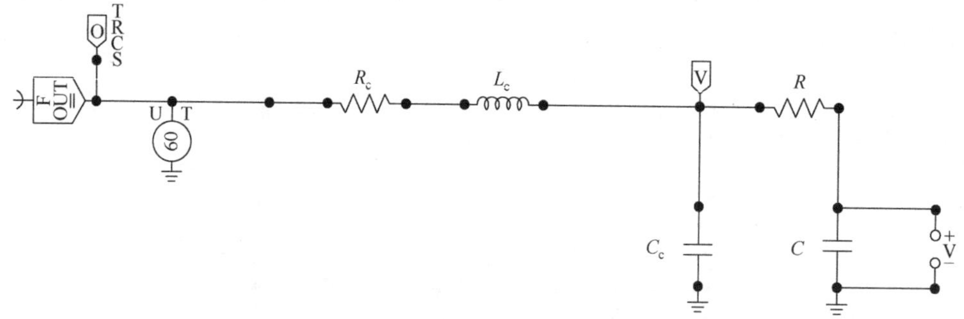

图 4.32　空心线圈加低通滤波器仿真模型

如图 4.33 所示，加低通滤波器可有效降低空心线圈的高频感性输出幅值。从图 4.33 中可以看出，随着低通滤波器上限截止频率的增大，其过滤高频的效果也变差。对于本节中的空心线圈电流互感器，当低通滤波器的上限截止频率达到 6.78 kHz 时，经低通滤波器输出的暂态电压峰值也有 4 V，此时已超过 A/D 转换器的额定输入的 2 倍（额定值为 2 V，对应的一次电流为 12 000 A），即使 A/D 转换器没有饱和，其输出的值也过大（相当于 24 000 A），将会导致继电保护装置误动作。因此，在设置低通滤波器时，应在不衰减工频信号的前提下，尽量降低下限频率。

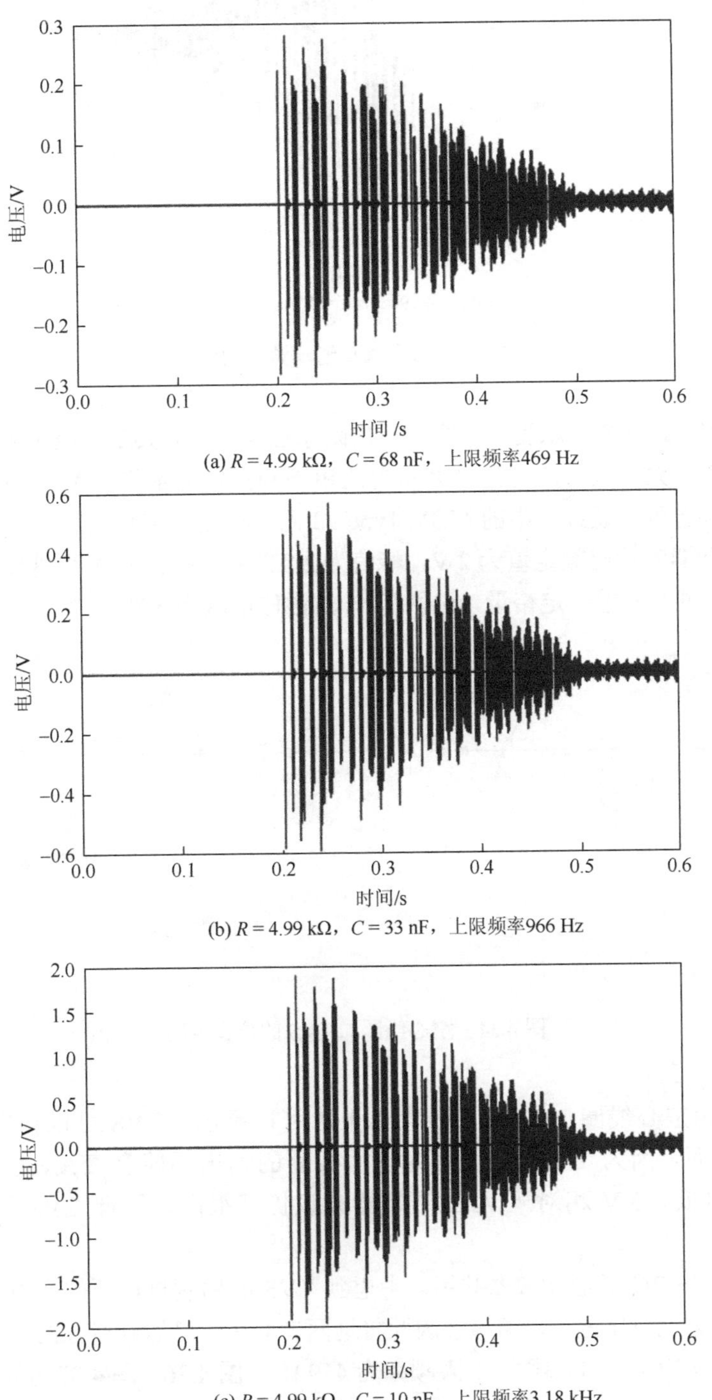

(a) $R = 4.99\ \text{k}\Omega$，$C = 68\ \text{nF}$，上限频率469 Hz

(b) $R = 4.99\ \text{k}\Omega$，$C = 33\ \text{nF}$，上限频率966 Hz

(c) $R = 4.99\ \text{k}\Omega$，$C = 10\ \text{nF}$，上限频率3.18 kHz

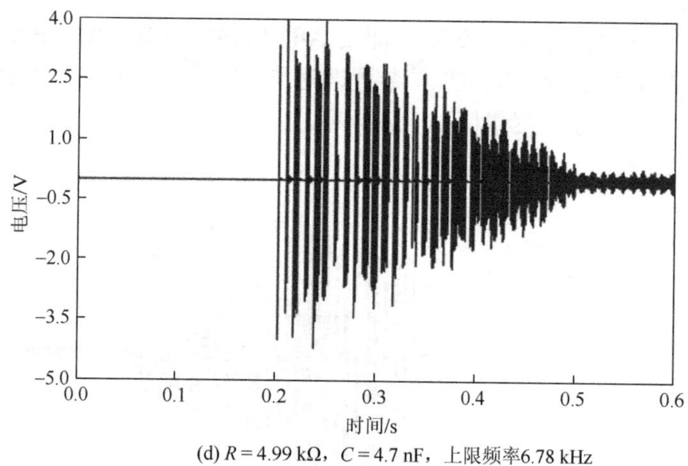

(d) $R = 4.99\ \mathrm{k\Omega}$，$C = 4.7\ \mathrm{nF}$，上限频率6.78 kHz

图 4.33　空心线圈加低通滤波器的仿真结果

（2）加 TVS。TVS 在承受一个高能量的瞬态过电压时，其工作阻抗可立即降到一个很低的导通值，允许大电流通过，并将电压钳制到预定的水平。ATP-EMTP 中虽没有 TVS 的模型，但可以通过其中的 MOV Type 92 元件构建。仿真电路图如图 4.34 所示。由于 A/D 转换器的输出额定值为 2 V，峰值为 2.828 V，考虑 TVS 要能使正常情况的电压无衰减地通过并考虑一定裕量，选取 TVS 的钳位电压为 5 V。

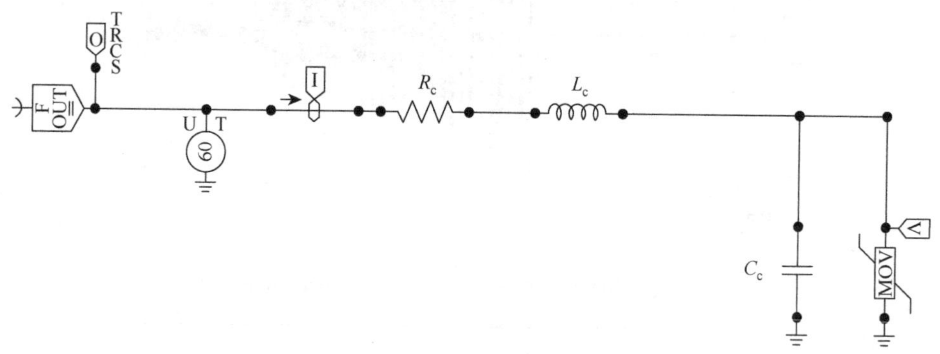

图 4.34　空心线圈加 TVS 的仿真电路

图 4.35 为空心线圈加 TVS 的仿真结果，可以看出，TVS 可以将电压值钳制在 5 V 以下。然而，因为要考虑到正常时空心线圈的输出不能有衰减，所以 TVS 的钳制电压不能过低，5 V 相对于 A/D 转换器来说仍然很高，因此 TVS 不能达到理想的效果。

（3）TVS 和 RC 低通滤波器共用。考虑到 TVS 有钳制过电压的作用，而低通滤波器又可以将高频过电压进一步衰减，因此将这两者共用，以达到较好的效果。低通滤波器参数选取图 4.32（a）中参数，上限频率为 469 Hz。图 4.36、图 4.37 分别为仿真电路、仿真结果。

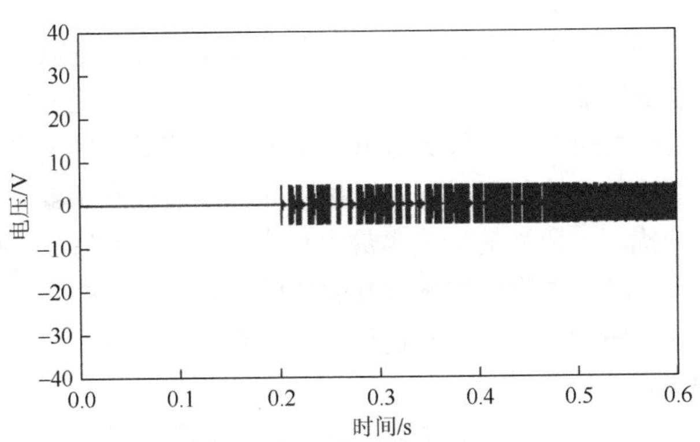

图 4.35　空心线圈加 TVS 的仿真结果

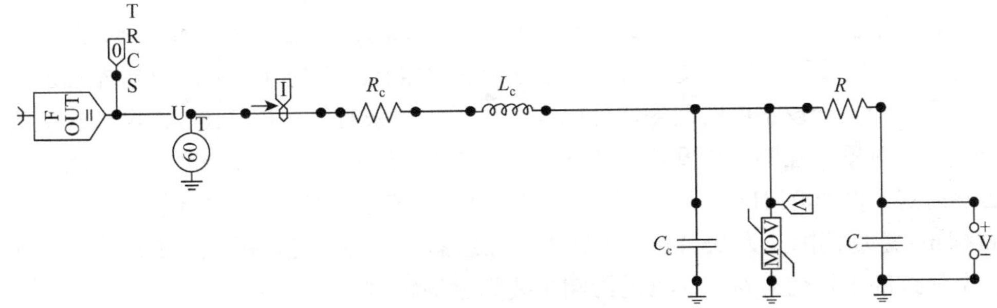

图 4.36　TVS 和低通滤波器共用的仿真电路

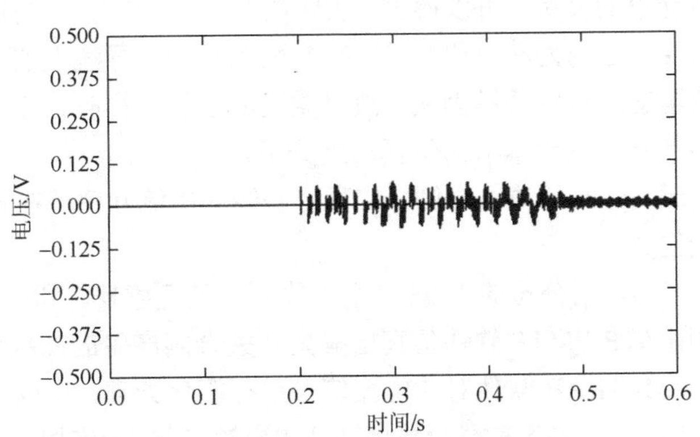

图 4.37　TVS 和低通滤波器共用的仿真结果

与图 4.33（a）中的结果相比，TVS 和低通滤波器共用的效果更好，瞬态电压峰值由 0.3 V 降低到 0.07 V。

3. 辐射干扰对空心线圈电流互感器的影响

辐射干扰是指电磁骚扰在空间中以电磁场的形式辐射传播，耦合至被干扰电路。当隔离开关开合时，在一次导线中产生的暂态电压电流会在周围激发暂态的电磁场，其幅值和能量相当大，这种暂态电磁场会干扰互感器的正常工作。这时，一次导线相当于天线，会在其周围产生辐射能量。而电子式互感器中有一些电子元器件，对干扰信号极其敏感，因此，导线上产生的干扰信号极易影响电子式互感器中的电子元器件，也会造成最终测量结果的不准确。尤其是互感器的采集单元，安装在互感器一次本体中，其中的电子元件非常接近干扰源，所受的影响也最大。本节利用 ANSYS 软件对互感器进行建模，仿真隔离开关开合时的高频电磁场对互感器的影响，并依据仿真结果，探索采集单元的安装方式及所受影响的大小，为制造厂家提供合理的建议。

1）辐射的基本理论

辐射可以分为两种方式：近场辐射和远场辐射。骚扰源对其周围较近距离的设备的影响为近场辐射，对距离其较远地方的设备的影响为远场辐射。若 $r<\lambda/2\pi$（其中 r 为干扰源到被干扰设备的距离，λ 为干扰电磁波的波长），即离干扰源的距离小于信号波长的 $1/2\pi$，此时判定为近场。若 $r>\lambda/2\pi$，即离干扰源的距离大于信号波长的 $1/2\pi$，此时判定为远场。本节主要研究空心线圈电流互感器一次导电杆上的电流信号对互感器辐射的影响，这是属于同一设备内的问题，可以作为近场问题来看待。以 110 kV 电子式电流互感器为研究对象，互感器高度约为 2 m，前面仿真出的隔离开关开合产生的电流信号有数百千赫兹。以 500 kHz 计算，由 $\lambda = v/f$（v 为电磁波在真空中的传播速度）得，波长 λ 为 600 m，近场范围约为 95.4 m，远远大于互感器本身的尺寸。因此，更加说明一次导电杆上流过的干扰信号对互感器的影响主要为近场辐射。

2）辐射干扰仿真思路

通过辐射基本理论的分析，可以得出：①隔离开关开合试验中的辐射干扰仿真属于近场的仿真，仿真要以近场为前提和背景；②激励源是一次导线上的电流信号，电流的大小和频率是影响辐射能量的关键因素，故对激励源进行取样时，应当以这两方面为考虑的重点。以此为基础，确定本节的仿真思路如下。

第一，以隔离开关合闸的情况为例，仿真空心线圈电流互感器在隔离开关合闸下一次本体的电磁场变化。

具体步骤为：①选取某公司的 110 kV 空心线圈电流互感器，利用 AutoCAD 对其进行实体建模；②利用 ATP-EMTP 软件仿真出隔离开关合闸产生的高频瞬态信号，提取电流信号 $i(t)$，并利用 MATLAB 软件对此电流信号进行简化处理，用以后续的仿真；③将互感器的实体模型导入 ANSYS 软件，并将处理的电流信号 $i(t)$施加到模型上，对其进行电磁场仿真，得出空心线圈电流互感器的磁场分布。

第二，在正常运行情况下，即空心线圈电流互感器不受隔离开关开合产生的高频瞬态信号影响，对空心线圈电流互感器进行磁场仿真。

具体步骤为：①选取隔离开关合闸情况下仿真的互感器模型；②在实体模型上施加正弦电流激励及边界条件；③最后计算互感器磁场分布情况，得出互感器周围磁场分布图。

第三，对隔离开关合闸情况下及正常情况下的空心线圈电流互感器的仿真结果进行理论验证，并且将两结果进行比较分析。根据仿真结果，分析空心线圈电流互感器一次本体中采集单元可能受到的影响，并分析采集单元安装在什么位置时所有的磁场影响最

小，从而对互感器整体结构的设计提出合理化建议。

3）空心线圈电流互感器在隔离开关合闸情况下的磁场仿真

a.空心线圈电流互感器的建模

生产空心线圈电流互感器的厂家较多，但对同电压等级下的互感器来说，其结构基本类似。本节首先对整个试验系统进行简要的电磁场分析，目的是简化系统模型。主要考虑的是空心线圈电流互感器高压侧的部分受到的辐射影响。空心线圈电流互感器串接到输电线路中，输电线路的电流从空心线圈电流互感器一次导电杆中通过。互感器的电磁干扰主要由内部一次导电杆及外部的接线端子引起。另外，在互感器中，有一些金属结构，在瞬态电磁场计算中，会产生涡流效应，它们内部也会产生电流，其电磁场分布不同于静态计算，因此，这些金属结构都需要考虑。总之，系统模型包括电子式互感器及外部空气、互感器内部一次导电杆、外接线端子、外壳的金属部分等。

对空心线圈电流互感器的电磁场仿真主要采用 ANSYS 软件，但是由于互感器结构复杂，在 ANSYS 中进行实体建模很不方便，先用 AutoCAD 软件建模后，将模型导入 ANSYS 中进行后续的仿真计算。考虑到互感器的结构是左右对称的，因此画图时只需画对称的一半即可，这也是方便在以后的 ANSYS 软件仿真中简化计算。空心线圈电流互感器的结构图，如图 4.38 所示。

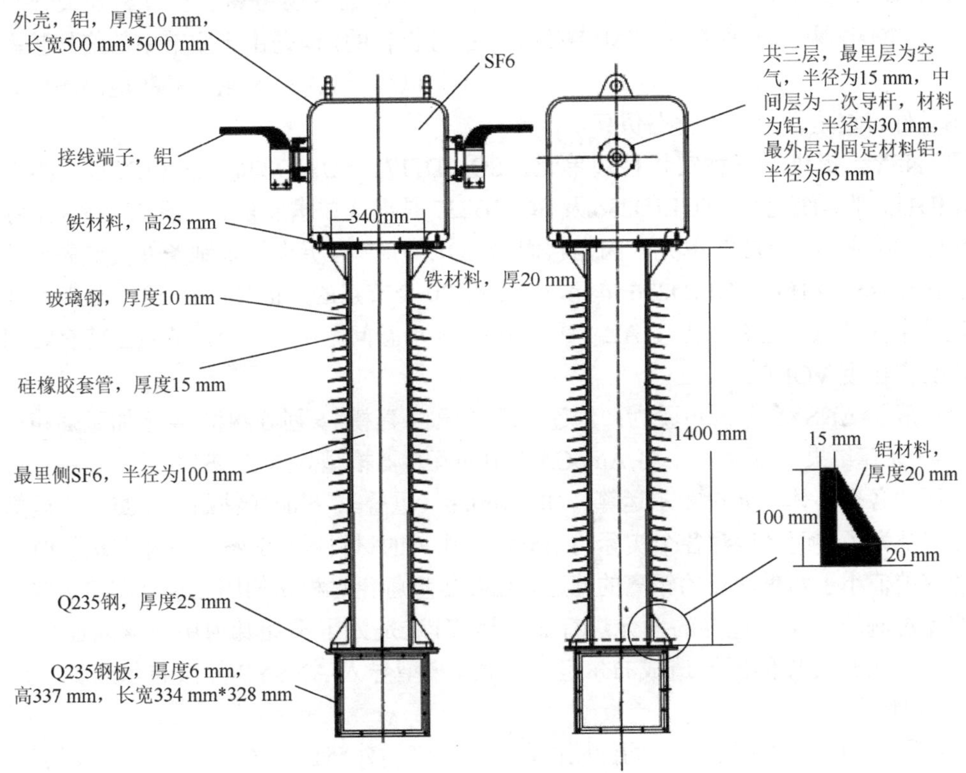

图 4.38　空心线圈电流互感器的正面及侧面尺寸结构图

在ANSYS的仿真计算中，为了简化计算，忽略尺寸较小的零件，对模型进行简化。取图4.38中正视图的对称一边，并且忽略外壳上面的防爆片。再参考以上互感器制作工艺的尺寸，可以将互感器在AutoCAD中建模，如图4.39所示，从上到下分别为外壳及接线端子、绝缘套管、底座。

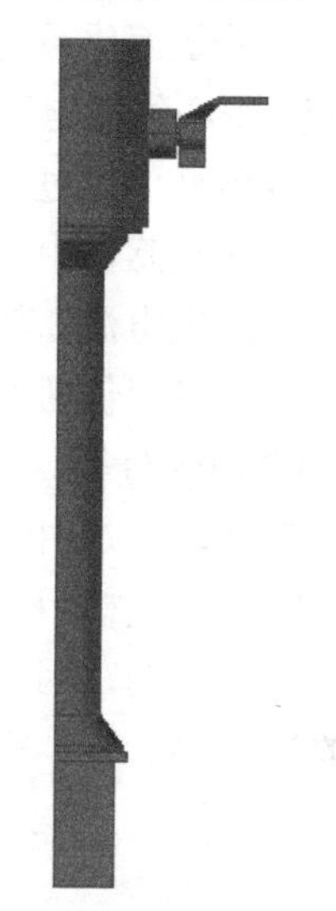

图4.39　空心线圈电流互感器AutoCAD模型图

b.空心线圈电流互感器辐射仿真

在ANSYS软件中，对磁场的仿真一般有静态仿真、谐波仿真、瞬态仿真、高频电磁场仿真。静态仿真是不考虑激励随时间的变化效应。谐波仿真可以作单频分析，也可定义一定频率范围的谐波解的数目。瞬态仿真即激励是随时间变化的，通过用户输入建立时间与载荷的关系，并施加到模型上进行仿真。高频电磁场仿真的频率范围为数百兆赫兹到数百吉赫兹，适合于当信号波长小于模型的几何尺寸或与模型的几何尺寸差不多的情况，比较适合用于辐射的远场分析。虽然高频电磁场仿真适合隔离开关开合时的分析目的，但是由于本节中的信号频率还不足以满足ANSYS软件高频电磁场仿真的范围条件，这里只考虑用瞬态仿真。

ANSYS提供了三种实体棱边单元：SOLID117、SOLID236、SOLID237。其中，SOLID117是传统元素，SOLID236及SOLID237是现代技术元素。一般ANSYS推荐用SOLID236或SOLID237单元，因为它们比SOLID117有更少的限制条件及更先进的特征。在仿真中选择用SOLID236单元，它是有20个节点的六面体，在12个边节点（每条边的中间节点）上有自由度AZ（磁矢位）。在动态问题中，8个角节点上持有时间积分电势自由度VOLT。

一般的ANSYS分析步骤为：创建物理环境→建模→划分网格→施加激励和边界条件→计算结果→后处理。将AutoCAD中的互感器模型导入ANSYS软件，并且对模型里面的各个小体单元作布尔运算，如overlap（重叠）、glue（粘贴）、add（加运算）等。这是为了方便之后对各个实际的部分赋予相关的材料属性。在进行布尔运算时，要注意容差值小于两重和点的距离的问题，还要尽量避免对相切的图元执行布尔运算，以及避免对碰巧有相同边界的图元进行布尔运算，这是为了不让几何中包含高曲率的小区域或有尖角转接的区域造成布尔运算失败。模型导入ANSYS并做布尔运算之后如图4.40所示。

在图4.40中，互感器为中间的圈内部分，空气为外部长方体部分。将空气隐蔽，只显示互感器部分，如图4.41所示。

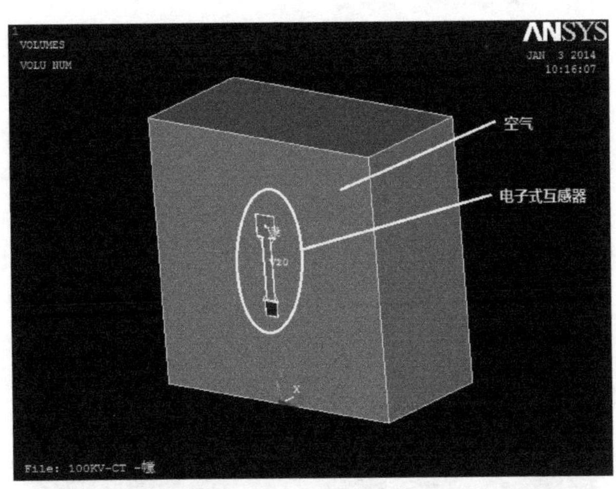

图 4.40　ANSYS 模型图

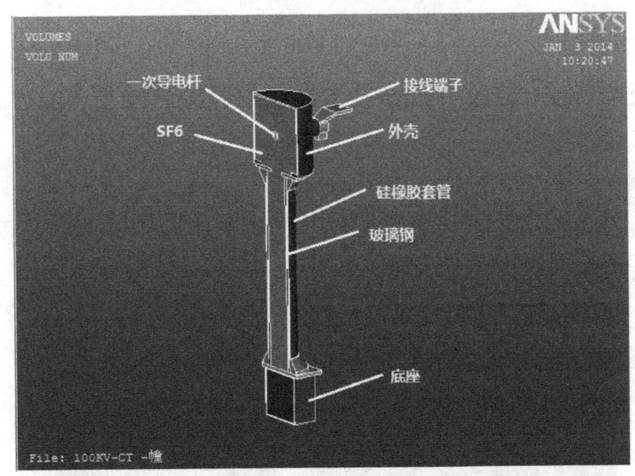

图 4.41　空心线圈电流互感器 ANSYS 模型图

网格划分之前需要对模型的各个部分选择单元类型及赋予材料属性。单元类型即之前选择的 SOLID236 单元。ANSYS 规定对导电区用 AZ-VOLT 自由度，对不导电区用 AZ 自由度，因此需要定义两种不同特征的 SOLID236 单元。赋予材料属性时对涡流区必须说明材料特性电阻 RSVX。那么，磁场分析除了需要定义材料的相对磁导率，还需要定义金属的电阻率。本节仿真中用到的各材料属性见表 4.11。

表 4.11　空心线圈电流互感器上各材料属性

材料	相对磁导率	电阻率/(Ω·m)	材料	相对磁导率	电阻率/(Ω·m)
空气	1	—	硅橡胶套管	1	—
铝合金	1	2.83×10^{-8}	Q235 钢	100	20×10^{-8}
铁	1 000	9.78×10^{-8}	SF_6	1	—
玻璃钢	1	—			

注：部分材料的电阻率几乎不存在。

划分网格尽量使网格均匀，接近正三角形或正四边形，这样可以减少计算的误差。一般采用智能划分网格的方法，对互感器划分网格后如图 4.42 所示。

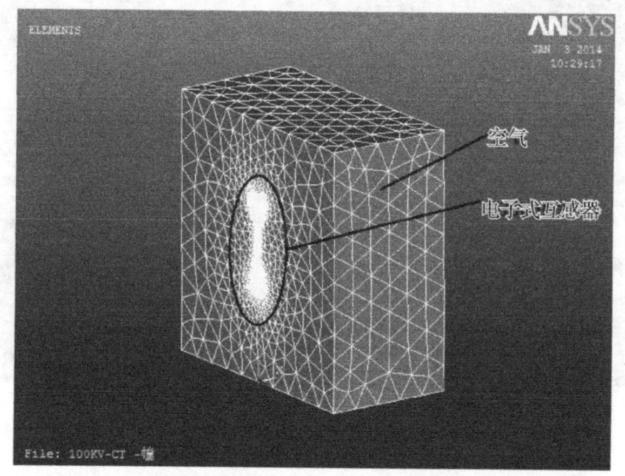

图 4.42 空心线圈电流互感器 ANSYS 网格图

从图 4.42 中可以看出，互感器的网格较空气网格要密集很多，是因为其结构中有尺寸相对系统较小的部分。

施加激励即给模型施加激励源，本节是将一次导电杆流过的高频瞬态电流作为激励源，此激励源在之前已经作简化整理了。由于激励载荷有 170 个，比较多，若用 ANSYS 中的 GUI 菜单，会相当费时费力。ANSYS 允许 GUI 菜单与命令流交互使用，使用命令流将会使仿真过程非常方便。用命令流画出的电流源激励如图 4.43 所示，图中横轴代表时间轴，单位为秒，纵轴为电流幅值，单位为安培。

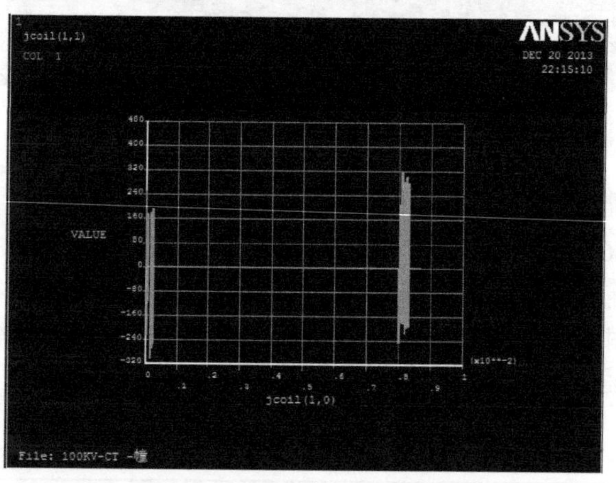

图 4.43 ANSYS 电流源激励图

为了研究整个系统的磁场强度随时间的变化情况，取外壳上的一点，查看其磁场强度的变化曲线。因磁场强度有三个方向的分量 HX、HY、HZ，总磁场强度 H 为三个分量的平方和的开方，则总磁场强度 H 始终为正值，可以观察到 HX 的正负情况，其变化曲线如图 4.44 所示。

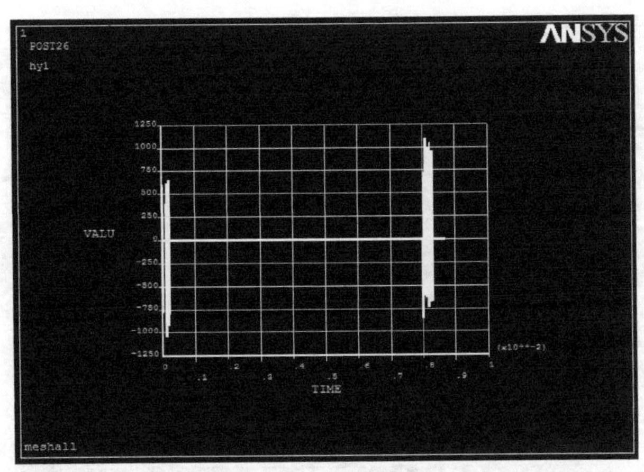

图 4.44　互感器外壳上某一点的磁场强度随时间的变化曲线

图 4.44 中横纵坐标分别为时间与磁场强度，单位分别为秒和安培每米。从图 4.44 中可以看出，互感器高压外壳上某一点的磁场强度的变化与激励的变化趋势大致相同，说明互感器高压外壳上的磁场强度值基本没有受到涡流效应的影响，其磁场强度的大小主要是由导电杆和接线端子上通过的电流大小来决定，其方向也随着电流的变化而变化。排除空气部分，单独查看互感器外壳部分，其磁场强度如图 4.45 所示。

图 4.45 中下方标尺代表的是一定的磁场强度范围，其单位为安培每米。由图 4.45 可知，箭头越密的地方磁场强度越大，可知箭头密集区域集中在一次导电杆附近，说明一次导电杆附近的磁场强度较大。互感器外壳部分围绕一次导电杆产生环绕的磁场，其磁场方向如图 4.45 所示，根据电流的流向可以判断出磁场方向符合右手螺旋定则。当电流激励为最小负值时，互感器的磁场强度云图如图 4.46 所示。

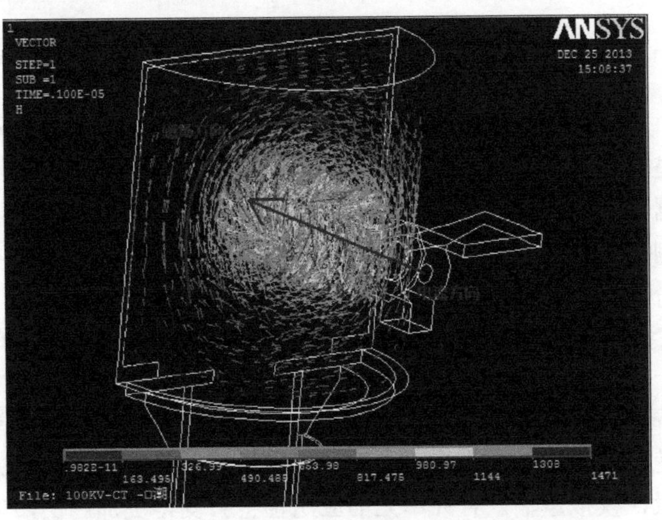

图 4.45　134 μs 时互感器高压外壳的磁场强度图

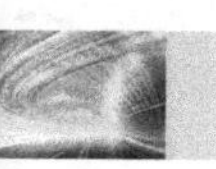

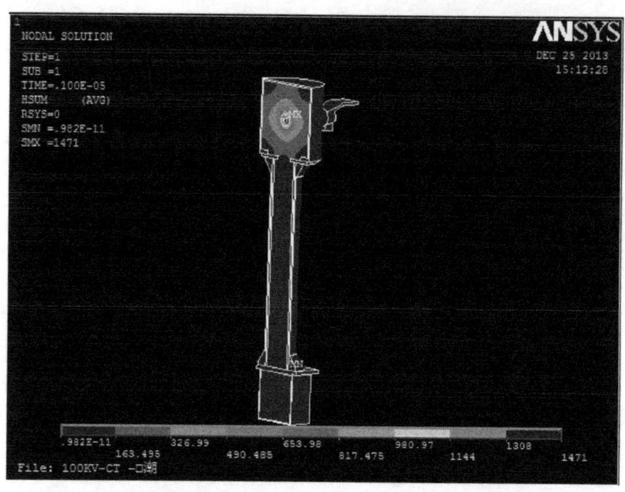

图 4.46　134 μs 时互感器的磁场强度云图

磁场强度云图下方标尺代表不同的磁场强度的范围，其单位为安培每米，从左往右为磁场强度增强的方向。从图 4.46 中可以看出，互感器一次导电杆附近磁场强度比其他地方强烈。而互感器的绝缘套管及底座部分磁场强度较弱。

通过上述仿真结果，可以得出互感器内部的磁场分布，从而可以指导互感器的设计，尤其是采集单元的安装方式。磁场强度较小的地方，采集单元中电路所受的干扰一般也较小，因此采集单元应该安装于互感器本体内磁场强度较小的地方。对于采集单元位于高压侧的互感器，采集单元应安装在尽可能远离一次线路的位置。而对于采集单元位于地电位侧的互感器而言，采集单元建议安装在互感器的下端。

4.3　合并单元性能测试

合并单元是数字化变电站的核心单元，它与变电站中很多设备紧密联系，是保证变电站中各种数据可靠性的关键。合并单元在数字化变电站的作用就是为电压、电流等电气量的采集和测量、控制与保护设备提供数字接口，同时为站控层提供数据支撑。合并单元的性能是否可靠是整个数字化变电站能否安全可靠运行的关键。

本节主要介绍模拟量输入合并单元的性能测试，模拟量输入合并单元是指具备交流电压、交流电流模拟量输入通道的合并单元。模拟量输入合并单元的计量性能包括基本误差、升降变差、测量重复性、采样同步准确度、频率引起的误差、谐波引起的误差、对时误差、守时误差、失步再同步性能和采样值发布离散值等。随着智能变电站的推广和建设，模拟量输入合并单元的应用也将会变得更加广泛，但同时对模拟量输入合并单元的计量性能要求也将变得更加严格。本节主要根据《模拟量输入合并单元计量性能检测技术规范》（T/JSEE_004—2018），分析模拟量输入式合并单元计量性

能校验的试验内容和试验方法。

4.3.1　合并单元计量性能指标

1. 准确度等级

合并单元电压通道准确度等级可以分为 0.1 级、0.2 级、0.5 级，电流通道准确度等级可以分为 0.1 级、0.1 S 级、0.2 级、0.2 S 级、0.5 级、0.5 S 级。在参比条件下，电压通道比值误差和相位误差应该符合表 4.12 的规定，电流通道比值误差和相位误差应该符合表 4.13 的规定。

表 4.12　合并单元电压通道的误差限值

准确度等级	在下列百分比额定电压（%）下的比值误差/±%			在下列百分比额定电压（%）下的相位误差/±（′）		
	80	100	120	80	100	120
0.1	0.1	0.1	0.1	5	5	5
0.2	0.2	0.2	0.2	10	10	10
0.5	0.5	0.5	0.5	20	20	20

表 4.13　合并单元电流通道的误差限值

准确度等级	在下列百分比额定电流（%）下的比值误差/±%					在下列百分比额定电流（%）下的相位误差/±（′）				
	1	5	20	100	120	1	5	20	100	120
0.1 S	0.4	0.2	0.1	0.1	0.1	15	8	5	5	5
0.1	—	0.4	0.2	0.1	0.1	—	15	8	5	5
0.2 S	0.75	0.35	0.2	0.2	0.2	30	15	10	10	10
0.2	—	0.75	0.35	0.35	0.2	—	30	15	10	10
0.5 S	1.5	0.75	0.5	0.5	0.5	90	45	30	30	30
0.5	—	1.5	0.75	0.75	0.5	—	90	45	30	30

2. 升降变差

在检验合并单元过程中，通过上升和下降检测同一检测点所呈现的基本误差不应该超过其准确度等级对应的误差限值的 1/5。

3. 测量重复性

多次测量同一监测点，测量误差应该不大于该点准确度对应的误差限值的 1/10。

4. 影响量引起的误差

改变参比任一量时，被测合并单元电压和电流的测量误差变化量极限值应不超过表 4.14 的规定。在施加某影响量时，其他影响量保持参比值。

表 4.14　影响量引起的误差变化量极限值

影响量	误差变化量极限值(等级的百分数)/%
温度影响（±10℃）	50
频率影响（±10%）	50
谐波影响	200

5. 采样同步准确度

合并单元不同通道非同步采样引起的相位误差最大值不应超过其准确度等级对应的相位误差限值的 1/5。

6. 计量性能检测项目

合并单元计量性能检测项目见表 4.15。

表 4.15　合并单元计量性能检测项目

序号	检测项目	
1	外观及通电检查	外观检查
2		通电检查
3	绝缘性能试验	绝缘电阻测量
4		介电强度试验
5	误差测量试验	基本误差检测
6		升降变差检测
7		重复性测量
8		采样同步误差测量试验
9		误差影响量测量试验

续表

序号	检测项目	
10	相关时间参数测定试验	对时误差检验
11		守时误差检验
12		失步再同步性能检验
13		采样值发送离散值检验

4.3.2　检测方法及项目

1. 基本误差检测

基本误差检测方法分三种：标准合并单元比较法、标准采样器比较法、标准源比较法。基本原理如图 4.47～图 4.49 所示。

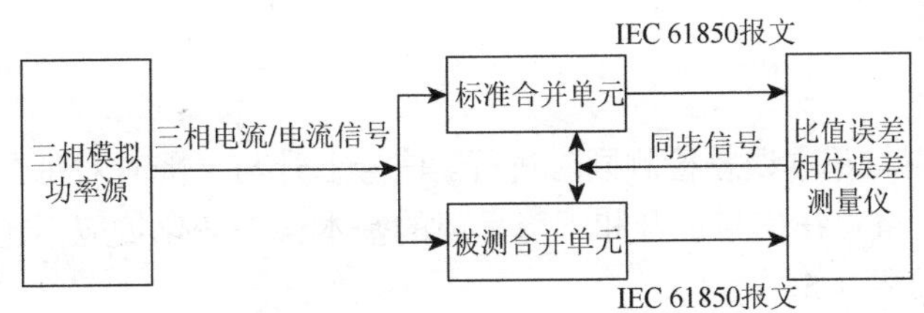

图 4.47　标准合并单元比较法原理图

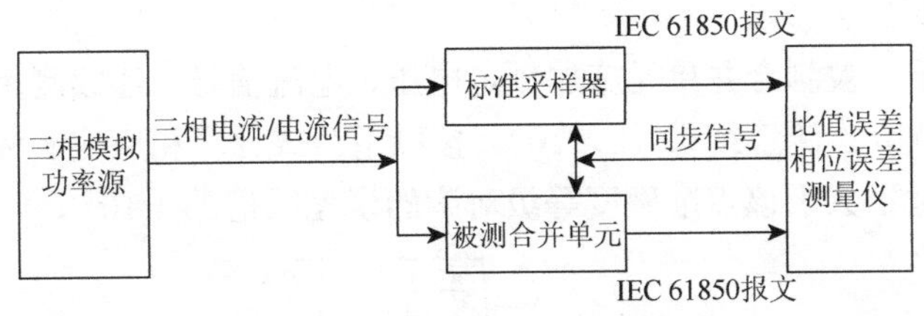

图 4.48　标准采样器比较法原理图

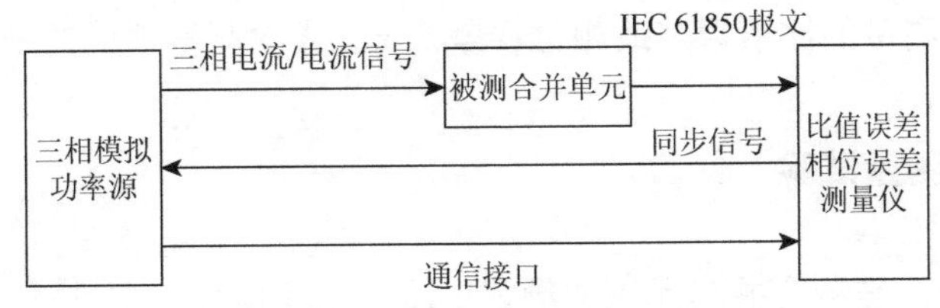

图 4.49　标准源比较法原理图

基本误差检测应采用外部同步触发及额定延时两种同步方式进行，基本误差的计算公式如下：

$$f_x = f_p(\%) = (10^{-n}) \tag{4.20}$$

$$\delta_x = \delta_p(') = (10^{-n}\text{rad}) \tag{4.21}$$

式中：f_x为被测合并单元的比值误差；δ_x为被测合并单元的相位误差；f_p为电压、电流上升和下降时比值误差读数的算术平均值；δ_p为电压、电流上升和下降时相位误差读数的算术平均值。当合并单元检测系统中的标准器等级不能满足规定的要求时，应对检测数据按以下公式进行修正：

$$f_x = f_p + f_N(\%) = (10^{-n}) \tag{4.22}$$

$$\delta_x = \delta_p + \delta_N(') = (10^{-n}\text{rad}) \tag{4.23}$$

式中：f_N，δ_N分别为标准器校准证书中给出的比值误差和相位误差。

2. 升降变差检测

升降变差检测与基本误差检测同时进行。信号上升与下降时对每个基本误差测量点进行测量，同一测量点在信号上升和下降呈现的基本误差变化量应不超过相应准确度等级对应的误差限值的1/5。

3. 重复性测量

在参比条件下，被测合并单元施加额定电压、电流信号，连续测量相应比值误差和相位误差，共读取n次测量结果（$n>10$），按以下公式计算相应实验标准偏差，合并单元测量重复性指标不大于该点准确度等级对应的误差限值的1/10。

$$s(\bar{x}) = \sqrt{\frac{\sum_{i=1}^{n}(x_i - \bar{x})^2}{n(n-1)}} \tag{4.24}$$

式中：x_i为第i次测量的比值误差或相位误差；$\bar{x}$为n次测量结果的平均值。

4. 采样同步误差测量试验

在参比条件下，被测合并单元施加额定电压、电流信号，测量三相电压通道间、三相电流通道间的相位误差，不同通道间由非同步采样引起的相位误差不应超过相应准确度等级对应的相位误差限值的1/5。

5. 温度影响测量试验

将被测合并单元置于高低温试验箱内。试验温度按照 23℃、33℃、23℃、13℃、23℃的顺序升降温度，每个温度点保持 1 h，保持其他参比条件，被测合并单元施加额定电压、电流信号，测量其基本误差，待测量结果稳定后，记录相应测量值。在施加某影响量时，其他影响量保持参比值。

6. 频率影响测量试验

在参比条件下，被测合并单元施加额定电压、电流信号，分别改变被测信号的频率，设定测量点 45 Hz、48 Hz、49 Hz、50 Hz、51 Hz、52 Hz、55 Hz，测量其基本误差，待测量结果稳定后，记录相应测量值。在施加某影响量时，其他影响量保持参比值。

7. 谐波影响测量试验

三相交流模拟信号源向合并单元输出含谐波的额定电压、电流信号，在基波上依次叠加谐波 2～13 次（测量电流和电压）、2～15 次（保护电流），谐波含量为 20%，每次谐波持续施加 1 min。通过合并单元测试仪测量各通道的比值误差和相位误差，并分析合并单元输出谐波的谐波次数和谐波含量。

8. 对时误差检验

1）技术要求

合并单元应能接收 1 PPS、IRIG—B（DC）或 GB/T 25931—2010 协议对时信号，合并单元正常情况下对时准确度应不大于 ±1μs 。

2）检验方法

通过合并单元输出的 1 PPS 信号与参考时钟源 1 PPS 信号比较获得。参考时钟源对合并单元授时，待合并单元对时稳定后，利用时间测试仪以每秒测量 1 次的频率测量合并单元和参考时钟源各自输出的 1 PPS 信号有效沿之间的时间差的绝对值 Δt，测试过程中测得的 Δt 的最大值为最终测试结果。测试时间应持续 10 min 以上。

9. 守时误差检验

1）技术要求

（1）合并单元在外部同步信号消失后，能在 10 min 内守时准确度不大于 ±4 μs。

（2）当外部同步信号失去时，合并单元应该利用内部时钟进行守时。合并单元在失去同步时钟信号且超出守时范围的情况下应产生数据同步无效标志（SmpSynch = FALSE）。

2）检验方法

（1）合并单元先接收参考时钟源的授时，待合并单元对时稳定后，撤销参考时钟源的授时，测试过程中合并单元输出的 1 PPS 信号与参考时钟源的 1 PPS 的有效沿时间差的绝对值的最大值为测试时间内的守时误差。测试时间应持续 10 min 以上。

（2）通过网络记录分析装置，检查合并单元采样值报文中同步标志“SmpSynch”首次出现FALSE，合并单元失去参考时钟源的持续时间应超过10 min且守时误差不超过±4 μs。

10. 失步再同步性能检验

1）技术要求

（1）当合并单元接收到时钟信号从无到有导致合并单元接收到的时钟信号发生跳变时，或因主时钟快速跟踪卫星信号等在收到 2 个等秒的脉冲信号后，在第 3～4 个秒脉冲间隔内将采样点偏差补偿，并在第 4 个秒脉冲沿将样本计数器清零，将采样数据置同步标志，如图 4.50 所示。

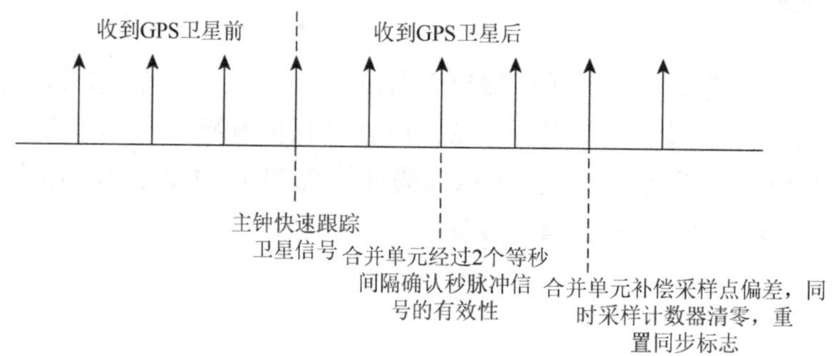

图 4.50　合并单元失步再同步时序

（2）在合并单元时钟同步信号从无到有变化过程中，其采样周期调整步长应不大于1 μs 。为保证与时钟信号快速同步，允许在 PPS 边沿时刻采样序号跳变一次，但必须保证采样间隔离散不超过10 μs（采样频率为 4 000 Hz），同时合并单元输出的数据帧同步位由失步转为同步状态。

2）检验方法

（1）参考时钟源对合并单元授时，待合并单元对时稳定后，断开其对时信号直至进入失步状态，观察采样值发布离散值和采样数据变化情况。调整参考时钟源的对时信号输出延时，然后将信号接入合并单元。在合并单元失步再同步的过程中，通过网络记录分析装置检查合并单元输出 DL/T 860.92 报文的采样值发布离散值变化情况，监视采样数据变化情况。

（2）观察合并单元失步再同步过程中输出的采样值序号变化情况，验证采样计数零的报文为同步标志的第一帧，且该时刻应为恢复对时脉冲信号后的第 4 个脉冲（第 3 秒）。

11. 采样值发布离散值检验

点对点输出模式下，合并单元采样值发布离散值应不大于10 μs。

用网络记录分析装置持续统计 10 min 内采样值报文的间隔时间与标准间隔时间之差，得到采样值发布离散值的范围。对所有点对点输出接口的采样报文进行记录，统计各接口同一采样报文到达网络记录分析装置的时间差（应不大于10 μs）。

4.3.3　合并单元性能测试结果

为了发现并解决模拟量输入合并单元存在的计量性能问题，根据所述的检测方法，使用模拟量输入合并单元计量性能校验装置，对国内生产的 4 台不同的模拟量输入合并单元进行相关测试，测试项目包括基本误差测试、频率影响测试等内容。

1. 基本误差测试

使用模拟量输入合并单元计量性能校验装置对 4 台不同的模拟量输入合并单元进行自动测试。在测试之前，首先对合并单元进行合理配置。测试结果见表 4.16～表 4.23。

表 4.16　MU1 电流通道误差

I/In/%	A 相电流误差		B 相电流误差		C 相电流误差	
	比值误差/%	相位误差/(′)	比值误差/%	相位误差/(′)	比值误差/%	相位误差/(′)
1	−0.326	17.6	0.108	−12.1	−0.237	10.7
5	−0.124	5.5	−0.018	−0.3	−0.018	5.9
20	−0.151	1.6	−0.076	−1.6	−0.059	2.7
100	−0.113	−0.5	−0.045	−2.4	−0.064	3.5
120	−0.089	−2.4	−0.066	−3.9	−0.004	4.5

表 4.17　MU1 电压通道误差

U/U_n/%	A 相电压误差		B 相电压误差		C 相电压误差	
	比值误差/%	相位误差/(′)	比值误差/%	相位误差/(′)	比值误差/%	相位误差/(′)
80	0.091	4.1	0.065	−0.1	−0.109	3.2
100	−0.063	4.6	0.07	6.1	−0.038	3.5
120	−0.035	−0.5	−0.097	2.3	−0.023	3.7

表 4.18　MU2 电流通道误差

I/I_n/%	A 相电流误差		B 相电流误差		C 相电流误差	
	比值误差/%	相位误差/(′)	比值误差/%	相位误差/(′)	比值误差/%	相位误差/(′)
1	0.275	−2.6	−0.454	11.7	−0.400	8.6
5	0.222	−6.1	−0.226	5.0	0.034	2.8
20	0.085	−8.9	0.050	3.6	−0.003	3.3
100	0.025	−6.0	−0.049	5.1	−0.068	1.6
120	−0.015	−7.6	−0.053	2.9	0.026	3.6

表 4.19　MU2 电压通道误差

U/U_n/%	A 相电压误差		B 相电压误差		C 相电压误差	
	比值误差/%	相位误差/(′)	比值误差/%	相位误差/(′)	比值误差/%	相位误差/(′)
80	−0.033	−3.3	0.039	4.9	0.002	1.7
100	−0.082	3.3	0.043	4.1	−0.099	−1.9
120	0.022	−2.0	0.033	2.9	0.024	4.0

表 4.20　MU3 电流通道误差

I/I_n/%	A 相电流误差		B 相电流误差		C 相电流误差	
	比值误差/%	相位误差/(′)	比值误差/%	相位误差/(′)	比值误差/%	相位误差/(′)
1	0.220	18.0	0.179	8.9	0.066	9.1
5	0.132	13.3	0.037	7.3	0.043	6.1
20	0.083	7.0	0.037	5.5	0.020	5.5
100	−0.102	3.1	0.040	3.4	0.010	2.1
120	0.060	−0.1	0.038	5.2	0.010	2.4

表 4.21　MU3 电压通道误差

U/U_n/%	A 相电压误差		B 相电压误差		C 相电压误差	
	比值误差/%	相位误差/(′)	比值误差/%	相位误差/(′)	比值误差/%	相位误差/(′)
80	0.032	1.2	0.103	2.5	0.050	1.3
100	0.099	1.2	0.058	1.6	0.098	0.5
120	0.127	0.9	0.074	1.1	0.119	1.5

表 4.22　MU4 电流通道误差

I/In/%	A 相电流误差		B 相电流误差		C 相电流误差	
	比值误差/%	相位误差/(′)	比值误差/%	相位误差/(′)	比值误差/%	相位误差/(′)
1	0.100	–6.9	0.137	3.4	0.146	17.8
5	0.088	–1.2	0.086	5.5	0.049	15.8
20	0.096	–1.0	0.047	4.6	0.014	14.3
100	0.092	–0.2	0.039	3.8	–0.001	12.6
120	0.090	–0.9	0.038	3.2	–0.003	11.9

表 4.23　MU4 电压通道误差

U/U_n/%	A 相电压误差		B 相电压误差		C 相电压误差	
	比值误差/%	相位误差/(′)	比值误差/%	相位误差/(′)	比值误差/%	相位误差/(′)
80	0.072	–1.8	0.068	1.5	0.006	2.0
100	0.126	–3.0	0.136	–0.9	0.021	0.5
120	0.104	–2.0	0.138	–0.3	0.024	1.1

由测试结果可得，MU1、MU2、MU3、MU4 的电压通道和电流通道皆满足 0.2 级准确度要求。这部分的测试主要是为了判断模拟量输入合并单元是否可以正常运行。下面来考核合并单元的长期工作稳定性。

取误差较小的 MU1 和 MU2 进行长时间不断电运行，然后再对其进行第二次测试，测试数据见表 4.24 和表 4.25。

表 4.24　MU1 电流通道误差（第二次测试）

I/I_n/%	A 相电流误差		B 相电流误差		C 相电流误差	
	比值误差/%	相位误差/(′)	比值误差/%	相位误差/(′)	比值误差/%	相位误差/(′)
1	0.326	4.1	–0.567	–8.8	0.898	–5.3
5	0.021	–1.9	–0.110	–1.5	0.533	–3.8
20	–0.046	–0.6	–0.051	–0.8	0.114	–0.7
100	–0.101	–0.1	–0.079	0.8	0.147	–0.2
120	–0.097	–0.1	–0.079	–0.6	0.143	–0.1

表 4.25　MU1 电压通道误差（第二次测试）

U/U_n/%	A 相电压误差		B 相电压误差		C 相电压误差	
	比值误差/%	相位误差/(′)	比值误差/%	相位误差/(′)	比值误差/%	相位误差/(′)
80	–0.064	–3.0	0.005	–4.2	0.018	–1.9
100	–0.049	–3.3	0.007	–4.3	0.026	–2.3
120	–0.041	–2.2	0.007	–2.8	0.029	–1.2

从表 4.24、表 4.25 可以得知，MU1 的 C 相电流通道在 1%、5%测点不满足 0.2 级准确度要求，而在第一次测试时该项目是合格的。MU1 的电压通道满足 0.2 级准确度要求。

由表 4.26、表 4.27 可以得知，MU2 的电流通道整体情况比较恶劣，除了 B 相电流的比值误差仍然满足准确度要求，其他的测试点均已经严重超差。MU2 的电压通道也均超过标准。

表 4.26　MU2 电流通道误差（第二次测试）

I/I_n/%	A 相电流误差		B 相电流误差		C 相电流误差	
	比值误差/%	相位误差/(′)	比值误差/%	相位误差/(′)	比值误差/%	相位误差/(′)
1	–0.424	43.8	0.004	59.2	–0.951	280.6
5	–0.390	43.7	–0.050	51.7	–0.945	261.8
20	–0.396	37.5	–0.031	47.1	–0.828	182.1
100	–0.319	23.8	0.038	28.3	–0.527	58.3
120	–0.326	24.5	0.029	29.6	–0.553	65.4

表 4.27　MU2 电压通道误差（第二次测试）

U/U_n/%	A 相电压误差		B 相电压误差		C 相电压误差	
	比值误差/%	相位误差/(′)	比值误差/%	相位误差/(′)	比值误差/%	相位误差/(′)
80	0.168	15.9	0.192	10.3	0.136	8.7
100	0.186	15.5	0.202	9.2	0.145	7.6
120	0.202	14.3	0.214	7.1	0.155	5.3

结果分析如下。

（1）从第一次测试结果看，在参比条件下，MU1、MU2、MU3 的基本准确度完全满足准确度要求，MU4 的部分测试点不满足要求。

（2）从第二次测试结果看，MU1 的 C 相电流不满足 0.2 级准确度要求，且 C 相电压、电流的比值误差往正方向发生了偏移，相位误差往负方向发生了偏移。尽管 MU1 的基本误差发生了变化，但整体准确度仍在可接受范围内。但 MU2 的所有电流通道均已经超差，合并单元整体状况恶劣，表明 MU2 的长期稳定性较差。

（3）在测试过程中，MU4 合并单元整体稳定性较好。另外，在一次合并单元测试的过程中，短时内相位误差也出现不稳定的状况，经技术人员检查，将主板的晶振切换为备用恒温晶振后，情况有所改善。

2. 频率影响测试

按照制定的检测方法，将频率变化视为影响量，测多个频率点，再考核合并单元误

差改变量。改变频率（±10%）时，被测合并单元电压和电流的测量误差最大变化量应不超过相应准确度等级对应的误差限值的 1/2。测试结果见表 4.28～表 4.30。

表 4.28　MU1 频率影响测试结果

$I=100\%I_n$	比值误差最大改变量/%	相位误差最大改变量/(′)
A 相电压	0.027 3	0.0
B 相电压	0.014 9	0.5
C 相电压	0.017 8	0.2
A 相电流	0.025 2	1.0
B 相电流	0.026 7	3.1
C 相电流	0.043 0	2.7

表 4.29　MU2 频率影响测试结果

$I=100\%I_n$	比值误差最大改变量/%	相位误差最大改变量/(′)
A 相电压	−0.003 4	4.1
B 相电压	0.009 9	2.3
C 相电压	0.000 9	2.7
A 相电流	0.010 2	2.5
B 相电流	0.006 1	0.5
C 相电流	−0.006 2	5.8

表 4.30　MU3 频率影响测试结果

$I=100\%I_n$	比值误差最大改变量/%	相位误差最大改变量/(′)
A 相电压	0.005 2	4.5
B 相电压	0.008 2	3.9
C 相电压	0.161 4	3.9
A 相电流	0.005 5	2.5
B 相电流	0.006 6	0.5
C 相电流	−0.011 1	3.4

测试结果表明，MU1 电压和电流通道的频率影响结果满足要求，MU2 的 C 相电流通道的频率影响结果不满足要求，MU3 的电压和电流通道的频率影响结果满足要求。

从表 4.28～表 4.30 中可以看出，信号频率的变化对合并单元的测量误差有影响，可能与前端抗混叠滤波器有关。

参考文献

[1] 刘延冰, 余春雨, 李红斌. 电子式互感器原理、技术及应用[M]. 北京: 科学出版社, 2009: 97-128.

[2] 冯军. 智能变电站原理及测试技术[M]. 北京: 中国电力出版社, 2011: 83-103.

[3] 罗承沐. 电子式互感器与数字化变电站[M]. 北京: 中国电力出版社, 2012: 76-98.

[4] 胡灿. 超/特高压直流互感器现场校验技术及装置[M]. 北京: 中国电力出版社, 2013: 101-127.

[5] 孟和. 基于 IEC61850 电子式互感器数字接口软件设计与实现[D]. 成都: 西南交通大学, 2010.

[6] 严颖维. 全光纤电流互感器的研究[D]. 北京: 北京邮电大学, 2012.

[7] 刘昭. 电子式电流互感器的特性及应用研究[D]. 北京: 华北电力大学, 2012.

[8] 蔡春元, 李昕锐, 李红斌, 等. 10 kV 高压电能计量装置电压互感器杂散电容对高压熔断器的影响研究[J].电测与仪表, 2018, 55(16): 13-18, 46.

[9] 陈艳, 李红斌. 电流互感器暂态特性合成试验系统电源控制方法[J]. 电测与仪表, 2018, 55(11): 109-114.

[10] 胡蓓, 肖浩, 李建光, 等. 光纤电流互感器的噪声分析与信噪比优化设计[J]. 高电压技术, 2017, 43(2): 654-660.

[11] 唐毅, 李振华, 江波, 等. 基于 IEC 61850-9 的电子式互感器现场校验系统[J]. 高电压技术, 2014, 40(8): 2353-2359.

[12] 陈刚, 王忠东, 白浩, 等. 电流互感器剩磁相关参数测量的直流法[J]. 高电压技术, 2014, 40(8): 2416-2421.

[13] 李振华, 李红斌, 张秋雁, 等. 一种高压电子式电流互感器在线校验系统[J]. 电工技术学报, 2014, 29(7): 229-236.

[14] 田斌, 鲍刚, 李振华, 等. 电子式互感器电磁干扰及其关键技术现状研究[J]. 变压器, 2017, 54(6): 30-35.

[15] 李振华, 李秋惠, 李振兴, 等. “电子式互感器基本原理及校验技术”微课程教学方法研究[J]. 新课程研究(中旬刊), 2017(4): 70-74.

[16] 李振华, 于洁, 李振兴, 等. 电子式互感器电磁兼容性能研究现状分析[J]. 高压电器, 2017, 53(4): 220-226.

[17] CHENG J, MAO C, FAN S, et al. Principle of electronic power transformer and its simulation study[J]. Electric power automation equipment, 2004, 24(12): 23-25.

[18] WANG Z, ZHANG J, SHENG K. Modular multilevel power electronic transformer[C]//2015 9th International Conference on Power Electronics and ECCE Asia (ICPE-ECCE Asia). IEEE, 2015: 315-321.

[19] HUANG P, MAO C, WANG D, et al. Optimal design and implementation of high-voltage high-power silicon steel core medium-frequency transformer[J]. IEEE transactions on industrial electronics, 2017, 64(6): 4391-4401.

[20] KHALED U, BEROUAL A. The effect of electronic scavenger additives on the AC dielectric strength of transformer mineral oil[J]. Energies, 2018, 11(10): 2607.

第5章

电子式互感器的在线测试技术

电子式互感器在现场运行中出现了较多的问题，如准确度超差、电磁兼容问题、绝缘问题等，其中准确度问题占了较大的比例，电磁兼容问题等对电子式互感器的影响也可能反映在互感器输出的准确度上，因此对互感器进行准确度的监测和校验具有重要意义[1-2]。

目前所研究的传统互感器或电子式互感器的现场校验系统均为停电状态下的校验。停电校验方式需要互感器从电网中断开，利用升压/升流设备对互感器施加一次电压/电流，然后对互感器进行校验。这种方式不仅操作复杂，且不能及时发现运行中互感器存在的问题。其不足之处有以下几点：①停电校验无法准确反映互感器在线运行时的误差状态。例如，停电校验时，对电流互感器仅施加电流激励，不含高压激励，而在实际运行中，高电压和大电流是同时施加到互感器一次端子上的，此时互感器的误差状态与停电校验时会有所差异。尤其是电子式互感器，其传感原理多样，所用的传感元件没有经过长期在线运行的考验，因此传统的停电校验方式并不能准确测试互感器在线运行时的性能。②停电校验一般是定期进行，周期较长，某些互感器未到定期校验时间就可能出现故障，此时故障不能被及时发现，可能引发严重的事故。而某些互感器在定期校验时间到了之后，由于性能良好，无须校验仍能正常运行较长的时间，此时如果对这些互感器实行停电校验，不仅会给供电公司造成不便，也不利于设备的最优化利用。③随着电压等级的提高，所需升压/升流设备的容量也大大增加，在变电站现场不易实现[3-4]。因此，研究可在带电情况下对互感器进行在线校验的技术十分必要。本章主要针对在线测试技术中涉及的电子式电流互感器在线校验、电子式电压互感器在线校验及高准确度信号处理算法进行介绍。

5.1 电子式电流互感器在线校验

为了及时发现电子式互感器运行中的问题，本节针对离线校验存在的不足之处，提出了电子式电流互感器的在线校验方法，并研制了在线校验系统。电子式电流互感器在线校验的难点在于如何在不停电的情况下获取一次电流信号，一般采用钳形互感器实现，可用的有两种：一种以钳形铁心线圈作为标准，铁心线圈的准确度高，但若线圈存在气隙或铁心钳口表面污浊，则会造成很大的误差；另一种采用钳形空心线圈实现，优点是动态范围大、线性度好，缺点是空心线圈在小电流时的信噪比较低，且易受一次导线位置和开口气隙影响。

为了解决钳形互感器操作过程中无法判断是否存在开口气隙的问题，本节采用由钳形铁心线圈和钳形空心线圈组成的钳形双线圈作为标准电流互感器。通过分析发现，钳形铁心线圈闭合紧密时测量准确度高，但输出幅值和相位易受开口气隙的影响，而钳形空心线圈的输出相位几乎不受开口气隙的影响。利用两种钳形线圈各自的特性，将钳形空心线圈的输出相位作为钳形铁心线圈是否闭合紧密的判据，保

证校验时钳形铁心线圈闭合紧密，然后以钳形铁心线圈的输出作为标准。另外，通过绝缘操作杆在地电位操作，将钳形双线圈接入被校一次导线，简化了操作流程，提高了操作安全性。

5.1.1　电子式电流互感器在线校验系统原理

如图 5.1 所示，电子式电流互感器在线校验系统由标准通道、被校验通道及 PC 等部分组成。标准通道包括钳形双线圈、高压侧采集单元和低压侧模块等。钳形双线圈的信号经高压侧采集单元采集后，通过光纤发送给低压侧模块，低压侧模块首先将光信号转换成电信号，并进行电平转换后，通过 RS-232 总线发送给 PC。被校互感器的信号通过合并单元发送给网卡，然后传给 PC。同步模块发出两路同步信号，实现标准通道和被校验通道的同步采集。PC 中的校验软件对两路信号进行分析处理。

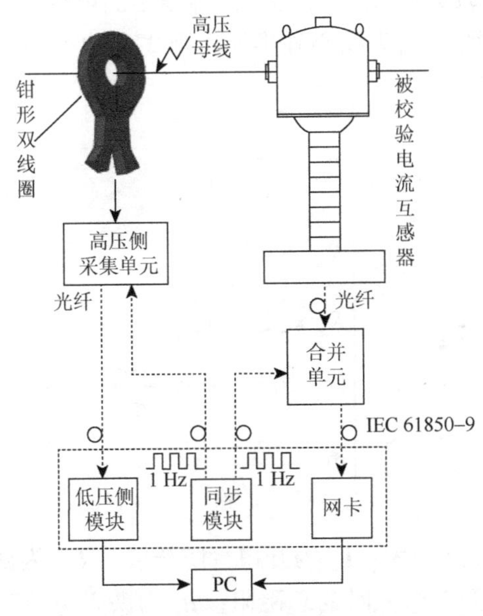

图 5.1　电子式电流互感器在线校验系统原理图

目前变电站中运行的电子式电流互感器一般为 0.2S 级或更低等级，根据要求，相应的校验系统的准确度至少要比被校验电子式互感器高两个等级，则校验系统的准确度至少要达到 0.05 级[5-6]。本节研制的电子式互感器在线校验系统即是按 0.05 级的准确度进行设计的。下面进行详细的介绍。

5.1.2　高准确度钳形双线圈设计

目前所用的钳形互感器安装后无法判断是否存在气隙，因此准确度无法保证，导致校验结果的可信度受到质疑。本节设计了一种基于钳形铁心线圈和钳形空心线圈的钳形

双线圈电流互感器，可以在校验前首先利用钳形空心线圈的输出相位来判定钳形铁心线圈是否存在气隙，保证铁心线圈的准确度，然后以铁心线圈的输出作为标准。下面分别对钳形铁心线圈和钳形空心线圈进行分析。

1. 钳形铁心线圈分析

钳形铁心线圈的开口分析示意图如图 5.2 所示。图 5.2 中左边部分，铁心闭合不紧时，线圈的上面和下面同时存在开口气隙。为了简化分析，当气隙较小时，上方的气隙接近梯形，下方的气隙接近三角形。我们把左图中下方的阴影部分分成两个对称的部分，填补到上方。这样就可以认为铁心的上方存在一个平行的开口，如图 5.2 右边部分所示。在实际操作中，铁心即使闭合不紧密，存在的气隙也是非常小的，因此这种简化分析是合理的。如图 5.2 中右边部分所示，i_1 为一次导线中的电流，i_2 为铁心线圈二次绕组中的电流。R_{1i} 为铁心内半径，R_{2i} 为铁心外半径，则式（5.1）成立：

$$
\begin{cases}
L_1 = \pi(R_{1i} + R_{2i}) \\
R_{m1} = \dfrac{L_1}{\mu_1 A} \\
R_{m2} = \dfrac{L_2}{\mu_0 A} \\
R_m = R_{m1} + R_{m2} \\
(r + R_L) \cdot i_2 = N_2 \dfrac{\mathrm{d}\Phi}{\mathrm{d}t} \\
\Phi = \dfrac{N_1 i_1 - N_2 i_2}{R_m}
\end{cases}
\tag{5.1}
$$

式中：L_1 为铁心的平均磁路长度；L_2 为开口气隙长度；R_{m1} 为铁心磁阻；R_{m2} 为开口气隙磁阻；R_m 为铁心存在开口气隙时的总磁阻；μ_1 为铁心磁导率；μ_0 为真空磁导率；A 为铁心截面积；r 为铁心线圈内阻；R_L 为负载电阻；Φ为铁心中的磁通量；N_1 为初级绕组匝数；N_2 为次级绕组匝数。

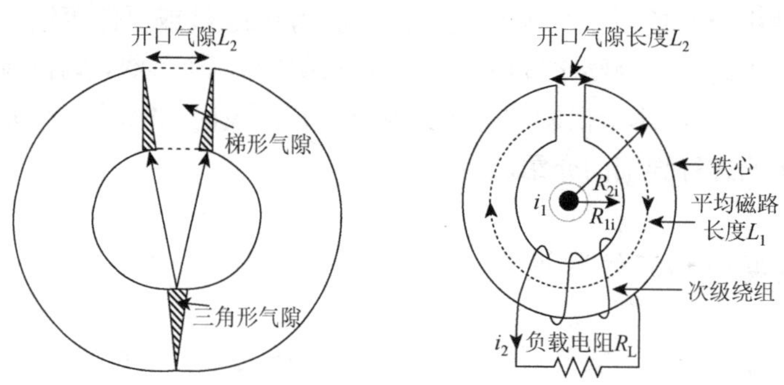

图 5.2　钳形铁心线圈开口分析示意图

由于铁心磁阻 R_{m1} 非常小，这里可以忽略其影响。设一次电流表达式为 $I_1\sin(\omega t+\varphi_1)$，其中 I_1 为一次电流 i_1 的幅值，ω为一次电流角频率，φ_1 为初始相位，则由式（5.1）可以推出，通过铁心线圈二次绕组中的电流为

$$i_2 = I_1 \cdot \frac{N_1}{N_2} \cdot \frac{\omega}{\sqrt{\omega^2 + K^2}} \sin\left(\omega t + \varphi_1 + \arctan\frac{K}{\omega}\right) \tag{5.2}$$

其中：$K = \dfrac{R_{m2} \cdot (R_L + r)}{N_2^2}$。

当铁心线圈闭合紧密（开口气隙为 0）时，铁心线圈二次输出电流为

$$i_{20} = I_1 \cdot \frac{N_1}{N_2} \cdot \sin(\omega t + \varphi_1) \tag{5.3}$$

由式（5.2）、式（5.3），将 i_2 和 i_{20} 的幅值和相位分别比较，可以得出，与开口气隙为 0 时相比，钳形铁心线圈开口气隙产生的比值误差ε_{iron}和相位误差φ_{iron}分别为

$$\begin{cases} \varepsilon_{iron} = \left(\dfrac{\omega}{\sqrt{\omega^2 + K^2}} - 1\right) \times 100\% \\ \varphi_{iron} = \mathrm{arc}\tan\dfrac{K}{\omega} \end{cases} \tag{5.4}$$

由式（5.4）可知，影响钳形铁心线圈比值误差ε_{iron}和相位误差φ_{iron}的因素主要有角频率ω和 K。K 的大小与钳形铁心线圈开口气隙磁阻 R_{m2}、线圈内阻 r、负载电阻 R_L 及二次绕组的匝数 N_2 有关。当钳形铁心线圈设计完成后，r、R_L、N_2、ω都是不变的，只有铁心线圈开口气隙磁阻 R_{m2} 会随开口气隙 L_2 的变化而改变。此时，钳形铁心线圈的比值误差ε_{iron}和相位误差φ_{iron}只受开口气隙 L_2 的影响。

研制的钳形铁心线圈参数如下：铁心材料为坡莫合金 1J85，其磁导率$\mu_1 = 0.125$ H/m，铁心线圈内半径 $R_{1i} = 64$ mm，外半径 $R_{2i} = 84$ mm，截面积 $A = 110$ mm^2，内阻 $r = 5.4\ \Omega$，负载电阻 $R_L = 1\ \Omega$，一次绕组匝数 $N_1 = 1$，二次绕组匝数 $N_2 = 1500$。当开口气隙 L_2 在 0～1 mm 变化时，比值误差ε_{iron}和相位误差φ_{iron}仿真结果如图 5.3 所示。

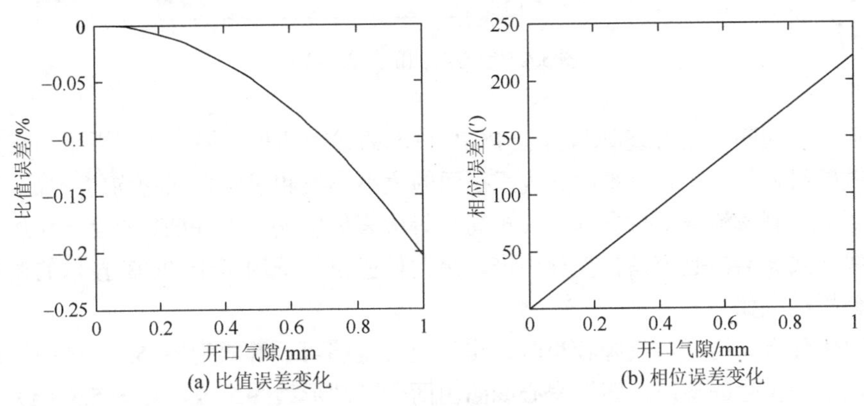

图 5.3　钳形铁心线圈误差变化的仿真

由图 5.3 可以看出，当钳形铁心线圈的开口气隙增大时，相位误差和比值误差都会变化，比值误差随开口气隙的增大朝负方向增大，相位误差随开口气隙的增大朝正方向增大，且相位误差受到的影响更大。例如，在开口气隙为 0.1 mm 时，比值误差变化只有−0.002%，而相位误差变化则达 22′。

2. 钳形空心线圈分析

空心线圈的特点是动态范围大、线性度好，由于不含铁心，故不存在铁磁饱和现象。然而，空心线圈易受载流导线位置和开口气隙影响。空心线圈的等效电路一般如图 5.4 所示。L_0、R_0、C_0 分别为空心线圈的自感、内阻和杂散电容，I 为穿过空心线圈的电流。当被测电流频率较低时（如工频），C_0 的影响可以忽略，则负载电阻 R_z 两端的电压相量可表示为

$$\dot{U}_z = \frac{R_z}{R_0 + R_z + j\omega L_0}\dot{E} = \frac{R_z}{R_0 + R_z + j\omega L_0} j\omega M_a \dot{I} \tag{5.5}$$

式中：$\dot{U}_z$ 为图 5.4 中 U_z 的相量；$\dot{E}$ 为图 5.4 中 $e(t)$的相量互感系数 M_a、自感 L_0 与空心线圈的尺寸、形状及相对一次导线的位置等因素有关。当钳形空心线圈存在开口气隙时，M_a、L_0 会变化，从而引起空心线圈输出的变化。

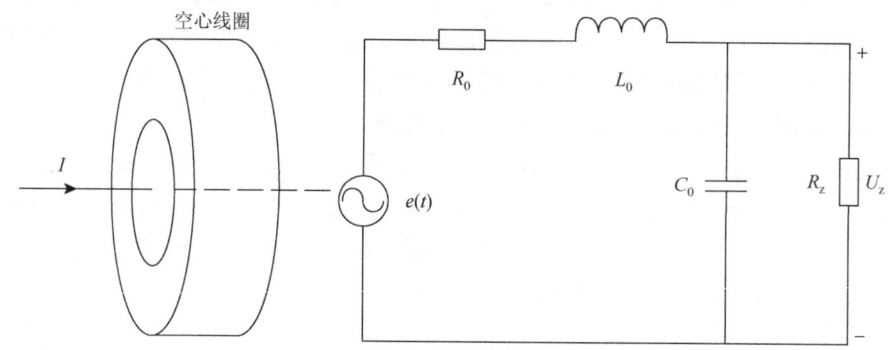

图 5.4　空心线圈的等效电路

目前空心线圈一般有绕制和基于 PCB 技术的线圈两种。绕制的线圈采用漆包线缠绕在非铁磁材料骨架上，很难做到线匝截面的大小一致和线匝之间的均匀分布，导致空心线圈更易受到载流导体位置和外界电磁场等因素的影响。而 PCB 的设计和加工精度高，布线方式灵活，且容易批量化生产，因此校验系统选用基于 PCB 技术的钳形空心线圈，分析过程如下。

为简化分析，当开口气隙较小时，钳形空心线圈可以等效为图 5.5。这种等效结构可以近似反映实际的情况。钳形空心线圈由两个半圆形线圈组成，如图 5.5（a）所示。其中，O_1、O_2 分别为左半圆线圈和右半圆线圈的圆心，O 为空心线圈闭合时的圆心，

OD 的延长线为两个半圆形线圈的对称轴，l_1 为左右两个半圆形线圈上边开口相对于对称轴 OD 的开口气隙，R_3 为空心线圈内半径，R_4 为空心线圈外半径。载流导线垂直于空心线圈的平面且穿过圆心 O。空心线圈开口时，两半圆分别向左右偏移。由于对称性，这里只分析右半圆。假设 O_2 向右偏移的距离为 d，右半圆开口气隙为 l_1（$d = l_1/2$）。设空心线圈的总匝数为 N，线匝之间均匀分布，则右半圆的匝数为 $N/2$，令 $n = N/2$。$C_{10}C_{1m}$ 为右半圆的第一个线匝，$C_{k0}C_{km}$ 为右半圆的第 k 个线匝（$k = 1,2,\cdots,n$）。α_1 为 OD 与 DC_{1m} 的夹角，α_2 为 OO_2 与 O_2C_{1m} 的夹角。

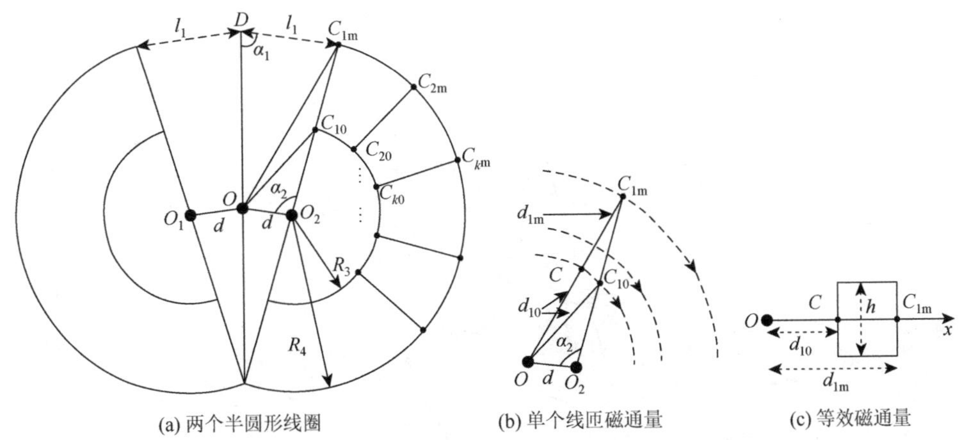

图 5.5　钳形空心线圈开口气隙分析示意图

O. 空心线圈闭合时圆心；O_1. 左半圆圆心；O_2. 右半圆圆心；l_1. 左、右半圆开口气隙；R_3. 空心线圈内半径；R_4. 空心线圈外半径；$C_{k0}C_{km}$. 右半圆第 k 个线匝；h. 空心线圈厚度

如图 5.5（b）所示，以 O 点为圆心，OC_{10} 为半径画圆，与 OC_{1m} 的交点为 C。由图 5.5（b）和（c）可知，穿过线匝 $C_{10}C_{1m}$ 的磁通量与穿过截面 CC_{1m} 的磁通量相同，其值可表示为

$$\phi_{a1} = \int_{d_{10}}^{d_{1m}} \mu_0 h \frac{I}{2\pi x} dx = \frac{\mu_0 h I}{2\pi} \ln \frac{d_{1m}}{d_{10}} \tag{5.6}$$

式中：h 为空心线圈的厚度；μ_0 为真空磁导率；d_{10} 为 OC_{10} 和 OC 的长度；d_{1m} 为 OC_{1m} 的长度。$d_{10}d_{1m}$ 可由下式计算得出：

$$\begin{cases} d_{10} = \sqrt{d^2 + R_3^2 - 2dR_3 \cos\alpha_2} \\ d_{1m} = \sqrt{d^2 + R_4^2 - 2dR_4 \cos\alpha_2} \\ \alpha_2 = \pi - \alpha_1 = \pi - \arccos\dfrac{l}{4R_4} \end{cases} \tag{5.7}$$

对于其他线匝的互感系数，可用类似方法求出，分析如图 5.6 所示。

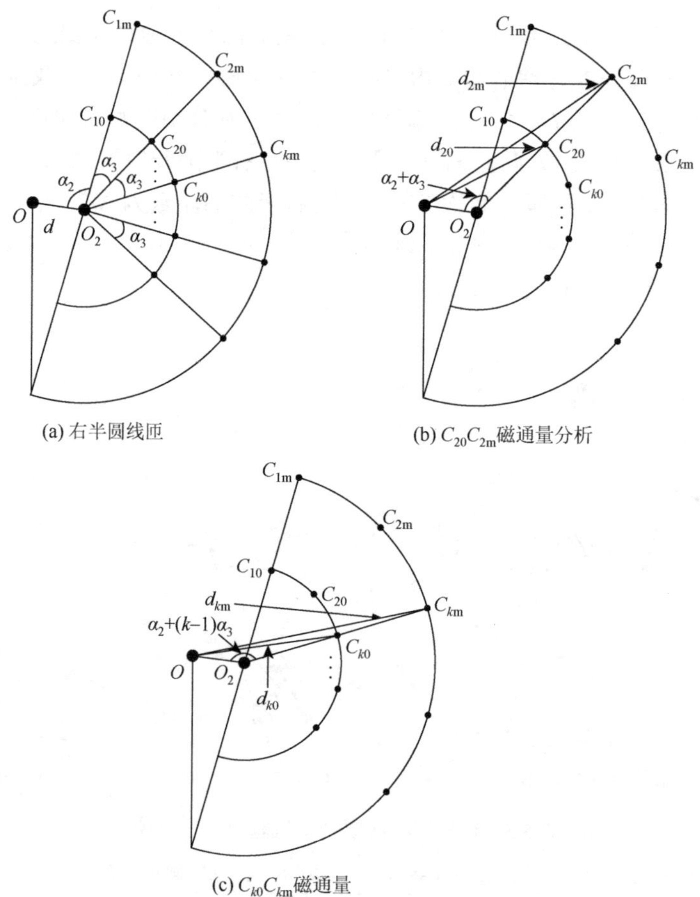

(a) 右半圆线匝　(b) $C_{20}C_{2\mathrm{m}}$磁通量分析

(c) $C_{k0}C_{k\mathrm{m}}$磁通量

图 5.6　空心线圈每个线匝的分析示意图

由式（5.6）、式（5.7）并结合图 5.6（a）、（c），可求得线匝 $C_{k0}C_{k\mathrm{m}}$ 中的磁通量为

$$\begin{cases} \phi_{\mathrm{a}k} = \dfrac{\mu_0 hI}{2\pi} \ln \dfrac{d_{k\mathrm{m}}}{d_{k0}} \\ d_{k0} = \sqrt{d^2 + R_3^2 - 2dR_3 \cos[\alpha_2 + (k-1)\alpha_3]} \\ d_{k\mathrm{m}} = \sqrt{d^2 + R_4^2 - 2dR_4 \cos[\alpha_2 + (k-1)\alpha_3]} \\ \alpha_3 = \pi / (n-1) \end{cases} \tag{5.8}$$

其中，$k = 1,2,\cdots,n$。

右半圆的总磁通量：

$$\phi_R = \sum_{k=1}^{n} \phi_{\mathrm{a}k} = \sum_{k=1}^{n} \frac{\mu_0 hI}{2\pi} \ln \frac{d_{k\mathrm{m}}}{d_{k0}} \tag{5.9}$$

根据对称性，左半圆的总磁通与右半圆一样，所以整个空心线圈的总磁通为

$$\phi_{\mathrm{air}} = 2\phi_R = \sum_{k=1}^{n} \frac{\mu_0 h I}{\pi} \ln \frac{d_{km}}{d_{k0}} \tag{5.10}$$

当钳形空心线圈闭合紧密（开口气隙为 0）时，

$$\phi_{\mathrm{air0}} = N \frac{\mu_0 h I}{2\pi} \ln \frac{R_4}{R_3} \tag{5.11}$$

此时钳形空心线圈的互感和自感分别为

$$\begin{cases} M_{\mathrm{a}} = \dfrac{\phi_{\mathrm{air0}}}{I} = N \dfrac{\mu_0 h}{2\pi} \ln \dfrac{R_4}{R_3} \\ L_0 = N M_{\mathrm{a}} \end{cases} \tag{5.12}$$

当开口气隙为 l_1 时，钳形空心线圈的互感和自感变为

$$\begin{cases} M^* = \dfrac{\phi_{\mathrm{air}}}{I} = \displaystyle\sum_{k=1}^{n} \frac{\mu_0 h}{\pi} \ln \frac{d_{km}}{d_{k0}} \\ L_0^* = N M^* \end{cases} \tag{5.13}$$

由式（5.5）、式（5.12）和式（5.13）可得，与开口气隙为 0 时相比，钳形空心线圈开口气隙为 l_1 时引起的比值误差和相位误差分别为

$$\begin{cases} \varepsilon_{\mathrm{air}} = \left[\dfrac{\dfrac{M^*}{\sqrt{(R_0 + R_{\mathrm{z}})^2 + (L_0^*)^2}}}{\dfrac{M_{\mathrm{a}}}{\sqrt{(R_0 + R_{\mathrm{z}})^2 + (L_0)^2}}} - 1 \right] \times 100\% \\ \varphi_{\mathrm{air}} = \arctan \dfrac{\omega L_0}{R_0 + R_{\mathrm{z}}} - \arctan \dfrac{\omega L_0^*}{R_0 + R_{\mathrm{z}}} \end{cases} \tag{5.14}$$

本节中钳形空心线圈参数如下：钳形空心线圈内半径 $R_3 = 64$ mm，外半 $R_4 = 84$ mm，线圈厚度 $h = 6$ mm，布线匝数 $N = 600$，内阻 $R_0 = 35\ \Omega$，负载电阻 $R_{\mathrm{z}} = 2\ \mathrm{k}\Omega$。在 MATLAB 中仿真，结果如图 5.7 所示。

图 5.7 显示，当开口气隙在 0～1 mm 变化时，钳形空心线圈的比值误差为 0.45%，随着开口气隙的增大，比值误差朝负方向增大。钳形空心线圈的相位误差随着开口气隙的增大，尽管有增大的趋势，但是变化非常小。图 5.7 中的仿真结果显示，当开口气隙达到 1 mm 时，相位误差变化小于 0.001′，可以认为不变。仿真结果表明钳形空心线圈的输出相位误差在开口气隙 1 mm 内几乎不受开口气隙的影响。

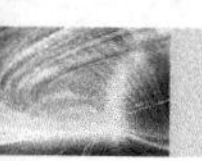

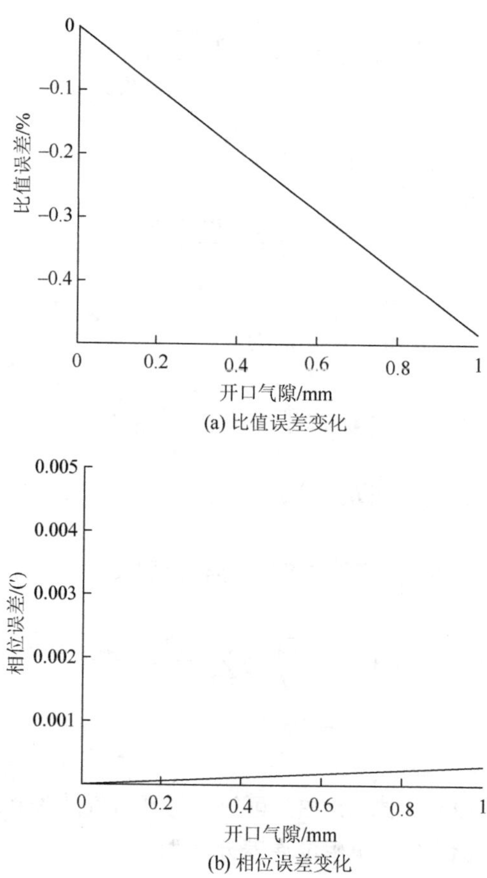

(a) 比值误差变化

(b) 相位误差变化

图 5.7 钳形空心线圈误差随开口气隙变化的仿真

3. 仿真结果的试验论证

为验证上述仿真结果，实际中通过调节开口气隙大小，对研制的钳形铁心线圈和钳形空心线圈进行测试，测试时一次导线电流为 1500 A，结果见表 5.1。

表 5.1 两钳形线圈随开口气隙的误差变化测试结果

开口气隙/mm	钳形铁心线圈		钳形空心线圈	
	比值误差/%	相位误差/(′)	比值误差/%	相位误差/(′)
0	−0.009	0.360	−0.012	0.302
0.1	−0.023	34.2	−0.073	0.211
0.2	−0.036	60.4	−0.132	0.258
0.5	−0.073	136	−0.307	0.209
0.8	−0.166	198	−0.461	0.349
1	−0.314	247	−0.545	0.107

测试结果表明，开口气隙为 0～1 mm，钳形铁心线圈的比值误差和相位误差变化较大，且变化趋势与仿真结果一致。而钳形空心线圈的相位误差在 0.3′以内波动，可以认为钳形空心线圈的相位误差几乎不受开口气隙的影响。测试结果与仿真结果吻合。

4. 高准确度钳形双线圈的实现

上述仿真和测试结果证明了钳形铁心线圈和钳形空心线圈各自的特点，即钳形铁心线圈的比值误差和相位误差受开口气隙的影响较大，但是在闭合完好的情况下，铁心线圈的准确度高，且几乎不受一次导体位置的影响。钳形空心线圈的比值误差受开口气隙的影响也较大，但其输出相位误差在一定范围内几乎不受开口气隙的影响[7-8]。本书利用两种线圈各自的特点，设计了一种高准确度钳形双线圈，其实现过程如下。

（1）将钳形铁心和钳形空心线圈组合成一个钳形双线圈，通过机械方式将两者结合在一起，保证使用时两线圈之间的相对位置不会移动。

（2）在线校验时，将钳形双线圈接入一次导线，首先分析计算空心线圈和铁心线圈各自的相位，对两相位值做比对，若差值不超过 2′的阈值（0.05 级要求），则说明双线圈闭合完好，此时铁心线圈的准确度满足要求；若超过阈值，则说明双线圈存在气隙，需要重新闭合双线圈，再次判断，直到双线圈闭合完好后，以铁心线圈的输出作为标准，进行校验。

5.1.3　电流在线校验操作方式

在线校验进行时，线路带电，因此需要进行带电作业，将标准电流互感器（钳形双线圈）接入高处的一次导线上。根据《电工术语 带电作业》（GB/T 2900.55—2002）和《配电线路带电作业技术导则》（GB/T 18857—2008）的规定，实现带电作业必须满足以下三个条件。

（1）流经人体的电流不能超过人体的感知水平 1 mA。

（2）人体体表局部场强不能超过人体的感知水平 240 kV/m。

（3）人体与带电体保持规定的安全距离。

目前的条件下，能够满足上述带电作业技术要求的作业方式有多种，一般可按下面两种方式分类。

（1）按作业人员作业时是否直接接触带电设备，可划分为直接作业和间接作业。

（2）按作业时作业人员所处电位高低，可划分为等电位作业、中间电位作业和地电位作业三种。

等电位作业是指作业人员通过电气连接，使自己身体的电位上升至带电部件电位，且与周围不同电位适当隔离，直接对带电部分进行的作业。等电位作业时人体与带电体的关系是：带电体（人体）→绝缘体→大地（杆塔）。

中间电位作业是指作业人员通过绝缘工具（梯、台、车）对大地绝缘后在近距离用绝缘工具对带电部分进行的作业。此种作业方法主要适用于作业点离大地较近，或作业点设备复杂，采用地电位作业完成较困难，采用等电位作业又具有一定危险性的场合。中间电位作业属于间接作业法的一种形式。中间电位作业时人体与带电体的关系是：大地（杆塔）→绝缘体→人体→绝缘工具→带电体。

地电位作业是指人体处于地（零）电位状态下，使用绝缘工具间接接触带电设备，来达到检修目的的方法。其特点是人体处于地电位时，不占据带电设备对地的空间尺寸。地电位作业也属于间接作业法的一种形式。地电位作业时人体与带电体的关系是：大地（杆塔）人→绝缘工具→带电体。

等电位作业、中间电位作业和地电位作业各自的特点可以用图 5.8 表示。

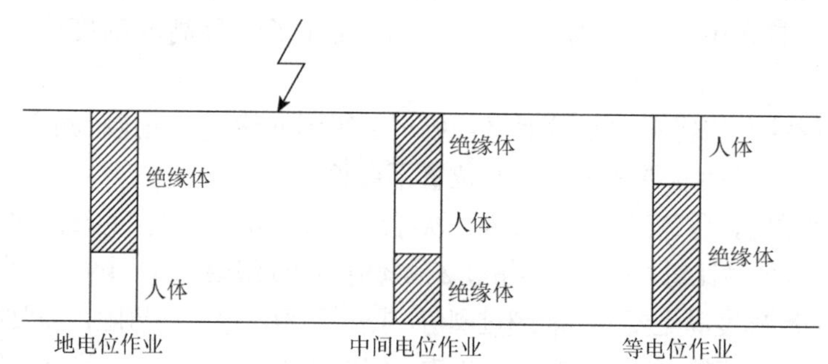

图 5.8　三种作业方式的特点

华中科技大学童悦等研制的电子式电流互感器在线校验系统中的作业方式采用等电位作业，即首先在地面上通过设备将绝缘软梯固定在一次高压导线上，然后操作人员携带校验系统爬至高压导线上并与高压导线等电位连接，接着将校验系统连接至导线上，开始校验工作。该种作业方式实现起来较为复杂，且对操作人员具有一定的危险性，另外，此种方式主要适用于开阔场地，而对于设计紧凑的变电站，一般各个设备之间的距离较小，如果两设备之间有人作业，相当于拉近了设备之间的距离，可能会导致两设备之间的绝缘距离不够，进而发生更严重的问题。另外，变电站中的线路一般不具有承重能力，如连接互感器和断路器之间的导线，一般无法承受一个人的重量，所以等电位作业不适合变电站中互感器的在线校验。

在综合比较各种作业方式后，电子式电流互感器在线校验系统选用操作简单的地电位作业法：将钳形双线圈和两根满足绝缘强度要求的绝缘操作杆组合成一个大的“老虎钳”。在线校验时，首先将钳形双线圈与低压侧校验系统之间的通信光纤连接好，然后利用绝缘操作杆在地电位操作，将钳形双线圈“钳”到一次导线上。校验完成后，再利用绝缘操作杆将钳形双线圈取下来，如图 5.9 所示。该在线校验系统可以在不停电的情况下方便地对电子式互感器进行校验，不需要其他的辅助设备，操作简单可靠，避免了停电造成的不便。

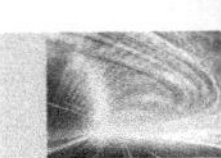

图 5.9　电子式电流互感器在线校验

5.2　电子式电压互感器在线校验

电子式电压互感器在线校验技术的难点在于如何在线获取一次导线的高电压信号。本节研制了一种 SF_6 气体绝缘电压互感器和自动升降装置的电子式电压互感器在线校验系统，从 SF_6 气体绝缘电压互感器作为标准，准确度高且抗干扰能力强；高低压侧之间采用光纤连接，保证了高压侧电路和低压侧校验系统之间的绝缘；利用自动升降装置将标准互感器高压端子接到一次导线上，可以在线路带电的情况下对电子式电压互感器实现在线校验，操作方便且安全。由于 SF_6 气体绝缘电压互感器为感性设备，在接入或退出带电一次导线时可能会产生过电压。本章重点仿真了 SF_6 气体绝缘电压互感器在操作过程中产生的过电压倍数，并考虑了 SF_6 气体绝缘电压互感器的绝缘裕度，保证了操作过程的安全。

电压在线校验系统原理如图 5.10 所示，主要包括标准通道、被校验通道、在线校验系统硬件平台、软件平台等。标准通道接收到同步脉冲后，标准电压互感器输出（额定值 100 V/57.7 V）通过传输给信号转换装置，转换为小信号（2 V），然后由高压侧采集单元采集后，通过光纤发送给低压侧模块，然后通过 RS-232 串口发送给 PC。被校验通道中合并单元的光信号（IEC 61850-9-1/2 帧格式）通过合并单元信号处理模块处理后，经网口发送给 PC。PC 中的软件对两路信号进行分析处理。

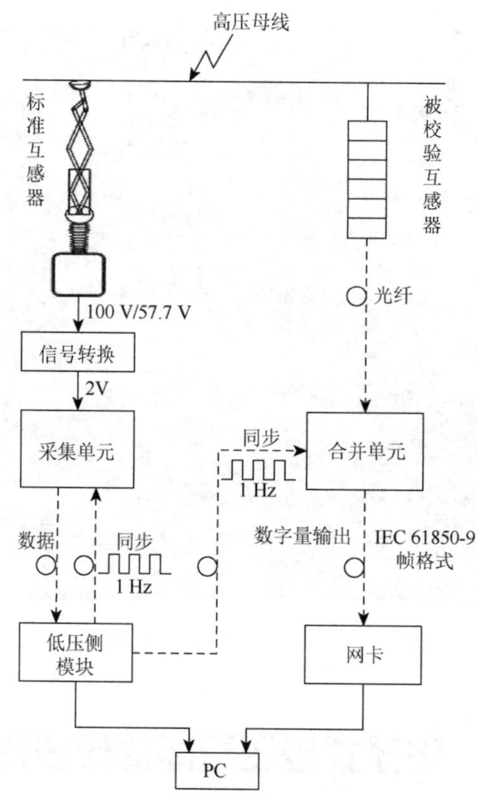

图 5.10　校验系统整体结构

5.2.1　标准电压互感器设计

为了保证电压在线校验系统的准确度，本节采用准确度等级为 0.02 级的 SF_6 气体绝缘电压互感器，不受杂散电容的影响，抗干扰能力强，体积小，重量轻。

为了将标准电压互感器的高压侧接线端与高压带电导线相连，并达到安全、方便的操作目的，设计了一种自动升降装置，如图 5.11 所示，该装置具有以下特点。

（1）连接高压导线和标准电压互感器高压侧接线端的为铝合金菱形升降结构，利用电动机构将其升至高处，与一次导线相连。菱形升降结构收放简单，质量轻，便于采用小功率电机进行控制。

（2）升降结构顶端有均压环，均压环使顶端的电场分布均匀，防止尖端放电，并可增大顶端的面积，便于和一次导线进行连接。

（3）装置的外壳与标准电压互感器的高压侧接线端及升降结构等电位连接。

（4）电动机构及其电源处于封闭的金属屏蔽罩内，有效屏蔽了外界电磁场的干扰，电动机构采用低功耗设计，因此利用 4 节电池供电即可，设有电源指示灯，电量不足时提示更换电池。

（5）电动机构内置无线接收器，操作者在远处即可利用遥控器操作连接导线的升降，保证操作过程的安全。

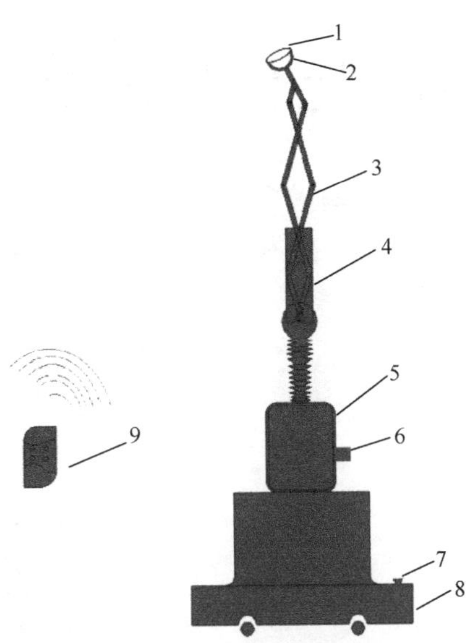

图 5.11　标准电压互感器及自动升降装置

1 均压环；2 铜排；3 铝合金菱形升降结构；4 电动机构；5 标准电压互感器；6 高压侧采集单元；
7 接地端；8 小推车；9 遥控装置

（6）整个装置固定在可移动的小推车上，可方便移动，非常适合现场操作。

标准电压互感器在接入或退出带电一次导线时会产生电弧放电，发生一连串电弧的重燃和熄灭，有可能会产生危害设备的过电压。因此，要对这个过程进行建模仿真和试验测试，确定过电压的倍数并采取必要的保护措施。

5.2.2　过电压分析

本节首先对标准电压互感器及自动升降装置的操作过程进行建模分析，然后在贵州电力试验研究院进行测试。

1. 仿真

以贵州电网公司白城 110 kV 变电站输电线路为例，额定线电压$U=110\,\text{kV}$，单相额定短路容量$S_b=5000\,\text{MVA}$，额定容量为$S_r=40\,\text{MVA}$，功率因数$\cos\varphi=0.94$，额定频率$f=50\,\text{Hz}$。

操作过程的等效电路如图 5.12 所示。

图 5.12 中，电源用单相交流电源表示，则相电压幅值为$U_m=\dfrac{U\times\sqrt{2}}{\sqrt{3}}\times10^3=89\,803.70\,\text{V}$。短路电感为$L_{sc}=\dfrac{U^2}{S_{sc}\times2\pi f}\times1\,000=7.70\,\text{mH}$。线路用π型电路表示，只考虑正序参数，参数由遵义供电局提供：$R_0=0.18\Omega$，$L_0=3.08\,\text{mH}$，$C_{01}=C_{02}=0.72\,\mu\text{F}$。$R_S$、$L_S$、$C_S$为标准电压互感器的等效参数，由厂家提供：$R_S=82\,\text{k}\Omega$，$L_S=168\,\text{kH}$，$C_S=75\,\text{pF}$。$R_z$、$L_z$

为负荷等效模型，$R_z = \dfrac{U^2}{3S_b \cos\varphi} = 107.27\,\Omega$，$L_z = \dfrac{U^2}{3S_b \sin\varphi} \times \dfrac{1\,000}{2\pi f} = 940.80\,\text{mH}$。

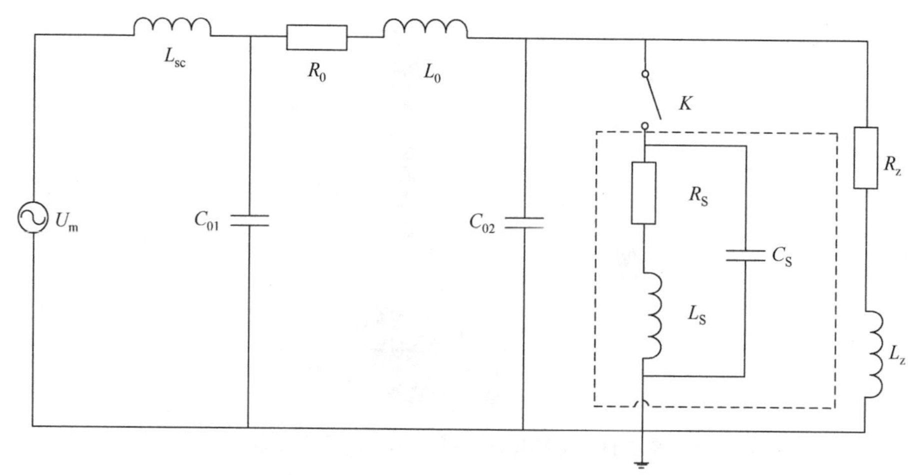

图 5.12　操作过程的等效电路图

仿真的难点在于标准电压互感器接入或退出一次导线的模型建立。以接入一次导线的过程为例，自动升降装置在靠近一次导线的过程中，会发生一连串电弧的重燃和熄灭，直至完全连接至一次导线。同样，在标准电压互感器从一次导线退出的过程中，也会发生一连串电弧的重燃和熄灭，直至标准电压互感器高压端子离一次导线足够远。

目前针对电弧放电的等效模型有不少研究成果。Povh 等给出了一种时变电阻模型，用以模拟隔离开关电弧放电的过程，Chang 等提出了一种基于 Mayr 电弧微分公式的等效模型，用以仿真断路器开合时的暂态过程[9-11]。然而，这两种模型都不能很好地反映自动升降装置升降过程中的暂态过程。因此，本节利用 ATP-EMTP 中的 TACS 元件建立了电弧重燃和熄灭的模型，通过比较一次导线电压与空气击穿电压的大小判断空气是否击穿，是否放电，在空气击穿的情况下判断电流是否过零，以此控制 TACS 开关的开合，从而模拟升降中的暂态过程。模型仿真流程如图 5.13 所示。仿真时观察图 5.12 中 C_S 两端的波形，结果如图 5.14 所示。

图 5.14（a）中，1 为自动升降装置靠近一次导线时的暂态波形，2 为自动升降装置完全接入一次导线后的稳态波形。多次仿真发现，自动升降装置在接入或退出高压一次导线时，未发现有过电压现象发生。图 5.14 所示的仿真结果是针对 110 kV 电压等级的变电站进行的，针对其他电压等级的变电站线路也进行了过电压仿真（包括 220 kV 和 500 kV 的变电站）。仿真时变电站的参数见表 5.2 和表 5.3，仿真结果如图 5.15 所示。

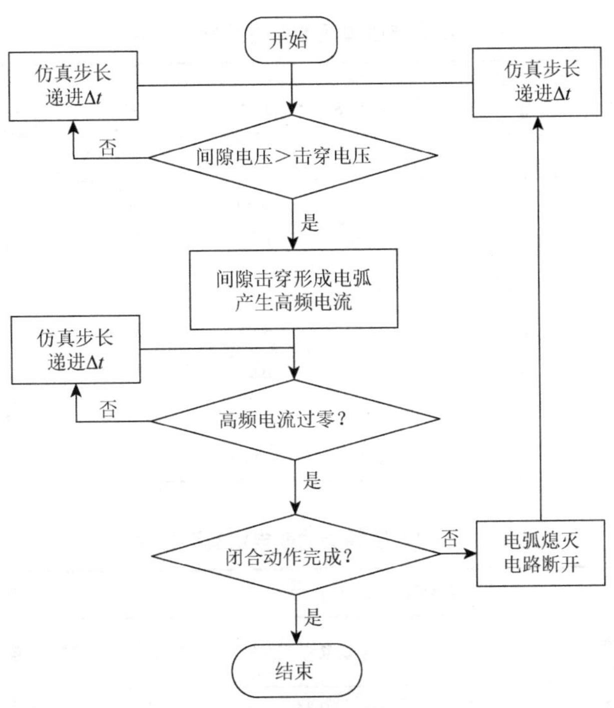

图 5.13　升降装置升降过程中电弧产生仿真流程

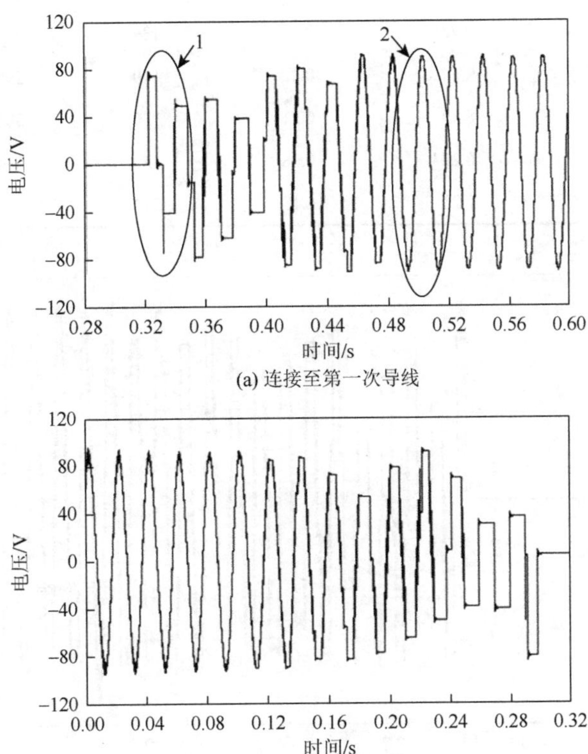

(a) 连接至第一次导线

(b) 退出一次导线时

图 5.14　过电压仿真图

表 5.2　不同电压等级的变电站典型参数（1）

参数序号	线电压 U /kV	短路容量 S_{sc} /（MVA）	额定容量 S_r/（MVA）	功率因数 $\cos\varphi$	短路电感 L_{sc} /mH	负载参数	
						等效电阻 R_z /Ω	等效电感 L_z/mH
1	110	3 000	40	0.90	8.55	74.67	490.77
2	110	3 000	40	0.98	8.55	68.58	1075.0
3	220	3 000	150	0.92	34.23	77.92	582.22
4	220	3 200	180	0.95	32.09	62.88	608.98
5	220	3 800	240	0.94	27.03	47.66	418.01
6	500	3 500	750	0.90	151.54	82.28	540.80
7	500	4 500	1 000	0.90	117.86	61.71	405.60

表 5.3　不同电压等级的变电站典型参数（2）

参数序号	输电线路参数			标准互感器参数		
	等效电阻 R_0 /Ω	等效电感 L_0/mH	等效电容 C_0/μF	等效电阻 R_S /kΩ	等效电感 L_S/kH	等效电容 C_S/pF
1	0.28	4.52	0.34	78	165	50
2	0.40	2.82	0.10	77	160	66
3	0.86	10.78	0.45	134	302	104
4	0.98	9.64	0.22	140	298	90
5	0.76	8.59	0.31	136	304	100
6	0.34	6.22	0.08	320	564	165
7	0.28	7.23	0.13	317	562	170

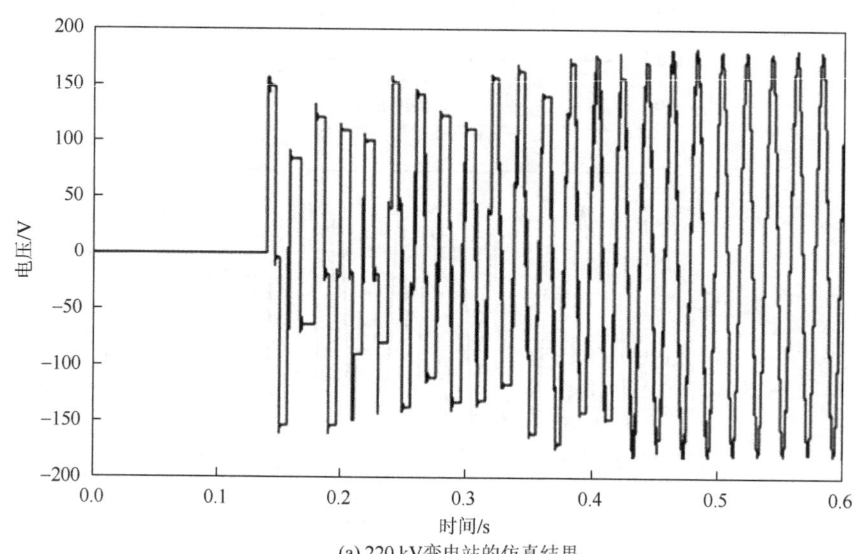

(a) 220 kV变电站的仿真结果

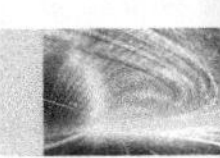

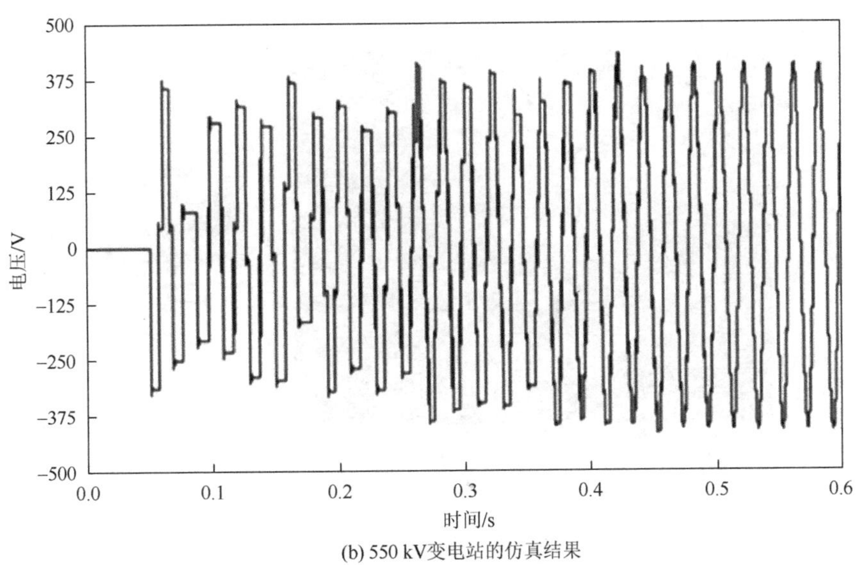

(b) 550 kV变电站的仿真结果

图 5.15　暂态过电压仿真结果

图 5.15 中只给出了 220 kV 变电站和 500 kV 变电站的两个典型参数的仿真结果，对应变电站参数为表 5.2 中的第 5 个和第 7 个参数。除此之外对变电站的其他典型参数也进行了仿真，由于仿真结果与图 5.15 类似，书中不再给出其他参数的仿真图。仿真结果显示，在标准电压互感器和自动升降装置接入或退出一次导线时，尽管会有电弧放电现象发生，但不会发生操作过电压。

为了保证在线操作的安全性，设计的标准电压互感器工频耐压为 2 倍额定电压（1 min），因此上述仿真结果证实升降结构带电操作是安全的，不会影响电网的正常运行，也不会给标准电压互感器造成损害。

2. 测试

为验证仿真模型结果是否准确，在贵州电力试验研究院高压大厅进行测试。

如图 5.16 所示，除标准电压互感器外，另外用一台同样准确度的光学电压传感器（对照组）实时监测一次导线的电压波形。两电压互感器二次侧输出端接入示波器 TDS2012B。将一次导线电压升至额定值（$110\,\text{kV}/\sqrt{3}$），用遥控器操作自动升降装置与一次导线连接或断开，在示波器上观察两电压互感器的输出波形。测试结果如图 5.17 所示。

图 5.17（a）、（b）分别为标准电压互感器接入一次导线和退出一次导线时互感器输出波形（衰减 50 倍）。与图 5.15 中的仿真结果相比，可以看出仿真波形和测试波形相似，结果证明了仿真模型的正确性。另外，多次测试结果表明标准互感器操作过程未出现过电压。仿真及试验结果证实该在线校验系统接入或退出带电一次导线是安全的。

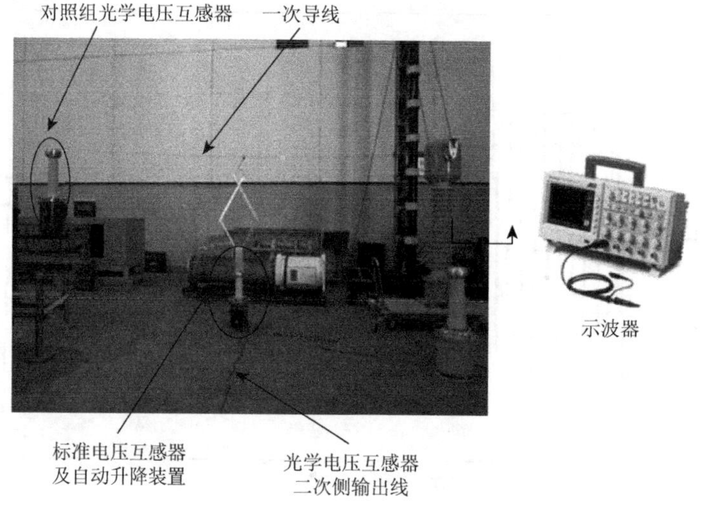

图 5.16　操作过电压测试

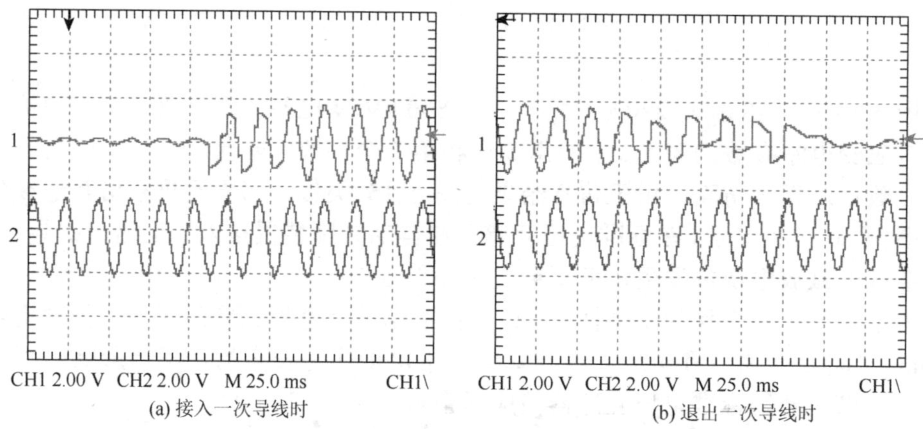

图 5.17　标准电压互感器及对照组光学电压互感器接入与退出一次导线操作

1. 标准电压互感器波形；2. 对照组光学电压互感器波形

5.2.3　电子式电压互感器在线校验系统误差分配

目前运行的电子式电压互感器多为 0.2/3P 级或准确度等级更低，根据《互感器 第 7 部分：电子式电压互感器》（IEC 60044-7：1999）的规定，对于测量用互感器，要求测量 80%～120%额定电压，对于保护用互感器，要求最小测量 2%的额定电压，则校验系统要在 2%～120%额定电压范围内达到 0.05 级及以上的准确度。前面已经分析过影响校验系统准确度的关键因素，即标准电压互感器、信号转换装置和采集单元。它们的总误差要小于 0.05%：

$$\sigma_{ST}+\sigma_{T}+\sigma_{DS}<0.05\% \tag{5.15}$$

其中，标准电压互感器（σ_{ST}）和信号转换装置（σ_{T}）的误差一般都小于 0.02%，故采集单元的误差（σ_{DS}）要小于 0.01%才能满足 0.05 级的准确度要求。

采集单元误差由 A/D 转换器引起，设 A/D 转换器的分辨率为 N，电压满量程输入 U_{fs} 为 10 V，本校验系统设计 A/D 转换器额定输入为 2 V（U_{IN}），则 A/D 转换器的误差 σ_{DS} 可由下式得出：

$$\begin{cases} q = \dfrac{1}{2^N - 1} U_{fs} \\ \sigma_{max} = \pm \dfrac{q}{2} \\ \sigma_{DS} = \dfrac{\sigma_{max}}{U_{IN}} \times 100\% \end{cases} \tag{5.16}$$

式中：q 为 A/D 转换器能分辨的最小模拟输入电压变化量；σ_{max} 为 A/D 转换器的最大误差。根据式（5.16）计算可得不同分辨率下 A/D 转换器在 2%和 120%额定电压下的误差，见表 5.4。

表 5.4　不同分辨率下 A/D 转换器的参数比对结果

参数	12 bit	16 bit	18 bit	20 bit	22 bit	24 bit
q/mV	2.442 0	0.152 6	0.038 1	0.009 5	0.002 3	0.000 6
σ_{max}/mV	±1.221 0	±0.076 3	±0.019 1	±0.004 8	±0.001 2	±0.000 3
σ_{DS}（2%）/%	±3.052 5	±0.190 7	±0.047 7	±0.011 9	±0.003 0	±0.000 7
σ_{DS}（120%）/%	±0.050 9	±0.003 2	±0.000 8	±0.000 2	±0.000 05	±0.000 01

由表 5.4 可以看出，对于 12 bit、16 bit、18 bit 和 20 bit 的 A/D 转换器，误差在额定输入 2%的点均大于 0.01%。当 N>20 bit 时，A/D 转换器的误差在额定量 2%和 120%的点都可以满足万分之一的准确度。由于 A/D 转换器的误差与分辨率是统一的，提高分辨率可以减小对模拟输入信号进行离散采样引起的误差，故可以选择分辨率大于 20 bit 的 A/D 转换器。但是实际应用中 A/D 转换器的有效分辨率并不能达到理论值，所以模拟信号数字化采集单元尽可能采用高分辨率的 24 bit A/D 转换器。

5.2.4　电子式电压互感器在线校验系统操作流程

电子式电压互感器在线校验的难点在于标准电压信号的获取。利用自动升降装置，可方便地获取一次导线电压信号。图 5.18 为操作流程图，具体流程如下。

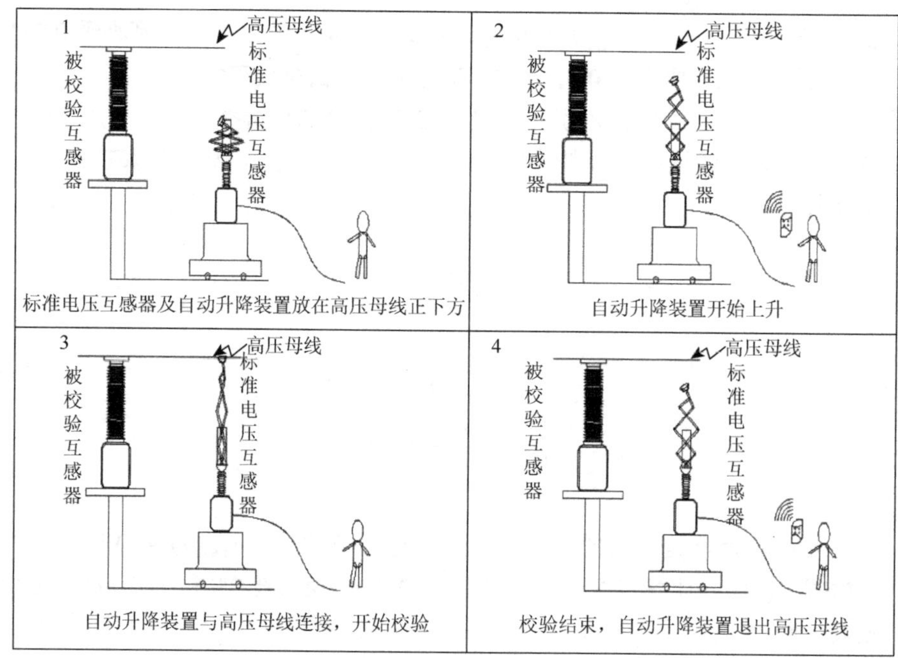

图 5.18　在线校验操作流程

（1）将标准电压互感器及自动升降装置放在待测一次导线的正下方，互感器二次端子输出线接好并与校验系统硬件平台相连，接通升降装置电源。

（2）操作人员在安全操作区域内，操作遥控器，将自动升降装置与一次导线相连。

（3）自动升降装置与一次导线连接后，将被校验互感器接入硬件平台，所有线路接好并检查无误后，开始校验。

（4）校验完成后，操作者遥控自动升降装置退出一次导线，校验结束。

由上述操作流程可以看出，该在线校验方式与传统离线校验方式相比，无须停电，也不需要升压器等辅助设备，操作更加方便快捷，另外，遥控操作也保证了操作人员的安全。

5.3　高准确度数字积分算法

空心线圈电流互感器作为比较常见的一种，其准确度主要由空心线圈和积分环节决定。积分环节的准确度极大程度上影响着电子式电流互感器的功能发挥。虽然模拟积分器制作简单，但是由于模拟器件存在时漂、温漂现象，实际应用中稳定性不好。数字积分器不存在这种问题，然而，常规数字积分算法虽然简单有效，但也存在着准确度不高，长时间的累积误差难以消除的问题。本书针对常规数字积分算法存在的不足，对信号处理部分的数字积分环节进行研究，设计出多种不同的改进方案，可根据不同场合的需求进行实际应用。

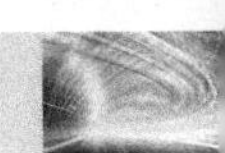

（1）在传统梯形数字积分算法加入自适应的调节系数，可以根据信号频率的波动变化适当调节输出的大小，从而将幅值误差控制在可接受范围内，该方案可有效抵抗频率波动的影响，并可提高测量谐波信号的准确度。将传统的梯形数字积分算法加入一个自适应系数，结合曲线拟合原理，根据频率变化实时调整系数，使其适于一般准确度下电子式电流互感器测量需要。

（2）根据高斯数字积分算法，设计出一种新型数字积分器，可以有效抵抗谐波、噪声、频率波动等一系列外界干扰，利用较低的采样频率即可满足较高的复合误差要求。该算法抗干扰能力强，但是因为硬件单元需要单独配置，所以比较适合于特殊强磁场环境的测量与保护需求。

（3）依据牛顿-科茨算法的推导形式，研究了基于龙贝格积分算法的数字积分器，利用不同传递函数之间的组合，以及不同步长之间的误差降低规律，设计出一种定步长叠加形式的积分算法，并加以应用，用仿真实验验证其谐波、噪声等不同条件下的可行性。对于 0.2 S 或 0.5 S 级电子式互感器，该算法可满足测量需求。

所设计的三种数字积分算法，或者通用于一般的测量用电子式电流互感器，或者改进硬件配置方式加以高精度算法，满足复杂环境场合测量和保护装置使用，或者可满足 0.2 S 和 0.5 S 级测量用电子式电流互感器和校验系统的特别需要。

5.3.1　基于频率自适应能力的数字积分算法

谐波的污染在公用电网中是不可避免的，它已经危害到电力系统本身，成为维护电力系统必须解决的重要问题之一，准确地检测谐波对谐波的抑制和治理有着重要的指导作用。然而，谐波测量仪器需要一种连接一次侧与二次侧的设备才能接入高压电网，即通过电流互感器或电压互感器将它们调整到仪器可接收的范围，这就要求互感器具有准确的变比和良好的频率特性。

目前常用的测量方式采用空心线圈＋积分器的形式。针对模拟积分器存在的不足，本节设计了一种基于频率自适应能力的数字积分算法，可以在较低的采样频率下，降低谐波测量的幅值比值误差。同时，依据该算法设计了一种高准确度的数字积分器，使电子式电流互感器在通用采样频率时的积分环节误差大幅度降低，该积分器优于较为复杂的辛普森积分算法，有效避免了小电流测量中电压漂移和噪声干扰问题。

1. z 域内梯形数字积分算法误差分析

1）基本积分算法原理分析

如图 5.19 所示，传统梯形数字积分算法的基本几何原理是用梯形 $ABba$ 的面积来等效曲边梯形 $ACBba$ 的面积，进而通过重复累加求出整个积分区间的面积计算积分值。在实际工程中，提高采样频率相当于缩小步长，即减小区间[a，b]，由图 5.19 可知，减小该区间可提高准确度，降低误差。

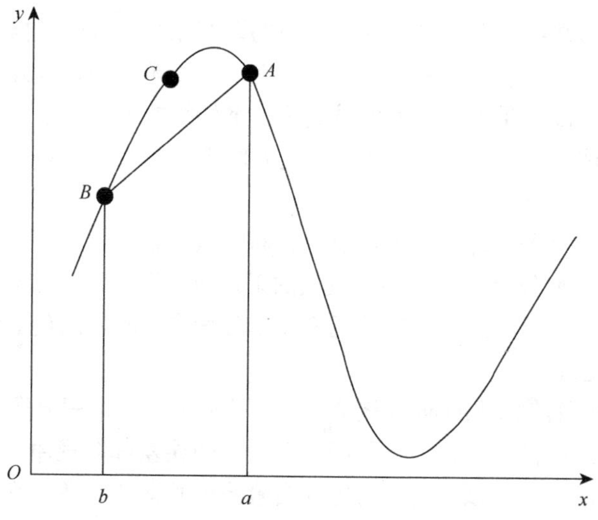

图 5.19　传统梯形数字积分算法原理

基于该原理，为了降低空心线圈电流互感器的误差，部分文献提出通过设计高运算量的传递函数或者增加数字积分器的采样频率来达到要求。然而，高采样频率会导致对硬件的高要求和运算量的增加，也会提高对算法频率跟踪能力的要求。同时，这些积分传递函数也无法避免数字角频率极小值处不收敛的共性。如果加倍采样频率，减小数字角频率，就会使传递函数趋于零点，从而使电压漂移产生的可能性和低频噪声的危害性更大[12-13]。

本节为了降低积分算法的误差，同时控制采样频率在一个合理的范围，提出在 S_0 和 S_1 之间引入一个调节系数 K_{xi}，根据信号频率和采样频率等因素适当调整计算结果以降低误差，适当的采样频率也可有效降低电压漂移与低频噪声的影响。下面将具体分析 K_{xi} 的原理与设计过程。

2）数字域内梯形算法误差分析

传统的积分传递函数有复合矩形、梯形、辛普森公式等，公式中梯形传递函数如下：

$$H_{\mathrm{T}}(z)=\frac{T}{2}\frac{1+z^{-1}}{1-z^{-1}} \tag{5.17}$$

式中：T 为采样间隔，因为传统积分算法的积分传递函数类似式（5.17）属于不收敛的传递函数，所以当输入信号中含有直流信号或低频噪声时，传递函数幅值趋于无穷大，很容易导致承担数字积分硬件工作的微处理器很快溢出。另外，在数字域内有

$$z=\mathrm{e}^{\mathrm{j}\omega} \tag{5.18}$$

$$\omega_i=2\pi/N \tag{5.19}$$

式中：N 为单位周期内的采样点数；ω_i 为数字角频率：

$$N=f_{\mathrm{s}}/f_i \tag{5.20}$$

$$\omega_i=2\pi f_i/f_{\mathrm{s}} \tag{5.21}$$

从式（5.21）可知，第 i 次谐波信号的数字角频率 ω_i 主要与第 i 次谐波信号的频率 f_i 和采样频率 f_{s} 有关。模拟理想积分器的传递函数为

$$H_s(s)=1/s \tag{5.22}$$

$$s=j\Omega \tag{5.23}$$

定义Ω为模拟角频率，则模拟角频率Ω与ω_i之间的关系为

$$\Omega=T\omega_i \tag{5.24}$$

结合式（5.22）～式（5.24），得出梯形数字积分算法幅值绝对误差公式（5.25），再结合式（5.21），可以得出 E_1（f_i, f_s）。绘制出幅值绝对误差 E_1（f_i, f_s）如图 5.20 所示。其中，第 i 次谐波信号的频率 f_i 取值范围为 0～500 Hz，采样频率 f_s 的取值范围为 0～10 kHz。

$$E_1=\left\|H_{Ti}(j\omega_i)\right|-\left|H_s(j\omega_i)\right\| \tag{5.25}$$

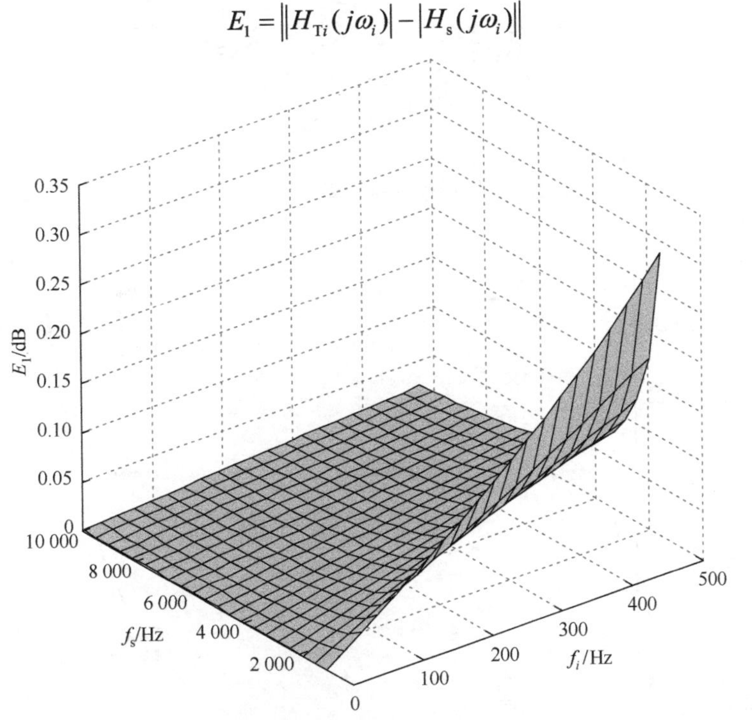

图 5.20　梯形数字积分算法幅值绝对误差

同样有梯形数字积分算法相位绝对误差公式（5.26），结合式（5.21），可以绘制相位绝对误差 E_2（f_i，f_s）如图 5.21 所示：

$$E_2=\left|\text{angle}H_{Ti}(j\omega_i)-\text{angle}H_s(j\omega_i)\right| \tag{5.26}$$

分析图 5.20、图 5.21 可知：梯形积分算法随着ω_i的递增幅值误差迅速增加，而相位响应除了信号频率无限趋于零的极小值处有趋于无穷大的漂移外，整个频带基本上保持不变。因此，相位响应的极点也是在设计数字积分器时需要考虑的问题。设定采样频率为常用的 2 kHz，比较梯形传递函数在不同信号频率下的幅值绝对误差，如图 5.22 所示。

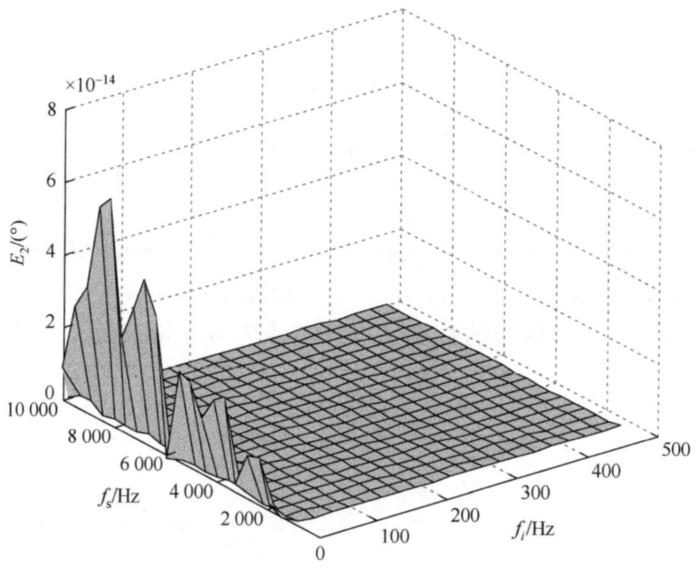

图 5.21 梯形数字积分算法相位绝对误差

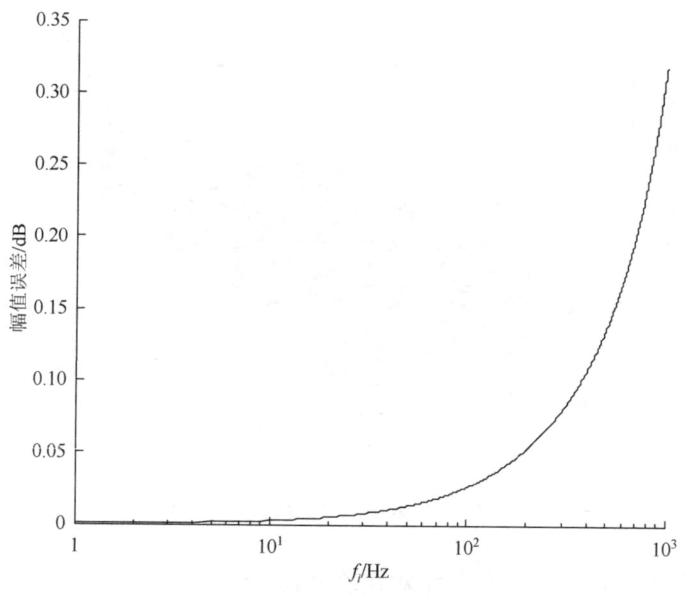

图 5.22 2 kHz 时幅值绝对误差

下面主要基于这一采样频率分析误差，由图 5.22 可以得出结论：固定采样频率时，幅值绝对误差随着信号频率增加而增加。因为数字积分算法的误差决定于采样频率与信号频率，而在实际信号采集过程中采样频率通常设为定值，所以幅值绝对误差仅与信号频率有关。

数字积分器所采用的基本原理为：在ω_i趋于零时多个积分传递公式的幅值与理想值极为接近。然而事实上，结合图 5.20 与式（5.17）可知，高采样频率的数字积分器虽然

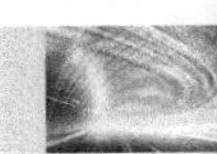

可以使其幅值绝对误差无限趋于零，但也无限接近传递函数的极点。如果通过增加数字角频率来避免极点干扰，则低采样频率通常无法满足幅值精度的要求。

另外，在常见的工频信号中，当 $f_s = 2$ kHz，$f_1 = 50$ Hz 时，梯形数字积分算法幅值绝对误差 $E_1 \cong 0.013$ dB。谐波频率会随着谐波次数增加而递增，当谐波次数递增时幅值绝对误差也迅速增加。当信号为 10 次谐波即 $f_{10} = 500$ Hz 时 $E_1 \cong 0.137$ dB，所以测量工频信号和谐波信号并不准确。在MATLAB M文件中编写$f_s = 2$ kHz的梯形数字积分程序，原始电流信号取值如式（5.27）所示，微分值按照式（5.28）计算：

$$I = \sin(2\pi f_i t) \tag{5.27}$$

$$U = M\mathrm{d}I / \mathrm{d}t \tag{5.28}$$

为方便计算，互感系数 M 取 1，基波信号频率 f_1 为 50 Hz，逐次对 2～10 次谐波进行积分还原仿真实验，得出的相对误差见表 5.5。

表 5.5　各次谐波相对误差结果

i	1	2	3	4	5
E_r/%	0.205 7	0.823 8	1.875 4	3.311 7	5.194 1
i	6	7	8	9	10
E_r/%	7.514 1	10.284 2	13.517 4	17.237 5	21.460 1

根据《供配电系统设计规范》（GB 50052—2009）和《电磁兼容 试验和测量技术供电系统及所连设备谐波、谐间波的测量和测量仪器导则》（GB/T 17626.7—2017）的规定：50 次以下谐波相对误差不应超过 5%。分析表 5.5 可知，在当前采样频率下，7 次谐波以上梯形数字积分算法已经很难满足相对误差的要求。同时，由图 5.22 可知，除了极小值处的电压漂移外，在整个频带上梯形数字积分算法相位误差都极小，信号频率的变化对于相位响应的影响可以忽略不计，梯形数字积分算法这一优良特性是梯形、辛普森数字积分算法在设计空心线圈电流互感器时得到应用的重要原因，因此本书在设计积分还原谐波的算法时仅考虑如何改善幅值响应与避免电压漂移。

2. 梯形数字积分算法自适应改进措施

综合以上分析和结论，为降低梯形数字积分算法在第 i 次谐波信号测量中的误差，可以在梯形数字积分算法中引入第 i 次谐波的调节系数 K_{xi}，从而根据信号频率实时调节幅频响应$|H_T(j\omega_i)|$，进而消除误差，具体见式（5.29）、式（5.30）。该调节系数可以避免相位响应和幅值响应处的极点，同时又能合理消除幅值误差。其原理是采用低采样率增大数字角频率以避免极点的干扰，同时补偿因角频率增大产生的误差以保证准确度，有效地降低了因零漂与噪声而产生微处理器溢出的可能性。

$$H_{\mathrm{T}}(z)=\frac{TK_{xi}}{2}\frac{1+z^{-1}}{1-z^{-1}} \tag{5.29}$$

$$K_{xi}(j\omega)=\left|H_{s}(j\omega_{i})\right|/\left|H_{Ti}(j\omega_{i})\right| \tag{5.30}$$

重复进行表 5.5 的仿真实验，使用加入调节系数后的数字积分程序，为保证准确度的前提下降低计算量，调节系数 K_{xi} 只取五位小数，见表 5.6，实验结果见表 5.7。对比表 5.5 和表 5.7 可知，在引入调节系数后，2～10 次谐波相对误差大幅度降低，基本控制在 0.001%以下。通常对于测量用电子式电流互感器而言，校验系统要求最高，为 0.05 级，即基频电流的相对误差在额定电流时不超过 0.05%，而谐波检测仪器的最高要求则是谐波相对误差不超过 0.15%，所以这一误差已经满足所需准确度要求，而且留有足够的裕量。如果需要达到更高的准确度，可以增加 K_{xi} 的小数位来提高准确度。

表 5.6　不同谐波下调节系数表

i	1	2	3	4	5
K_{xi}	1.002 06	1.008 31	1.018 93	1.034 25	1.054 79
i	6	7	8	9	10
K_{xi}	1.081 25	1.114 63	1.156 33	1.208 28	1.273 24

表 5.7　改进后的谐波相对误差

i	1	2	3	4	5
$E_r/10^{-4}\%$	1.25	3.31	4.02	1.47	3.62
i	6	7	8	9	10
$E_r/10^{-4}\%$	3.16	1.53	1.43	2.48	3.58

采样频率 f_s 在积分环节中属于固定值，所以调节系数 K_{xi} 仅与第 i 次谐波的信号频率 f_i 有关。因为模拟信号与数字信号的差异，在工程中很难直接调用式（5.30），所以下面提出一种使用曲线拟合的方法，设计出直接使用 f_i 作为自变量的误差矫正函数。关于谐波信号频率的提取方法比较多，其中快速傅里叶变换（fast Fourier transform，FFT）算法技术成熟，应用较多。当 $f_s = 2$ kHz 时，为了拟合基频到 10 次谐波的调节系数并使拟合公式更加准确，取信号频率范围 10～550 Hz，步长 0.01 Hz，绘制调节系数 K_{xi} 如图 5.23 所示，由于图像接近于多项式函数，采用 cftool 工具箱进行多项式拟合。

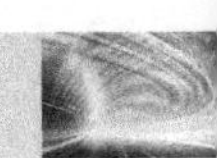

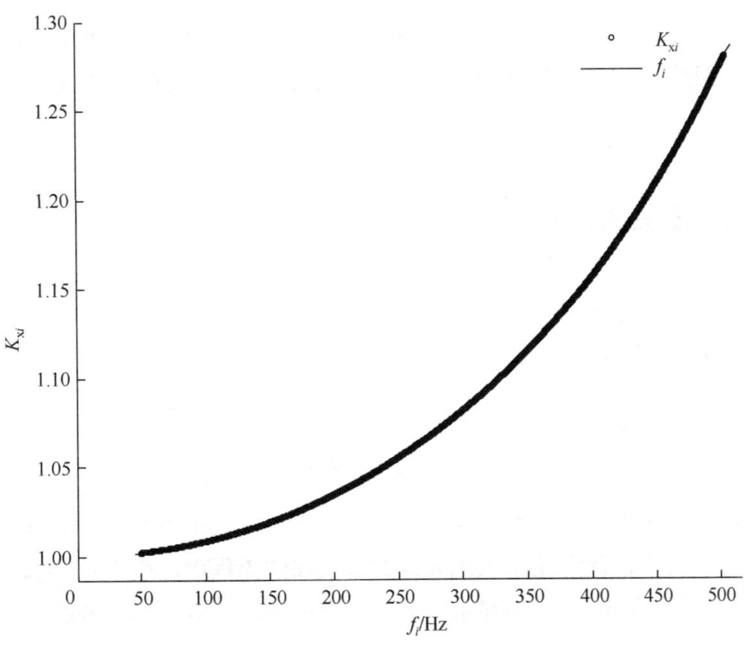

图 5.23　调节系数 K_{xi} 拟合曲线

多项式拟合后与式(5.30)的方差随着多项式次数的增加而呈线性减少，如图 5.24 所示。综合计算量和精度的要求，测量 50 次以下谐波，在 12.8 kHz 采样频率下，本书选用五次多项式作为校正公式如式（5.31）：

$$K_{xi}(f_i)=8.37\times10^{-6}f_i^4+9.007\times10^{-16}f_i^3-1.331\times10^{-12}f_i^2+2.157\times10^{-3}f_i+1 \quad (5.31)$$

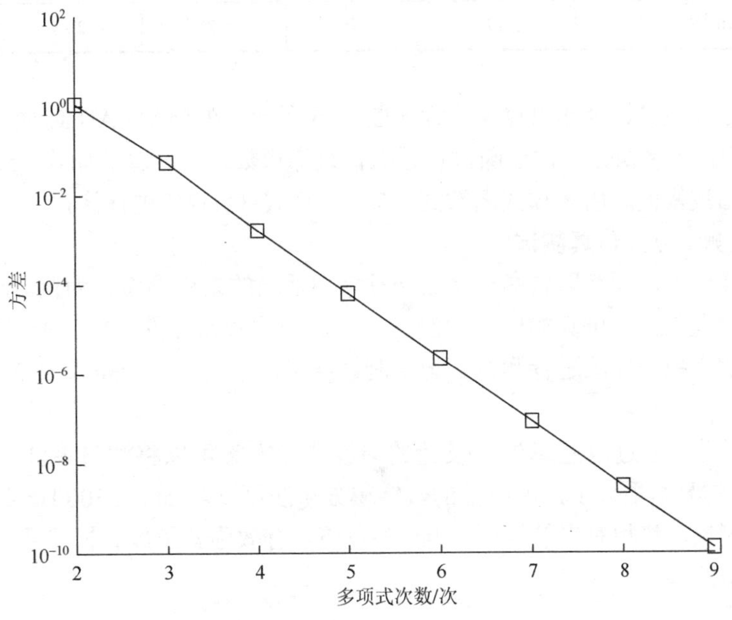

图 5.24　拟合多项式方差变化

在工程实际中，谐波测量设备和电子式电流互感器校验系统对于基波和谐波的测量要求不同，因此该算法的应用方案需要具体设置。下面根据具体要求提出不同的设计方案。

3. 改进措施的具体应用方案设计

1）针对谐波测量的应用方案

在提取出各次谐波信号频率的基础上，可以依据式（5.32）直接调整各次谐波幅值的有效值，也可以直接调整波形。

$$I_{i实}=K_{xi}I_{i测} \tag{5.32}$$

式中：$I_{i测}$为用 FFT 等谐波提取算法在积分还原后提取出的第 i 次谐波幅值大小；$I_{i实}$为第 i 次谐波实际幅值大小，该方法可以加入谐波提取算法流程中，用于直接修正最后输出，修正后的相对误差见表 5.8。结果显示，调节系数的引入有效控制了各次谐波幅值的相对误差。

表 5.8　拟合修正后的相对误差

i	1	2	3	4	5
$E_r/(10^{-3}\%)$	2.86	6.61	4.50	2.08	1.31
i	6	7	8	9	10
$E_r/(10^{-3}\%)$	2.17	1.95	5.21	2.23	2.32

为检验上述理论，设计出算法流程如图 5.25 所示，在 MATLAB M 文件中进行检验与分析。其中，数字积分的传递函数仍采取传统梯形数字积分算法如式（5.17），仅在最后输出各次谐波幅值时用多项式函数式（5.31）按式（5.32）进行修正。

2）谐波测量方案仿真测试

根据采样定理，要获取较高次谐波必须采用适当的采样频率，为检测算法对 50 次以下谐波的测量效果，仿真实验采用测量用谐波中比较常见的 12.8 kHz。为进行对比，同时用梯形数字积分算法进行测试。记录测试结果，幅值相对误差如图 5.26 和图 5.27 所示。

图 5.27 说明通过改进算法，设计的谐波测量方案可以将测量谐波的误差降低到 0.01%以下。实验结果显示，所改进的数字积分算法可以对 50～2500 Hz 频段的谐波幅值进行准确测量，将相对误差控制在 0.01%以下，有效弥补了原有梯形数字积分算法不适合于测量谐波幅值的缺点。

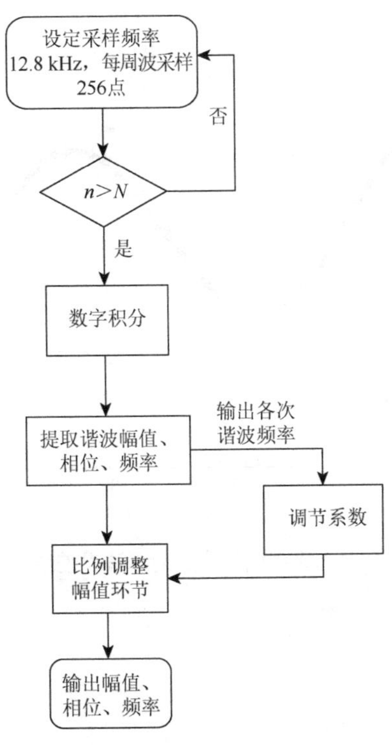

图 5.25　算法流程图

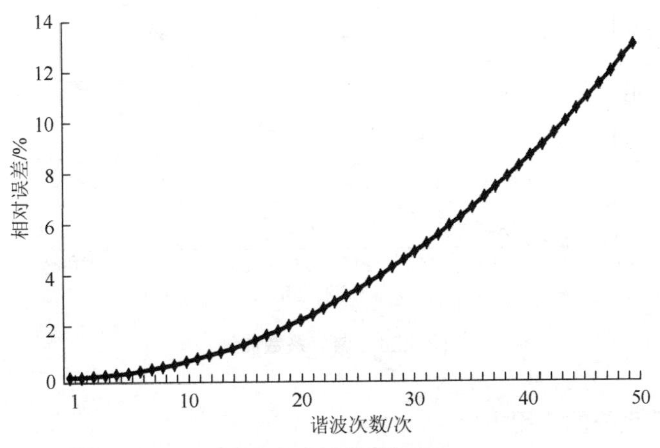

图 5.26　梯形数字积分算法测试结果图

根据式（5.30）绘制实际的调节系数曲线如图 5.28 所示，可以发现，与梯形数字积分算法的误差结果（图 5.26）相比，两曲线极为接近，这可以进一步证明：在给定的采样频率下，梯形数字积分算法的误差呈指数规律增长。因此，所产生的误差可以通过多项式拟合予以补偿，这也从理论方面证明了实际改进措施是有效的。

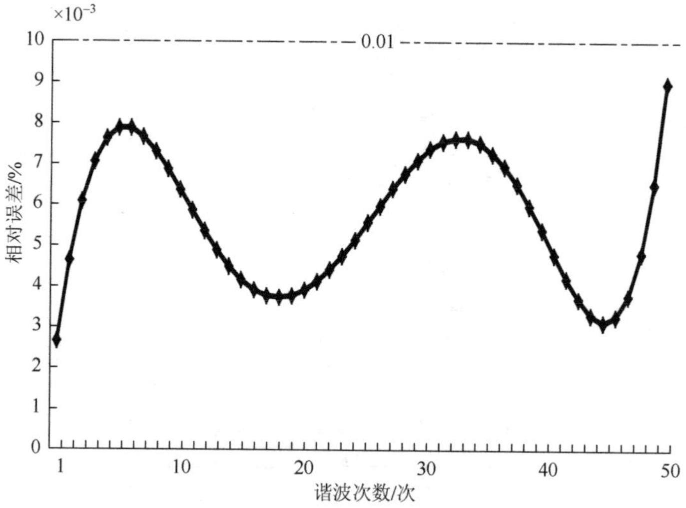

图 5.27　数字积分改进的算法误差结果图

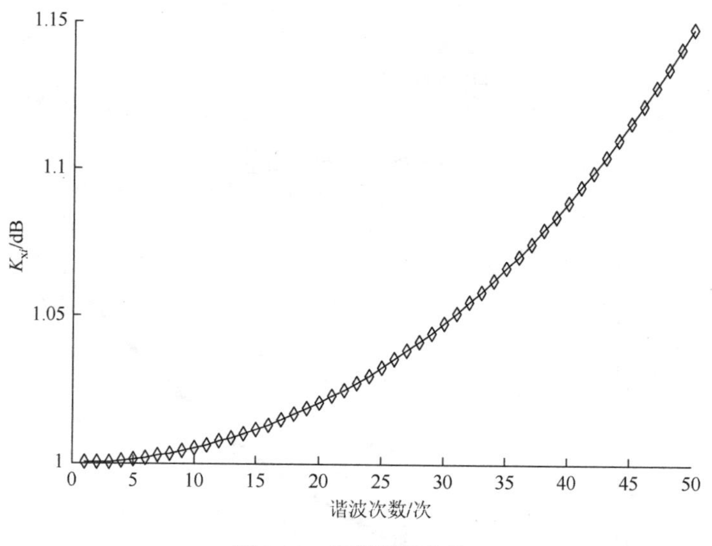

图 5.28　调节系数曲线

3）针对校验系统的应用方案

电子式电流互感器校验系统的主要功能在于校正基波幅值和相位。以基波的调节系数作为积分环节的误差补偿方式，取信号频率波动范围为 49.5～50.5 Hz，步长取 10^{-4} Hz，拟合调节系数 K_{x1}。由于 K_{x1} 曲线为一次函数，直接拟合一次函数公式：

$$K_{x1}(f_1)=8.265\times10^{-5}+0.997\ 9 \tag{5.33}$$

该拟合公式与实际曲线的方差为 4.06×10^{-13}，相关系数为 1，相对于式（5.31），采用式（5.33）更为简单有效，因此，根据式（5.29）推导出传递函数式（5.34）。在梯形数字积分算法中引入该调节系数后，在测量基频电流时，所改进的数字积分算法与理想

数字积分算法的误差基本可以予以消除，也可以有效抵抗频率小范围波动。

$$H_{\mathrm{T1}}(z)=\frac{TK_{\mathrm{x1}}}{2}\frac{1+z^{-1}}{1-z^{-1}} \tag{5.34}$$

基于式（5.34）设计的数字积分器结构，如图 5.29 所示。

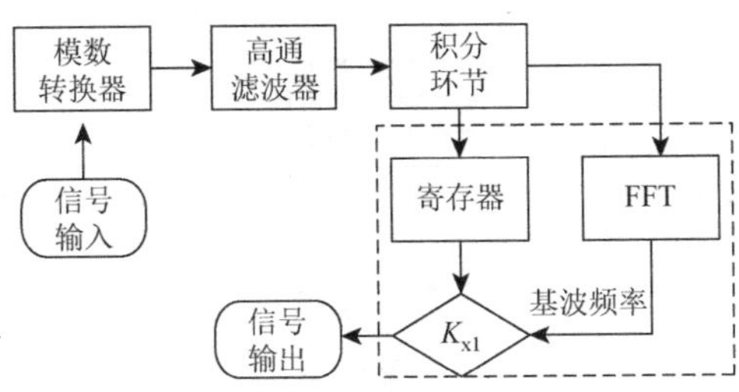

图 5.29　改进的数字积分器结构

设置高通滤波器用于消除模数转换器带来的直流干扰，积分环节仍旧采取式（5.34）中的积分公式，不同之处在于，FFT 模块通过一周波的采样点提取基波信号频率，代入并求出调节系数 K_{x1} 进行调整。

4）针对校验系统的应用方案仿真测试

在 MATLAB M 文件中编写程序进行仿真实验，继续取单位电流信号式（5.27）按照式（5.28）求微分信号。

为方便对比，选取具有较高精度的辛普森数字积分算法进行测试作为对照。同样将互感系数 M 取 1，采样频率取 2 kHz，信号频率取 50 Hz，将微分信号分别按照辛普森数字积分算法和改进后的数字积分算法进行计算，求出还原信号与原始信号的误差 E，如式（5.35），结果如图 5.30 所示。

$$E=I_{\text{测}}-I_{\text{实}} \tag{5.35}$$

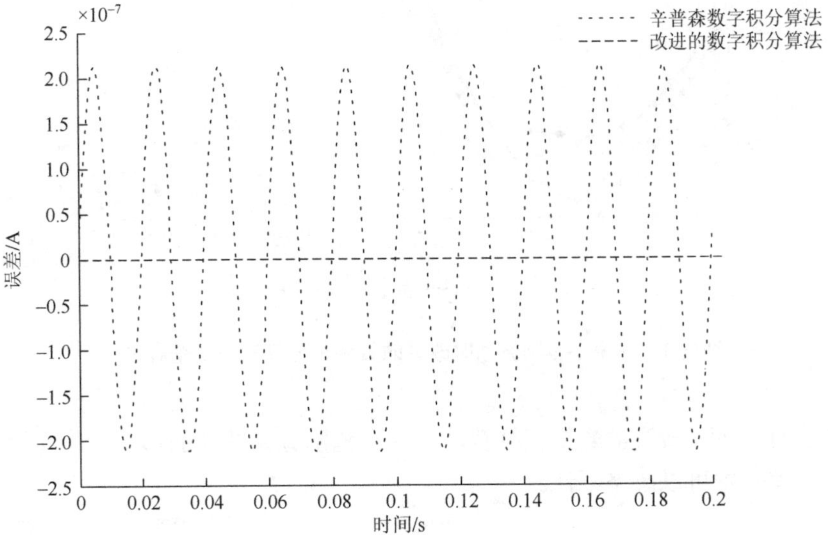

图 5.30　测试结果对比

仿真实验结果表明：对于相同采样频率的辛普森数字积分算法，所改进的数字积分算法对于工频信号具有更小的误差。取信号频率 49.5～50.5 Hz，再次用改进的数字积分算法对电流微分信号进行测试，记录误差 E，结果如图 5.31 所示。

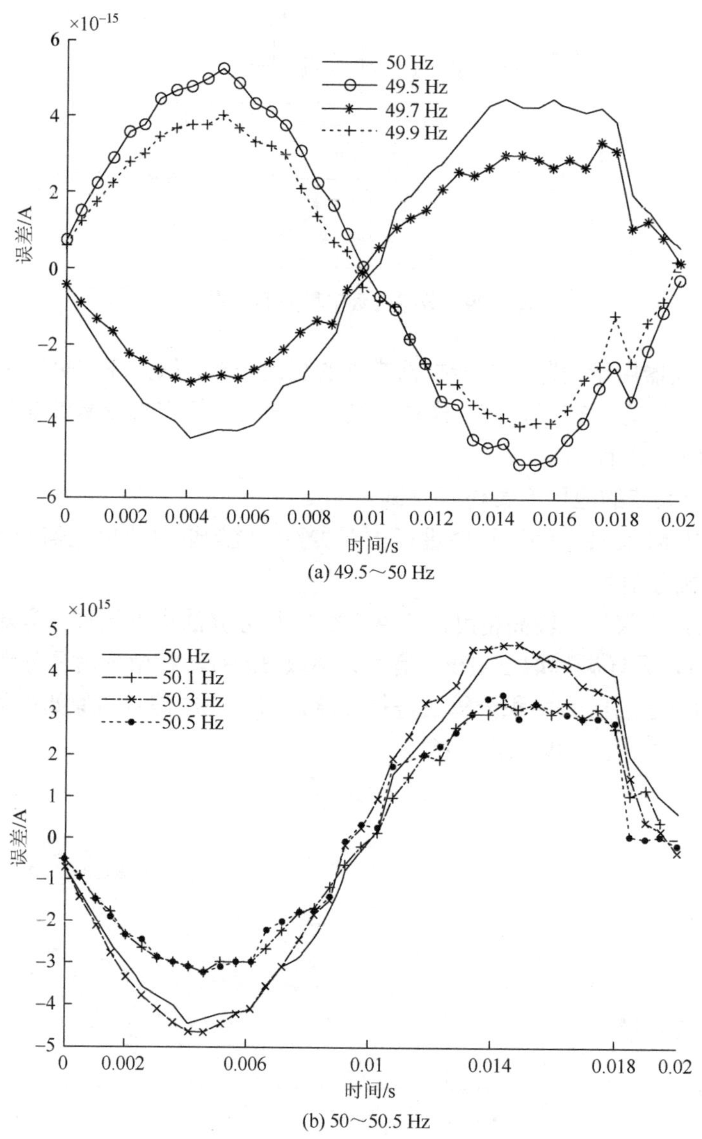

(a) 49.5～50 Hz

(b) 50～50.5 Hz

图 5.31　频率小范围波动时改进的数字积分算法的误差对比图

由图 5.31 可见，改进的数字积分算法不受小范围频率波动的影响，由频率波动所产生的幅值误差基本可以忽略不计。

4. 积分初值问题

参照定积分的基本定义，数字积分器的关键性问题之一在于给定积分初值。通常在工程现场，仅能确定输入的微分信号，无法据此得出初值。

$$\int_{t_2}^{t_1}\cos x\mathrm{d}x=\sin t_1-\sin t_2 \tag{5.36}$$

假设以 t_2 时刻开始采集 80 点的微分信号进行一次积分，则每个点的积分输出值均需加上 $\sin t_2$ 才是该时刻的正确值。

方案一：以微分极值时刻开始积分，从而保证电流初值为零。

$$\int_{0}^{t_1}\cos x\mathrm{d}x=\sin t_1 \tag{5.37}$$

要通过叠加求任一时刻积分值 $Y(n)$，必须要获得开始递推的时刻 $Y(1)$与 $Y(0)$的值。其中，任意点的微分值 $X(n)$都可以通过数字积分器输入得到，依据方案一，可得到 $Y(n)$。方案一的弊端在于微分信号极值时刻变化慢，所以实际中应用较多的是方案二，即根据式（5.38），将积分输出值进行直流反馈补偿。

$$\overline{y}=\sum_{n=1}^{40}y(n) \tag{5.38}$$

方案二：在任意时刻均可开始，计直流分量 I，对该周期的结果取平均量，进而反馈消除偏移。

稳态电流为

$$i(t)=\sqrt{2}I_{\mathrm{p}}\sin(2\pi ft+\varphi_{\mathrm{p}})+i_{\mathrm{pres}}(t) \tag{5.39}$$

式中：I_{p} 为一次侧电流信号的方均根值；f 为基波频率；φ为一次相位；$i_{\mathrm{pres}}(t)$为一次剩余电流，包含谐波和次谐波。

取 I_{p} 为 0.707，初始相位为 0，剩余电流为

$$i_{\mathrm{pres}}(t)=0.1\sin(4\pi ft) \tag{5.40}$$

输入电压信号：

$$e(t)=-M[2\pi f\cos(2\pi ft)+0.4\pi f\cos(4\pi ft)] \tag{5.41}$$

对整个周期内的输出的积分结果取平均值，按照如下公式：

$$I=\left(\sum_{i=1}^{N}y(i)\right)\Big/N \tag{5.42}$$

用输出值进行反馈，进而消除直流分量的影响。

图 5.32 的结果表明，所采用的补偿算法是有效的。本节根据固定频率下数字积分算法误差呈指数规律的原理，设计了一种具有频率自适应的数字积分算法，以 12.8 kHz 的采样频率，实现了频率在 50～2500 Hz 的谐波信号幅值准确测量，相对误差小于 0.01%，满足日常测量需要。另外，依据该算法设计了一种数字积分器，可以选择通用的采样频率以降低电压漂移出现的可能性，采样点的减少能有效减少干扰噪声的引入，调节系数的设计又补偿了采样频率不足带来的误差，保证了测量准确度。

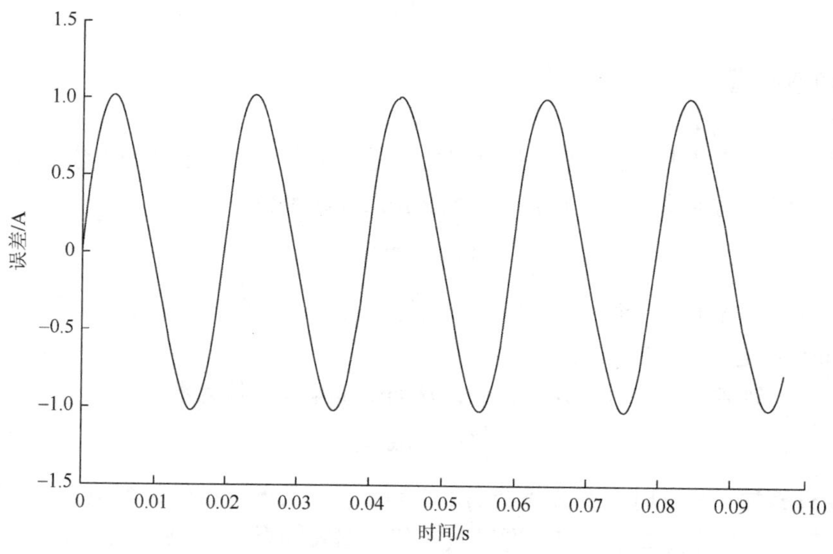

图 5.32　补偿反馈结果

5.3.2　基于 Gauss 算法的高准确度数字积分器

在测量工频信号且采样频率较高时，传统数字积分算法都可以达到相应的准确度与计算速率的要求。然而，当电力系统信号频率出现小范围波动或者含有一定程度的谐波分量和噪声时，传统的数字积分算法很难满足测量用、保护用各等级电流互感器的误差限值要求。另外，随着新能源发电和电动汽车等新兴技术的推广应用，电力系统的谐波干扰越来越严重，准确地计算谐波变得越来越重要。因而，当系统中存在一定量的谐波信号和噪声干扰时，抗噪声干扰、高准确度的数字积分器对于测量设备来说至关重要。通过对测量用和保护用电子式电流互感器的综合分析可知，当前缺乏适宜复杂工程环境的高准确度数字积分器。保护用电流互感器（P 级）应满足一定的准确度，确保继电保护装置正确动作，这些都对电流互感器的复合误差提出了较高的要求。对于常用的空心线圈电流互感器而言，高准确度的积分器的设计是减小复合误差的关键。

本节通过理论分析和仿真实验，对多种数字积分算法进行对比，在此基础上利用 Gauss 算法设计了一种新的数字积分器，具有较好的抗干扰能力。

1. 电子式电流互感器复合误差的定义

根据国家标准，在稳态下，电子式电流互感器复合误差定义为下列二者之差的方均根值：一次电流的瞬时值和实际二次输出电压的瞬时值乘以额定变比。

在《互感器 第 8 部分：电子式电流互感器》(GB/T 20840.8—2007）中，复合误差公式为

$$\varepsilon_{\mathrm{c}}=\frac{100}{I_{\mathrm{p}}}\sqrt{\frac{t_{\mathrm{s}}}{kT}\sum_{n=1}\left[k_{\mathrm{ra}}i_{\mathrm{s}}(n)-i_{\mathrm{p}}(t_n)\right]^2} \tag{5.43}$$

式中：K_{ra} 为额定变比；I_p 为一次电流方均根值；i_p 为一次电流；i_s 为二次侧的数字量输出；T 为一个周期；n 为数据集的计数；t_n 为一次电流及电压第 n 个数据集采集完毕的时间；k 为累加周期数；t_s 为一次电流两个样本之间的时间间隔。结合式(5.44)和式(5.45)可知，积分环节误差越小，复合误差越小，因此高准确度数字积分算法的存在可以有效地降低误差。同时，复合误差也可以作为衡量积分环节效果的重要参数。

$$u = K_{ra}\frac{di_p}{dt} \tag{5.44}$$

$$i_s = \int u dt \tag{5.45}$$

式中：u 为传感器二次侧输出电压。

2. Gauss 算法与传统数字积分算法比较

由于未知函数的定积分在大部分情况下很难用初等函数表达，加之许多实际问题中的被积函数往往是列表函数或其他形式的非连续函数，对这类函数的定积分，也不能用不定积分方法求解。对空心线圈电流互感器输出的微分信号进行积分，求出被测电流就属于这类问题，由于 Gauss 算法两点公式是三次代数准确度，Gauss 算法适用性更强、准确度更高。然而，由于 Gauss 算法属于非等距插值型公式，实现起来较为困难，为解决这种问题，下面介绍一种基于 Gauss 算法的新型数字积分结构，该结构实现了信号的非等距采样和积分，大大提高了积分环节的准确度。

1）复合梯形与 Gauss 算法两点公式原理比较

现在应用极普遍的梯形数字积分算法可以用图 5.33 解释：首先将整个积分区间分为若干个小区间，取其中一个小区间如[a，b]，其次用梯形 $CDba$ 的面积 S_1 近似等效 $CEFDba$ 的面积 S_0，最后将所有小区间上的梯形面积累加，即为所求积分值，因此在每个小区间上均存在误差 $E_1 = |S_0 - S_1|$。

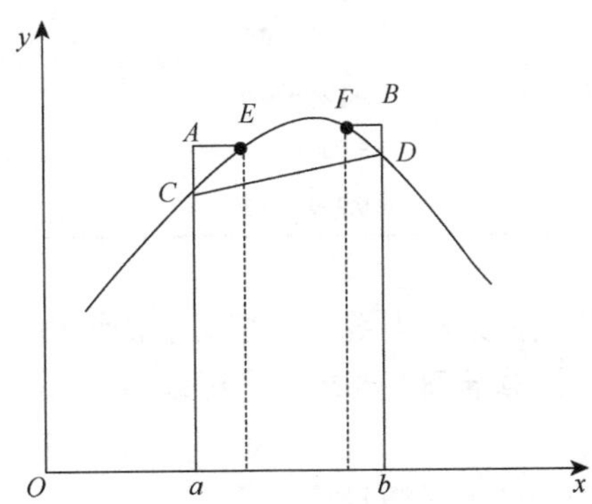

图 5.33　梯形数字积分算法与 Gauss 算法两点公式对比图

Gauss 算法的优点在于准确选取了 ab 区间上的 Gauss 点 E、F。分别作 AE、FD 平

行 ab，如图 5.34 所示，用梯形 $ABba$ 的面积 S_2 近似等效 $CEFDba$ 的面积 S_0，将所有小区间上的梯形面积累加，即为所求积分值。虽然该算法同样在每个小区间上有误差 $E_2 = |S_0 - S_2|$，但是显然一般情况下有 E_2 小于 E_1，将所有小区间累加，相对梯形数字积分算法的误差优势将极为明显。保护用电流互感器在 IEC 60044-8 中每周波最多采样 80 点，为留有裕量，选择每周波采样 40 点。

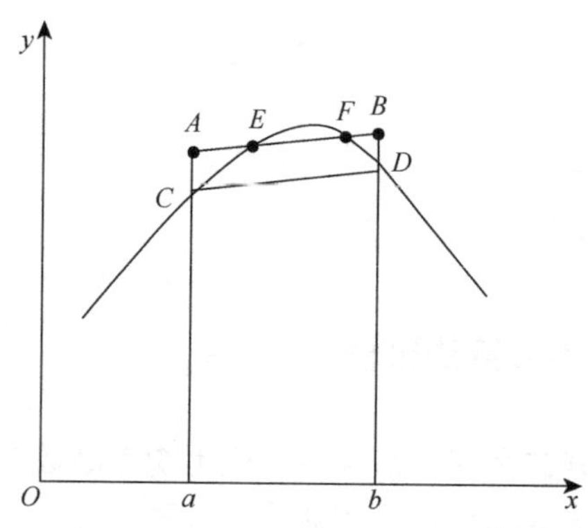

图 5.34　Causs 算法等效变换图形

以标准工频电流信号 $I = \sin(100\pi t)$ 为例，在 0.005s 时刻的精确值为 1A，设互感系数为 1，可以得出标准工频电流信号的微分信号为 $u = 100\pi\cos(100\pi t)$，初始时刻记为 0，分别用多种数字积分算法通过微分信号计算其电流值，按一周波采样 40 点，则 0～0.005 s 采样 10 点，比较其相对误差。其中，为准确比较误差与运算量，Gauss 算法分别采样两点和十点计算，最终得出表 5.9。

表 5.9　不同积分算法计算结果对比

算法	计算值	相对误差
矩形数字积分算法	0.960 956	3.90
梯形数字积分算法	0.997 460	0.25
Gauss 算法（两点）数字积分算法	0.998 472 6	0.15
辛普森数字积分算法	1.000 003	3.39×10^{-4}
Gauss 算法（十点）	0.999 999 8	1.41×10^{-5}

分析表 5.9 可知：在相同的采样点数下，相对于传统数字积分算法，Gauss 算法具有较高的准确度。在相同的计算准确度要求下，可以用 Gauss 算法通过降低采样点数取得降低运算量的效果。

2）Gauss 算法 z 域推导与传递函数设计

将一个周波内的采样点按照不同的数字积分算法如矩形数字积分算法、梯形数字积分算法、辛普森数字积分算法累加，进而使用傅里叶变换进行转换，从而得出不同的系统传递函数如梯形数字积分算法、辛普森数字积分算法、矩形数字积分算法公式：

$$
\begin{aligned}
H_{\mathrm{T}}(z) &= \frac{T}{2}\frac{1+z^{-1}}{1-z^{-1}} \\
H_{\mathrm{s}}(z) &= \frac{T}{3}\frac{1+4z^{-1}+z^{-2}}{1-z^{-2}} \\
H_{\mathrm{r}} &= T\frac{z^{-1}}{1-z^{-1}}
\end{aligned} \tag{5.46}
$$

对离散时间信号 $x(m)$，按 Gauss 算法两点公式：

$$
\int_a^b f(x)\,\mathrm{d}x \approx \frac{b-a}{2}\int_{-1}^{1} f\left(\frac{b-a}{2}+\frac{b+a}{2}\right)\mathrm{d}t \tag{5.47}
$$

$$
\int_a^b f(x)\,\mathrm{d}x = f\left(-\frac{1}{\sqrt{3}}\right)+f\left(\frac{1}{\sqrt{3}}\right) \tag{5.48}
$$

将一个周波积分区间分为 N 段，在每一段小区间$[a, b]$上运用 Gauss 算法两点公式［式（5.47)］，最后进行累加。其中，要求每一段小区间上所提取的值必须为该区间对应的 Gauss 点。可以推导出其信号输出为

$$
\begin{aligned}
y(n) &= \frac{T}{2}[x(n)+x(n-1)+x(n-2)+\cdots] \\
&= \frac{T}{2}\sum_{k=0}^{\infty} x(n-k)
\end{aligned} \tag{5.49}
$$

式（5.49）中 $T=0.02/N$，映射到数字域 z 内可以得到传递函数：

$$
H(z) = \frac{T}{2}\sum_{k=0}^{\infty} z^{-k} = \frac{T}{2}\frac{1}{1-z^{-1}} \tag{5.50}
$$

与辛普森数字积分算法传递函数对比可知，所设计的传递函数结构要简单一些，这可以带来降低程序难度和计算量的优势。

3. 高准确度数字积分器设计

1）基于 Gauss 算法的数字积分器硬件架构

梯形数字积分算法、辛普森数字积分算法等属于等距插值型求积公式，可以在单片机或者 DSP 芯片内部设计针对采集量的特定算法，然后再编码输出。另外，也可以通过电压频率转换器或者 FPGA 代替，或者用已有的数字积分芯片实现。

本节根据非等距插值求积公式设计了如图 5.35 所示的数字积分器结构，在使用中，微处理器按照采样点数生成采样时刻，根据高精度时钟传来的时间信息发送触发命令给模数转换器，每当采集满所需的采样点则计算一次，送入高通滤波器消除直流偏移，之后进入微处理器进行积分运算，同时微处理器控制高精度时钟清零，最后输出结果。

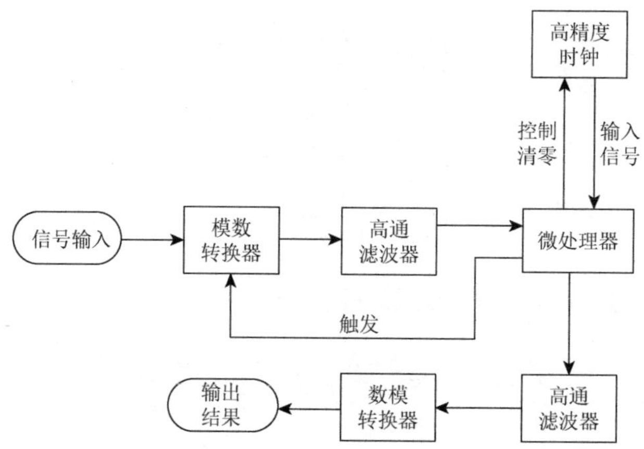

图 5.35　新型数字积分器结构

此外，需要设计软件流程以满足需要。

2）基于 Gauss 算法的数字积分器软件流程

基于 Gauss 算法的数字积分器采取如图 5.36 所示的软件流程。

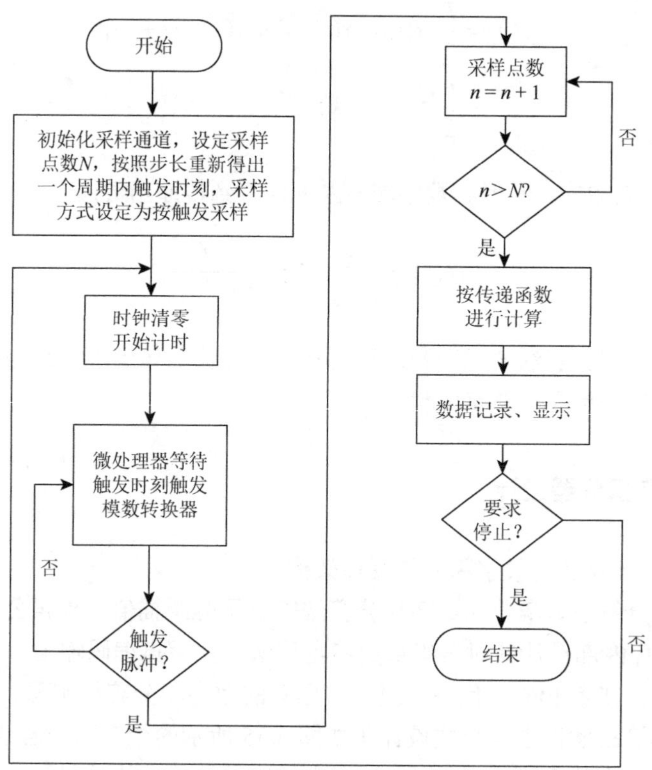

图 5.36　基于 Gauss 算法的数字积分器软件流程

其中触发时刻生成方式如下。

第一，生成向量 $\boldsymbol{a}=0:0.02/N:0.02-0.02/N$。

第二，生成向量 $\boldsymbol{b}=0.02/N:0.02/N:0.02$。

第三，生成向量 $\boldsymbol{t}=(\mathrm{C_m}+C_s)Rm\gg 1$。

第四，将向量 $\boldsymbol{t}$ 中元素按大小排列组合成新向量，即为触发时刻。

4. 数字积分算法抗干扰能力分析与验证

1）工频电流测试对比

设工频电流信号如式（5.51），先按照式（5.28）取微分，为方便计算，变比设为 1，将微分信号按照不同算法取积分。一周波采样 80 点，计算其复合误差。再 Gauss 算法另外设置一周波采样 40 点、20 点，从而进行对比。

$$I=\sin(100\pi t) \tag{5.51}$$

仅含基频电流时，不同算法的复合误差结果见表 5.10。

表 5.10　不同算法的复合误差

算法	复合误差/%
Gauss 算法（采样 20 点）	2.26×10^{-2}
梯形数字积分算法	5.14
Gauss 算法（采样 40 点）	1.41×10^{-3}
辛普森数字积分算法	3.9
Gauss 算法	8.81×10^{-5}

表 5.10 证明在稳态条件下采样点数相同时，Gauss 算法复合误差较低。另外，即使降低一定的一周波采样点数，也可以保证较好的复合误差优势。

2）采样频率对于保护用电子式互感器的影响

在仿真实验中，继续采用如式（5.51）所示的工频电流信号，单位周波采样点数分别为 80 点、120 点、160 点、200 点，一次取 10 个周波进行计算以提高准确度，得出图 5.37 和图 5.38 的结果。

实验结果表明：当单位周波采样点数在 80～200 点时，Gauss 算法基本不受采样点数的影响，绝对误差与复合误差的波动范围极小，可以忽略不计。这样在工程实际中，可以用标准工程采样频率如 4 kHz 实现数字积分器的设计，较少的计算量和计算时间有利于继电保护装置速动性能的加强。根据继电保护装置的需要，还可以进一步降低采样频率以增加裕量。

3）采样频率对于测量用电子式电流互感器的影响

搭建额定变比为 1500 A：18 mV 的互感器仿真模型，在微分电压信号如式（5.52）中加入幅值为 1%的白噪声作为干扰信号。为了对比采样频率对数字积分器的影响，用效果较好的 40 kHz 采样频率的梯形数字积分器做参考。

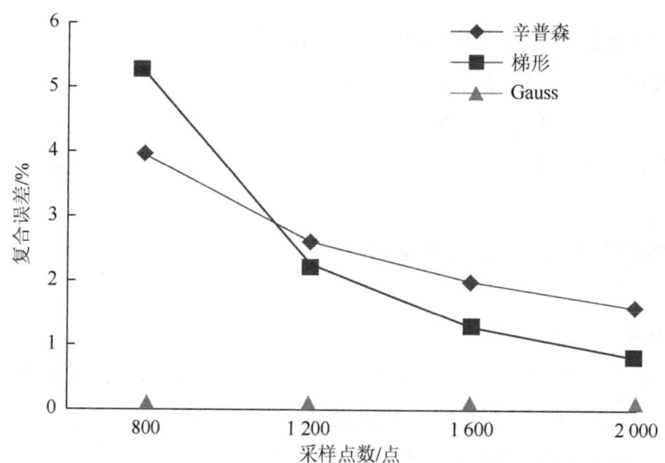

图 5.37　采样点数对复合误差的影响

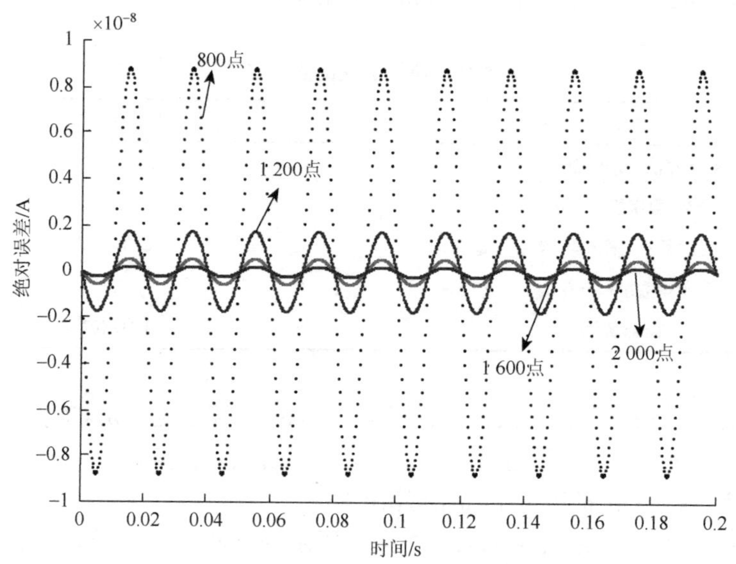

图 5.38　采样点数对绝对误差的影响

$$I = 100\pi\cos 100\pi t \tag{5.52}$$

分别测试相同采样频率的梯形与 Gauss 数字积分器，控制一次电流在 1%～120%变化，对应不同算法分别采取采样频率为 40 kHz 和 10 kHz 的 FFT 算法，提取输出信号基频有效值，将测试结果制成比值误差图，如图 5.39 所示。

仿真实验结果显示：在幅值 1%的噪声存在条件下，单位周波 800 点的梯形数字积分器和 200 点的 Gauss 数字积分器均可以使电子式电流互感器在一次电流 1%～120%变化达到 0.2 s 级准确度。

4）谐波信号对于保护用电子式互感器的影响

测试标准工频信号，采样频率设为 4 kHz 不变，在被测基频信号中分别加入电力系

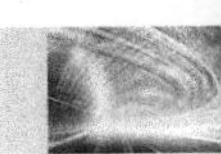

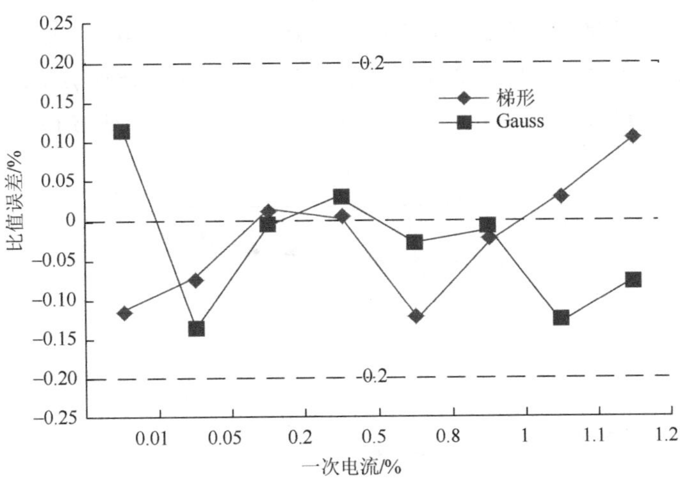

图 5.39　不同采样率下比值误差图

统中比较常见的 2～13 次谐波，其中 2～5 次谐波按基波幅值的 10%加入，6 次及更高次谐波按基波幅值的 5%加入，初始相位相同，用以观察谐波信号对于不同数字积分算法复合误差计算的影响，得出结果见表 5.11 和图 5.40。

表 5.11　含有谐波时的结果对比

谐波次数/次	复合误差/%	
	梯形数字积分算法	Gauss 算法
2	5.53	1.66×10^{-4}
3	6.91	7.20×10^{-4}
4	9.71	2.26×10^{-3}
5	13.87	5.53×10^{-3}
6	10.61	5.74×10^{-3}
7	13.66	1.06×10^{-2}
8	17.33	1.82×10^{-2}
9	21.61	2.93×10^{-2}
10	26.47	4.49×10^{-2}
11	31.91	6.60×10^{-2}
12	37.92	9.39×10^{-2}
13	44.50	0.130

仿真结果表明：梯形数字积分算法不满足用低采样频率达到误差限值的要求，而 Gauss 算法计算的复合误差在 13 次谐波存在时也仅为 0.13%，显示出较好的抗谐波干扰能力。在工程现场中，奇次谐波危害较大，选取比较具有代表性的 3 次、5 次、7 次谐波加入测试电流，测试电流信号为式（5.53），输入互感器。

$$I=\sin(100pt)+0.1\sin(150pt)+0.05\sin(350pt)+0.05\sin(250pt) \quad (5.53)$$

实验中，不同数字积分算法单位周波均采样 80 点，为对比运算量，Gauss 算法单位周波采样点数分别设置 80 点、40 点、20 点，复合误差结果见表 5.12。

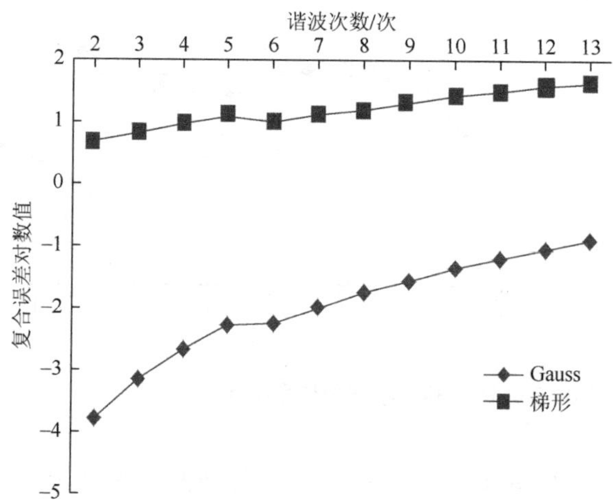

图 5.40　含有谐波时复合误差对数值对比图

表 5.12　含奇数次谐波时的复合误差

算法	梯形数字积分算法	Gauss 算法（采样 80 点）	Gauss 算法（采样 40 点）	Gauss 算法（采样 20 点）
复合误差/%	19.34	1.2×10^{-2}	0.197	3.53

结果证明：在叠加奇次谐波后，Gauss 算法保持着较低的复合误差，可在维持灵敏性的前提下，降低采样点数来减少运算量，提高速动性。用不同数字积分算法对 3 次、5 次、7 次谐波同时存在时的积分性能进行测试，结果如图 5.41 和图 5.42 所示。

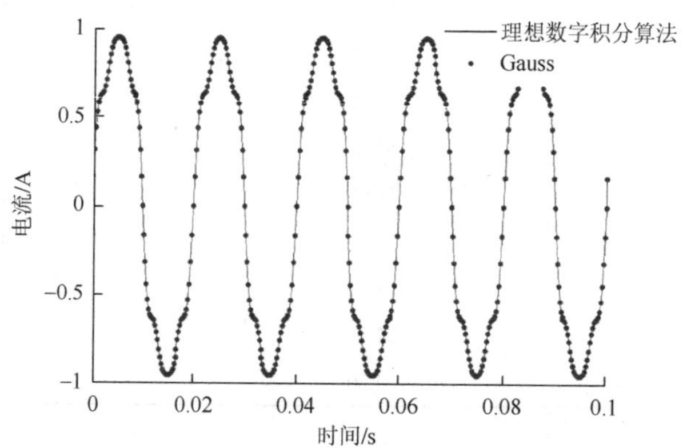

图 5.41　Gauss 算法与理想数字积分算法对比

实验结果表明：相对于梯形数字积分算法和辛普森数字积分算法，Gauss 算法的绝对误差更小，这证明了在谐波存在的条件下 Gauss 算法的优越性。

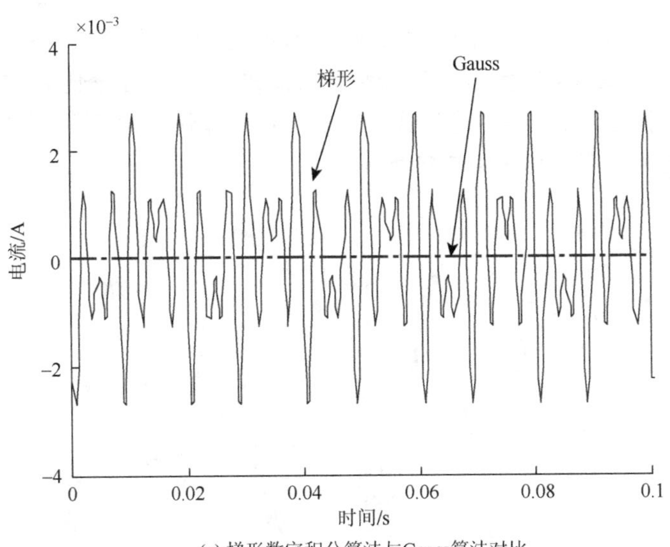

(a) 梯形数字积分算法与Gauss算法对比

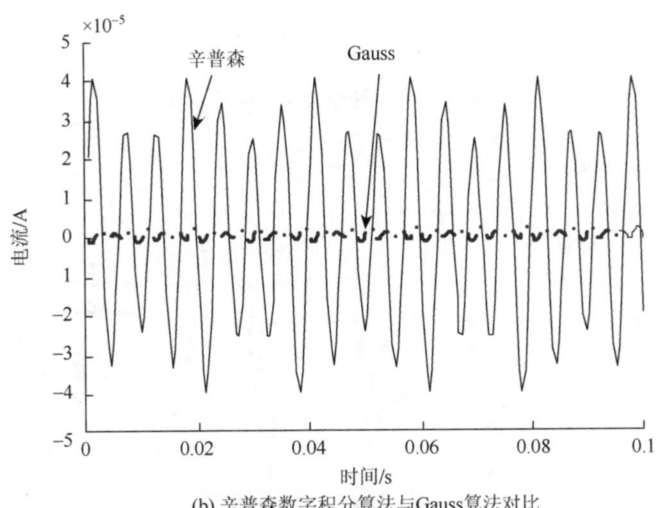

(b) 辛普森数字积分算法与Gauss算法对比

图 5.42　不同积分算法的绝对误差对比图

5）噪声对于测量用电子式互感器的影响

仿真采样频率为 6.4 kHz 的不同积分算法的数字积分器，对如式（5.53）的微分信号进行积分还原，输出信号大小见表 5.13。

表 5.13　相对误差　（单位：%）

梯形数字积分器	辛普森数字积分器	Gauss 数字积分器
0.02	3.2×10^{-6}	9.99×10^{-8}
0.181	1.26×10^{-4}	1.10×10^{-4}
0.502	9.6×10^{-5}	8.4×10^{-5}
0.986	4.86×10^{-4}	3.24×10^{-4}

仿真实验结果表明：相对于同样采样点数的梯形和辛普森数字积分器，所设计的Gauss数字积分器可以更准确地计量基频和各次谐波。搭建额定变比为1500A∶18 mV的互感器作为仿真模型，在微分信号如式（5.52）中加入幅值10%的白噪声作为干扰信号，最后不同输出结果如图5.43～图5.45所示。

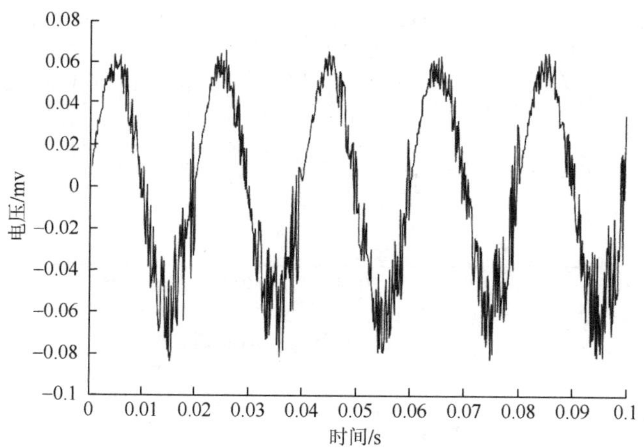

图5.43　梯形数字积分器输出结果

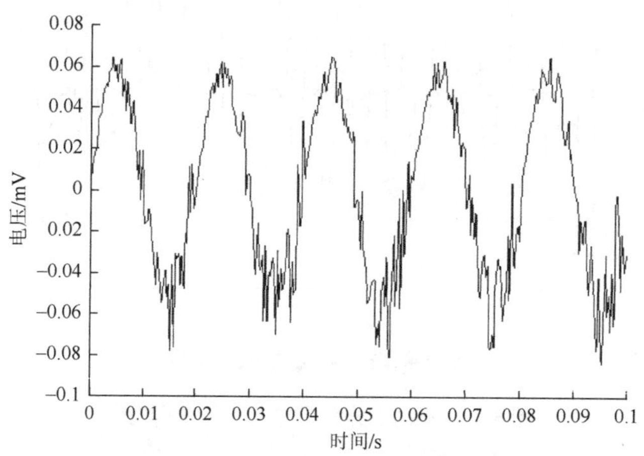

图5.44　辛普森数字积分器输出结果

从输出结果可以观察到，在存在一定大小的噪声干扰时，梯形与辛普森数字积分器出现了一定程度的失真，而Gauss数字积分器仍保持着较好的积分还原性能。最后，提取出的基频有效值相对误差为0.077%，小于梯形的相对误差（2.14%）与辛普森的相对误差（1.51%）。

6）频率波动对复合误差的影响

在《供电营业规则》中，电网装机容量在300万W下的频率允许波动范围为±0.5 Hz，而系统频率的波动对于某些数字积分算法的准确度存在一定的影响。图5.46显示了信号频率波动时，10个周波4 kHz采样频率下多种数字积分算法的复合误差。

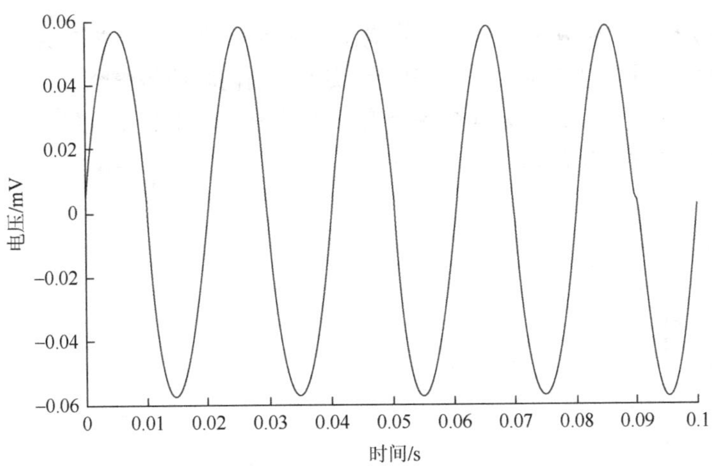

图 5.45　Gauss 数字积分器输出结果

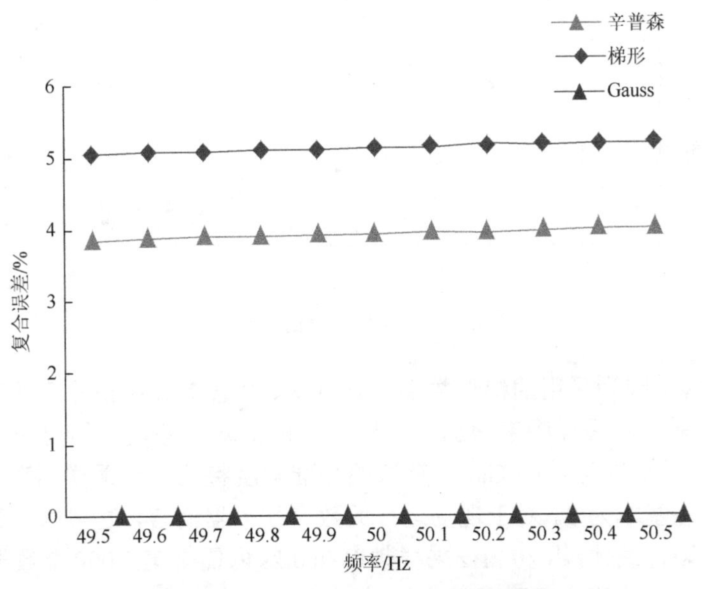

图 5.46　频率波动对于复合误差的影响

该仿真实验结果表明：当系统频率在 49.5～50.5 Hz 波动时，梯形数字积分算法计算的复合误差超出 5%的误差限值，辛普森数字积分算法的复合误差为 3.9%，接近该限值，而 Gauss 算法计算出的复合误差仅为 8×10^{-7} 左右，几乎不受频率波动的影响。

7）零点漂移响应分析

为分析零点漂移问题，绘制梯形数字积分算法幅值响应和理想数字积分算法幅值响应对比如图 5.47 所示。由图 5.47 可知，在归一化数字角频率趋于最大时，梯形数字积分算法的幅值响应误差较大，这是测量时误差产生的重要原因。同时，数字角频率趋于无穷小时梯形数字积分算法与理想数字积分算法幅值曲线趋于一致，这是设计数字积分器的基本原理。然而，在ω从 0.01 趋于 0 时幅值响应成倍增加。以工频信号为例，当采

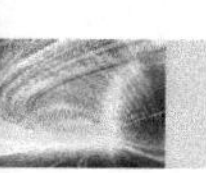

样频率为 4 kHz 时，梯形数字积分算法的幅值响应为 12.7 dB；当采样频率为 40 kHz 时，梯形数字积分算法的幅值响应为 127 dB；事实上，幅值响应等同于放大倍数，幅值响应增大的同时输出必然增大，高采样频率极有可能使最后结果趋于发散，这是零点漂移响应现象导致微处理器溢出的原因。

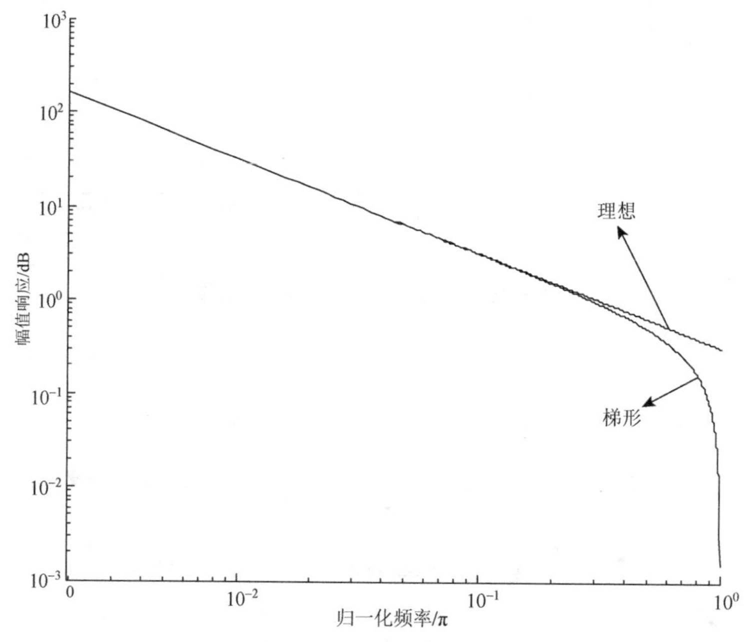

图 5.47　不同算法幅值响应对比

传统方案中，因为采用的梯形数字积分算法、辛普森数字积分算法计算准确度较差，所以往往采用高采样频率增加总采样点数以消除误差较高的问题。相比之下，根据图 5.41 和图 5.42 证明的 Gauss 算法的高准确度特性，当采样频率为 4 kHz 时足以保证复合误差基本为 0。对于现场运行的数字积分器而言，通常以微处理器作为数字积分算法的硬件载体，用 40 kHz 采样频率在 0.2s 内需采集 8 000 个数据，约占 96 kB 内存，并进行实时计算，毫无疑问这相对于微处理器极为困难。同时在 Gauss 算法中，4 kHz 的采样频率是工程中的标准采样频率，并不足以使内存溢出。因此，Gauss 算法可以较好地避免零点漂移现象，防止内存溢出，提高计算速度，同时又保证了高准确度。

本节给出了算法具体实现的软件流程图，仿真实验证明：Gauss 算法在计算正弦波信号时，在存在信号频率波动、谐波和噪声干扰时，相对于梯形数字积分算法和辛普森数字积分算法，其性能较优。同时相对于传统数字积分算法，Gauss 算法可以更好地避免零点漂移现象的产生，具有较好的暂态性能。在同样准确度的要求下，Gauss 算法可以通过降低采样点数起到降低运算量的作用，对于保护用电子式电流互感器还可以起到改善继电保护装置速动性能的作用，而且所需的传递函数易于设计，展示出较为优良的性能。

5.3.3 基于龙贝格积分算法的加权迭代型积分算法

根据实际生产需要，电子式电流互感器在安装或运行若干年后均需进行准确度校验，用以保证其测量效果，但目前缺乏针对现场挂网运行电子式电流互感器的校验技术，同时实际情形往往与理想情况下有较大的差异。虽然通过高位数、高处理速度、高采样频率的采样芯片和处理器硬件设备可以有效地获得高准确度的测量结果，但是硬件性能的提高必定大幅度地提高系统造价和实现难度。通常校验系统限制在 0.05S 级准确度，即在标准信号 1%的限制下，传统数字积分算法难以达到误差限制要求，必须提出对应的改进算法。

1. 龙贝格积分算法的原理分析与改进

在基本数学原理中，传统的矩形数字积分算法的、梯形数字积分算法的、辛普森数字积分算法的求积公式的阶段误差随着积分步长的减小而减小。龙贝格积分算法的实现原理如下：在积分区间逐次分半的过程中利用二分前后的值做线性组合，将误差较大的近似值逐步减小，成为准确度更高的近似值，即将收敛速度较缓慢的梯形序列降低误差成为收敛速度越来越快的新序列。下面具体介绍牛顿-科茨算法、龙贝格积分算法的推导过程。

牛顿-科茨算法：将积分区间$[a, b]$分为 $2n$ 等份，记其中一个节点为：$x_k = a + kh$（$k = 0, 1, 2, \cdots, 2n$）。其中：选定步长为 $h = (b-a)/2n$，然后在每个$[x_{k-1}, x_k]$小区间上应用梯形公式，即

$$\int_{x_{k-1}}^{x_k} f(x)\mathrm{d}x \approx 0.5h[f(x_{k-1}) + f(x_k)], \quad k = 0,1,2,\cdots,2^n \tag{5.54}$$

所有区间之和为所求积分值，将所得积分值记为 T_n，引出梯形公式为

$$\begin{aligned} & T_n \int_a^b f(x)\mathrm{d}x \\ & \approx 0.5h\left[f(a) + 2\sum_{k=1}^{2^n-1} f(x_k) + f(b)\right] \\ & = 0.5h\left[f(a) + f(b) + h\sum_{k=1}^{2^n-1} f(\mathrm{x}_k)\right] \end{aligned} \tag{5.55}$$

同理，可以得出辛普森公式：

$$\int_a^b f(x)\mathrm{d}x = \frac{h}{3}\left[f(a) + 4\sum_{k=0}^{2^n-1} f(x_{2k+1}) + 2\sum_{k=1}^{2^n-1} f(x_{2k}) + f(b)\right] \tag{5.56}$$

梯形公式为牛顿-科茨算法中的一阶公式，辛普森公式为二阶公式。龙贝格积分算法阐述了牛顿-科茨算法中各阶公式之间的关系。其中，用梯形公式得到的积分近似值 T_n 与精确值的误差大致是 1/3（T_n-T_{n-1}），用该值作为对 T_n 的误差补偿，可以得到新的近似值，该近似值实际上等于由辛普森公式得到的积分值：

$$\int_a^b f(x)\mathrm{d}x \approx T_n + \frac{1}{3}(T_n - T_{n-1}) = \sum_{k=1}^{2^n-1}\frac{h}{6}[f(x_k)+4f(x_{k+0.5})+f(x_{k+1})] \tag{5.57}$$

龙贝格积分算法定义：在积分区间逐次分半的过程中多次利用二分前后的值做线性组合，将误差较大的近似值逐步减小误差，成为准确度更高的近似值，将收敛速度较缓慢的梯形序列降低误差变为收敛速度越来越快的新序列。

由此可知，龙贝格积分算法的实现公式如下：

$$\begin{cases} R_{(n)(k)}(x) = \dfrac{4^k RR_{(n)(k-1)}(x) - R_{(n-1)(k-1)}(x)}{4^k - 1}, \quad n = 0,1,2,\cdots; \quad k = 1,2,3,\cdots \\ R_{(n)(0)}(x) = H_{\mathrm{t}}^{(n)}(x) \\ R_{(n)(1)}(x) = H_{\mathrm{s}}^{(n)}(x) \end{cases} \tag{5.58}$$

式中：$R_{(n)(k)}(x)$为传递函数，k 取 0 为一阶，取 1 为二阶。另外，在牛顿-科茨算法中，可以根据式（5.59）判定代数准确度，其中 k 的取值范围为大于等于 1 的正整数。

$$\int_a^b f(x)\mathrm{d}x = R_{(n)}(k) + O(h^{2k+1}), \quad n \geqslant k \tag{5.59}$$

由式（5.59）可得出：随着阶数 k 的增加，公式的代数准确度不断提高，利用这一结论可改善积分器的性能，下面将分析推导具体的改进措施。其中，传统的变步长求积分算法的原理为：在积分过程中，每次求积分都在上一次积分的基础上将积分步长分半处理，反复利用积分公式，直到相邻两次积分结果的相差绝对值小于允许误差，则停止积分。根据其原理，将积分区间 $2n$ 等分，梯形数字积分算法近似值记为 T_{2n}，准确值记为 I，则积分值 T_{2n}、T_n 和准确值 I 之间有如式（5.60）所示的关系：

$$I - T_{2n} = T_{2n} - T_n / 3 \tag{5.60}$$

同样，将积分区间 $4n$ 等分的梯形数字积分算法近似值记为 T_{4n}，积分值 T_{4n}、T_{2n} 和准确值 I 之间的关系如式（5.61）所示：

$$I - T_{4n} = (T_{4n} - T_{2n}) / 3 \tag{5.61}$$

联立式（5.60）、式（5.61），有如下关系：

$$\frac{I - T_{2n}}{I - T_{4n}} = \frac{T_{2n} - T_n}{T_{4n} - T_{2n}} \tag{5.62}$$

$2n$ 等分和 $4n$ 等分区间后的积分近似值 T_{2n} 和 T_{4n} 有如下关系：

$$I - T_{2n} / (I - T_{4n}) \approx 4 \tag{5.63}$$

将式（5.62）代入式（5.63），可以得

$$\frac{T_{2n} - T_n}{T_{4n} - T_{2n}} \approx 4 \tag{5.64}$$

$$T_{4n} \approx T_{2n} + 0.25(T_{2n} - T_n) \tag{5.65}$$

定义中第 k 次将积分区间再次分半（该定义等同于第 k 次将采样频率再次加倍）后，所得梯形积分值为 t_k。其中，$k = 0$ 时，第一次 n 等积分区间的积分值为 t_0；$k = 1$ 时，第二次 $2n$ 等积分区间的积分值为 t_1；之后以此类推。由以上分析可以归纳出规律性公式，如下：

$$t_k \approx t_{k-1} + 0.25(t_{k-1} - t_{k-2}), \quad k \geqslant 2 \tag{5.66}$$

将式（5.66）简化为式（5.67），可以看出积分值 t_k 中每个数值等于前两个数据按比例组合：

$$t_k \approx 1.25 t_{k-1} - 0.25 t_{k-2}, \quad k \geqslant 2 \tag{5.67}$$

根据式（5.67），可以不断进行重复迭代计算，将误差降低，如下所示：

$$t_2 \approx 1.25 t_1 - 0.25 t_0 \tag{5.68}$$

$$t_3 \approx 1.25 t_2 - 0.25 t_1 \tag{5.69}$$

$$t_4 \approx 1.25 t_3 - 0.25 t_2 \tag{5.70}$$

根据误差逐次降低的规律，可以针对性地设计出一种数字积分算法，使用不同采样频率下的误差进行补偿，下一节为具体算法流程。

2. 基于龙贝格积分算法的加权迭代型积分算法流程

根据求积公式的误差随着积分步长的减小而减小的原理，积分值序列 $\{t_1, t_2, t_3, t_4, t_5, \cdots\}$ 是一个误差逐次降低的序列。另外，重复迭代的功能使用程序语言的循环命令很容易实现，相对一些高准确度传递函数所需的非整数延时因子更容易设计。根据龙贝格积分算法原理，所设计的算法流程如图 5.48 所示，其中采样频率设计为业内应用最多的 4 kHz，采样周波为 250 μs，一周波采样 80 点计算一次。

算法流程中变量的定义：

$\{x\}$ 代表所获取的一周波内 80 个微分信号采样点。

$\{y_0\}$ 代表抽取的 40 个奇数项采样点计算出的积分值序列。

$\{y_1\}$代表 80 个采样点的第 1 次计算积分值序列中的奇数项子序列。

$\{y_{i+1}\}$（i>1）代表第 i 次循环迭代后得出的积分值序列。

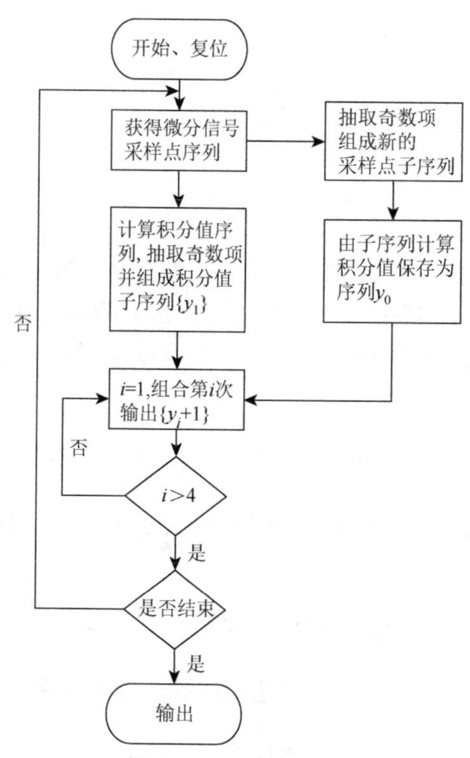

图 5.48　算法流程图

在电子式电流互感器的信号处理环节，假设以 40 kHz 为例，0.02 s 内为一周波，一周波采样 800 点，按照梯形数字积分算法一周波需计算 800 次。同样，按照改进算法以 4 kHz 为例，0.02 s 内为一周波，一周波采样 80 点，一周波需计算 280 次，计算量降低一半以上，因而改进算法发生内存不足的可能性会更小，因计算量产生的时间延迟也会减小。

3. 仿真实验对比与验证

为精确对比基于龙贝格积分算法的加权迭代型积分算法与梯形数字积分算法的不同，在 MATLAB 中搭建 1500A∶18 mV 的电子式电流互感器模型，并用 MATLAB M 文件编写基于龙贝格积分算法的加权迭代型积分算法与梯形数字积分算法，并进行数据处理仿真测试，从比值误差和波形两方面对比。其中，18 mV 的电压信号经过积分还原后输出小电流信号，需要再次经过比例调整才会输出原电流数据。

在数字量输出的电子式电流互感器中，采样频率可以是 4 kHz、2.4 kHz、1 kHz，即工频信号的 80 倍、48 倍、20 倍。本节用 4 kHz 的基于龙贝格积分算法的加权迭

代型积分算法与 40 kHz 采样频率的梯形数字积分算法，分别从稳态、低频噪声、电压漂移和谐波测量四个方面进行对比。

1）稳态条件下工频信号仿真测试

设计工频稳态电流信号幅值 1 500 A，初始相位记为 90°，输出其理想微分信号 18 mV，初始相位为 0。按照 4 kHz 采样频率进行采样，基于龙贝格积分算法的加权迭代型积分算法叠加计算五次，比值误差降为 $8.59\times10^{-6}\%$，基于龙贝格积分算法的加权迭代型积分算法输出信号与理想输出信号之间的误差如图 5.49 所示。

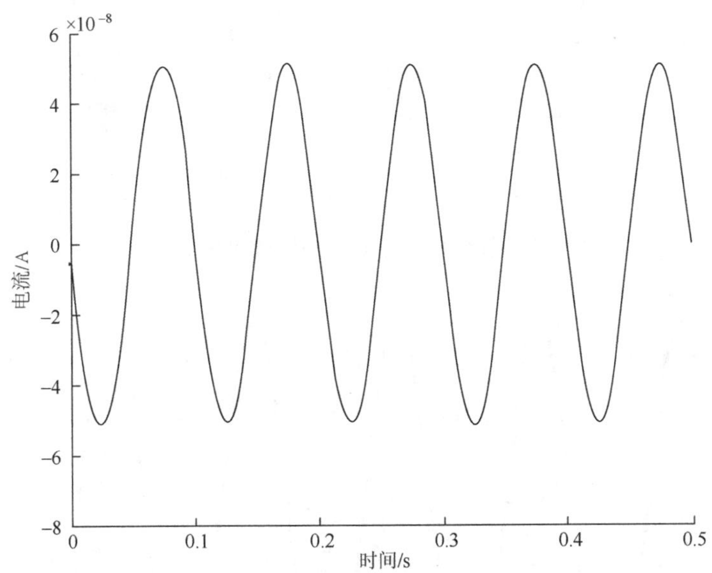

图 5.49　基于龙贝格积分算法的加权迭代型积分算法输出信号与理想输出信号的误差

与此同时，按照梯形数字积分算法 4 kHz 采样频率进行计算的原始比值误差为 $5.14\times10^{-2}\%$，按照 40 kHz 采样频率下的比值误差为 $5.14\times10^{-4}\%$，与 4 kHz 的梯形数字积分算法结果呈倍数关系，再次证明相对误差的对数是呈线性规律降低的。以上结论说明，在工频稳态条件下，相对高采样频率的梯形数字积分算法，基于龙贝格积分算法的加权迭代型积分算法具有较优良的计算准确度。

2）噪声干扰仿真测试

工程现场中干扰噪声的存在是很常见的，因而在信号处理环节设计积分程序时必然要考虑噪声干扰的影响。为准确测试基于龙贝格积分算法的加权迭代型积分算法对于噪声的效果，在微分信号中加入微分信号幅值 1%的白噪声，同时与 40 kHz 采样频率的梯形数字积分算法做效果对比，实际波形如图 5.50 所示，由于高采样率的特性，采样点越多引入的噪声也越多，从图 5.50 中看到与原始电流信号的正弦波形相比，梯形数字积分算法输出结果由于干扰噪声的影响极度失真。4 kHz 采样频率的基于龙贝格积分算法的加权迭代型积分算法测试结果如图 5.51 所示。

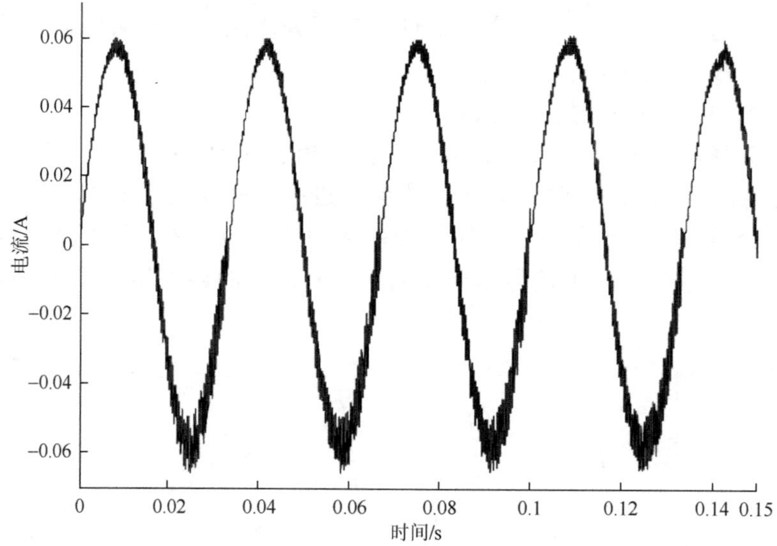

图 5.50　梯形数字积分算法噪声条件测试结果

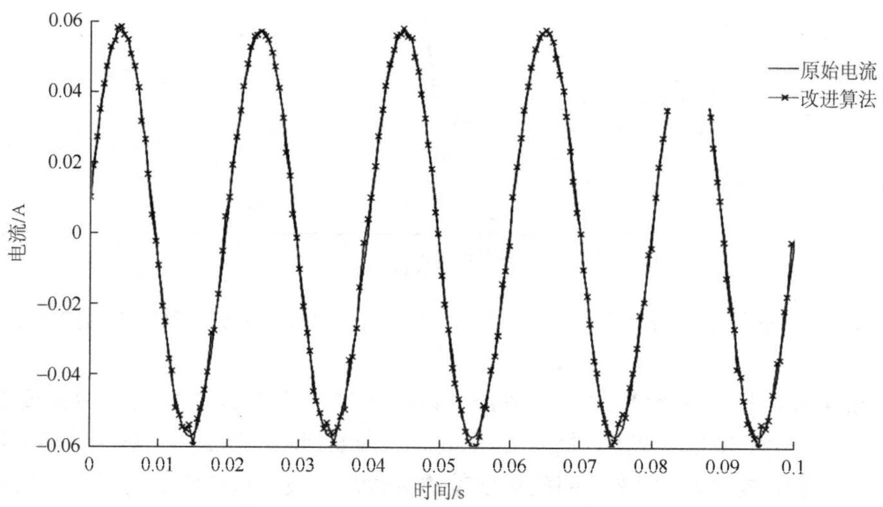

图 5.51　基于龙贝格积分算法的加权迭代型积分算法噪声条件测试结果对比

图 5.52 中，（a）为 40 kHz 采样频率下梯形数字积分算法的误差，（b）为 4 kHz 采样频率下基于龙贝格积分算法的加权迭代型积分的误差。相对图 5.50 的结果，基于龙贝格积分算法的加权迭代型积分算法输出的波形更平稳一些，失真程度更小。从中可以得出结论：在干扰噪声存在时，基于龙贝格积分算法的加权迭代型积分算法无论是从电流波形还是从误差大小，都明显优于原有的高采样频率的梯形数字积分算法。

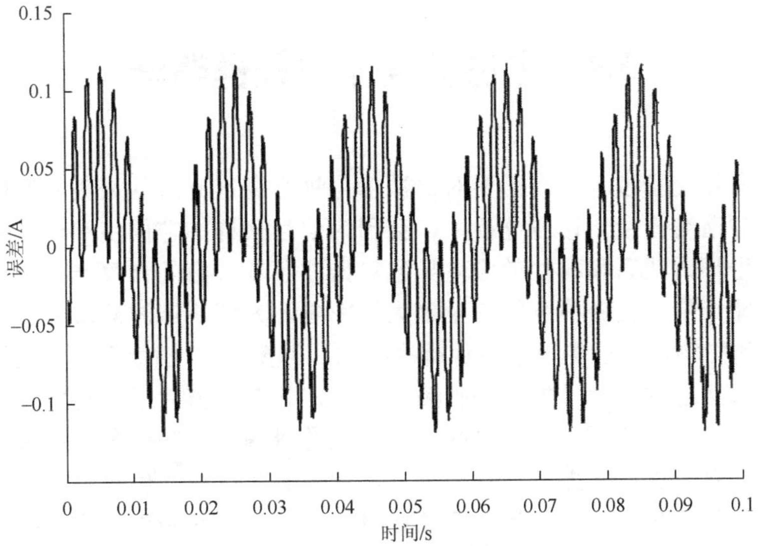

(a) 梯形数字积分算法

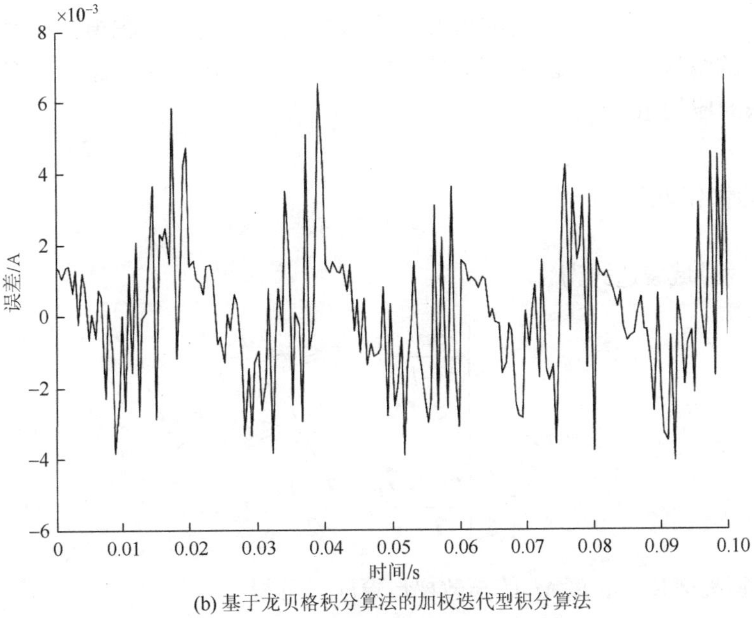

(b) 基于龙贝格积分算法的加权迭代型积分算法

图 5.52　不同算法测试结果误差对比图

在综合研究了多种积分算法的基础上，根据龙贝格积分算法误差降低的规律，提出一种加权迭代型积分算法。该算法采用了业内比较通用的 4 kHz 的采样频率，并具有能还原谐波信号、抵抗电压漂移和噪声干扰、高准确度的优点，并与现有的几种数字积分算法做了频率特性对比，显示了幅频和相频误差较小。最后进行的仿真试验证明：在稳态、含噪声条件下，该算法都展示出了较好的性能，并且使电压漂移发生的可能性大幅度降低。

5.4 高准确度信号处理算法

互感器在线校验过程中，需要对二次信号进行高准确度的采集，准确地提取信号中的基波与谐波分量。谐波分析中，会因为信号采样的非同步和信号的非整数周期截断而产生频谱泄露和栅栏效应，导致对谐波各项参数的计算产生误差，对电力系统中的电能计量、设备检测等产生重大的影响。为解决谐波测量中频谱泄漏和栅栏效应造成的影响，现已提出了各种解决办法，加窗 FFT 插值算法是最为普遍的方法之一，该算法通过对信号加窗抑制频谱泄露，并在加窗后通过离散频谱的插值算法解决栅栏效应造成的误差。为更好地抑制频谱泄漏，一些研究人员采用了改进的窗函数三角自卷积窗，并提出了基于三角自卷积的双谱线插值算法，提高了谐波分析各项参数的准确度；还有人提出了基于 Hanning 自卷积窗的双谱线插值算法，对比发现，Hanning 自卷积窗比三角自卷积窗的旁瓣性能更好，各项参数的计算准确度更高，然而 Hanning 自卷积窗的主瓣宽度明显大于三角自卷积窗，在对于频率分辨率要求较高的情况下并不适用，限制了其使用。本节分析基于梯形自卷积窗的四谱线插值算法的应用效果。

1. 梯形窗的优化设计

梯形窗的时域表达式为

$$w_{\mathrm{Tra}}(t)=\begin{cases}\dfrac{2ht}{T-l}, & 0\leqslant t<\dfrac{T-l}{2}\\ h, & \dfrac{T-l}{2}\leqslant t<\dfrac{T+l}{2}\\ \dfrac{2(T-t)}{T-l}, & \dfrac{T+l}{2}\leqslant t<T\end{cases} \tag{5.71}$$

将梯形窗离散化为长度 M_* 的离散梯形窗序，可得

$$w_{\mathrm{Tra}}(m)=\begin{cases}\dfrac{2m}{M_*-L-1}, & 0\leqslant m<\dfrac{M_*-L-1}{2}\\ 1, & \dfrac{M_*-L-1}{2}\leqslant m<\dfrac{M_*+L+1}{2}\\ \dfrac{2(M_*-m-1)}{M_*-L-1}, & \dfrac{M_*+L+1}{2}\leqslant m<M_*\end{cases} \tag{5.72}$$

式中：M_* 为时域长度；L 为梯形窗上底长度。

为保证梯形为等腰梯形，梯形窗的上底长度 L 一般取偶数，取值范围为 $0<L<M_*-2$。

式（5.72）引入单位阶跃函数$[\gamma_{ij}]=\begin{bmatrix}0&0&0\\0&0&0\\0&0&0\\\gamma_{41}&0&0\\0&\gamma_{52}&0\\0&0&\gamma_{63}\end{bmatrix}$，然后再进行$\gamma_{41}=\gamma_{52}$变换，经过计算化解后得到梯形窗的频谱函数为

$$W_{\text{Tra}}=\frac{4\sin\left(\dfrac{M_*-1+L}{4}\omega\right)\sin\left(\dfrac{M_*-1-L}{4}\omega\right)}{(M_*-L-1)\cos\omega}\mathrm{e}^{-\mathrm{j}\frac{M_*-1}{2}\omega} \tag{5.73}$$

在$M_*=128$，$L=20$时，其幅频响应特性曲线如图 5.53 所示。

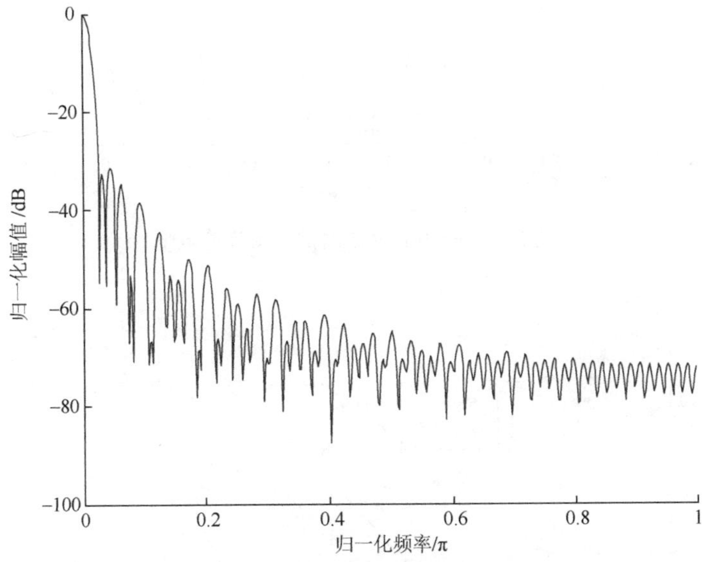

图 5.53　梯形窗幅频响应特性曲线

由主瓣定义推导可得梯形窗的主瓣为

$$B_{\text{W-Tra}}=\frac{8\pi}{M_*-1-L} \tag{5.74}$$

令$r=\dfrac{L}{M_*}$，可得

$$B_{\text{W-Tra}}\approx\frac{8\pi}{(1+r)M_*} \tag{5.75}$$

由式（5.73）可知，梯形窗的幅频函数与时域长度M_*和上底长度L有关，即与比值r的变化有关。在不同的r下所得的频谱响应曲线图如图 5.54～图 5.58 所示，图中标注了不同r值下的旁瓣峰值电平的大小。

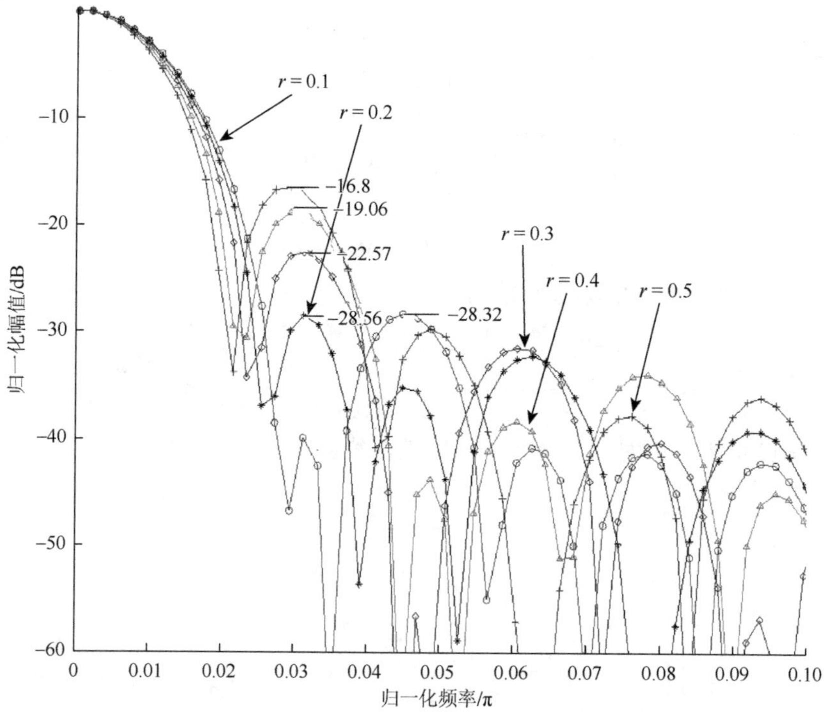

图 5.54 $r = 0.1$～0.5 时的旁瓣峰值电平

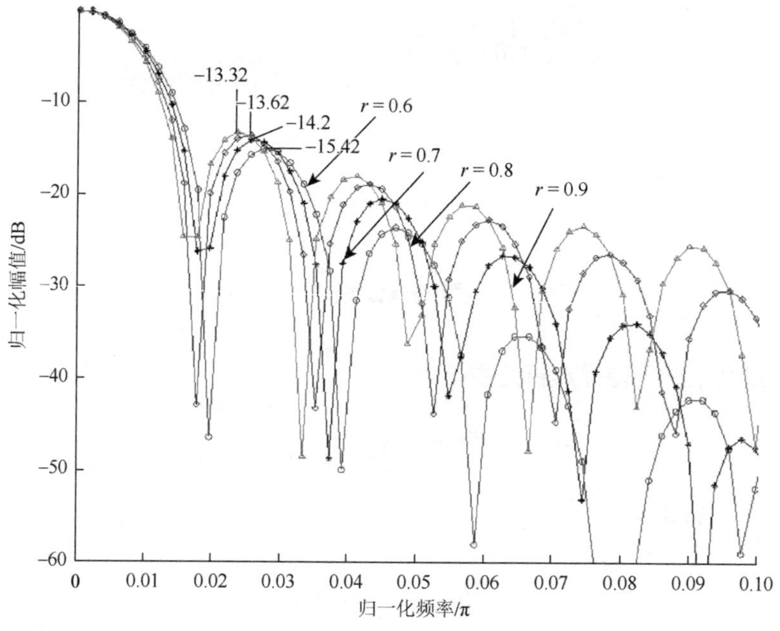

图 5.55 $r = 0.6$～0.9 时的旁瓣峰值电平

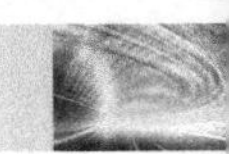

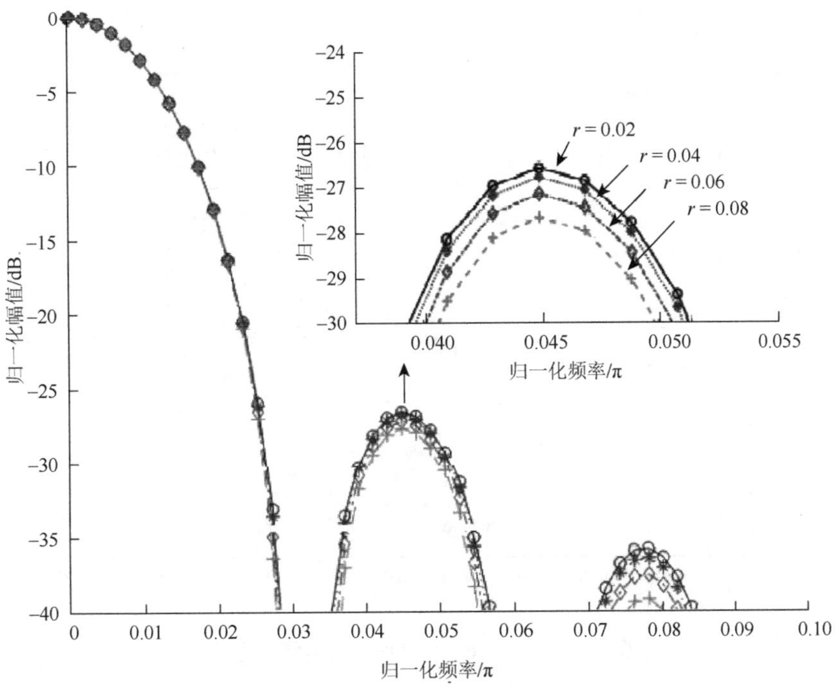

图 5.56　$r = 0.02$、0.04、0.06、0.08 时的旁瓣峰值电平

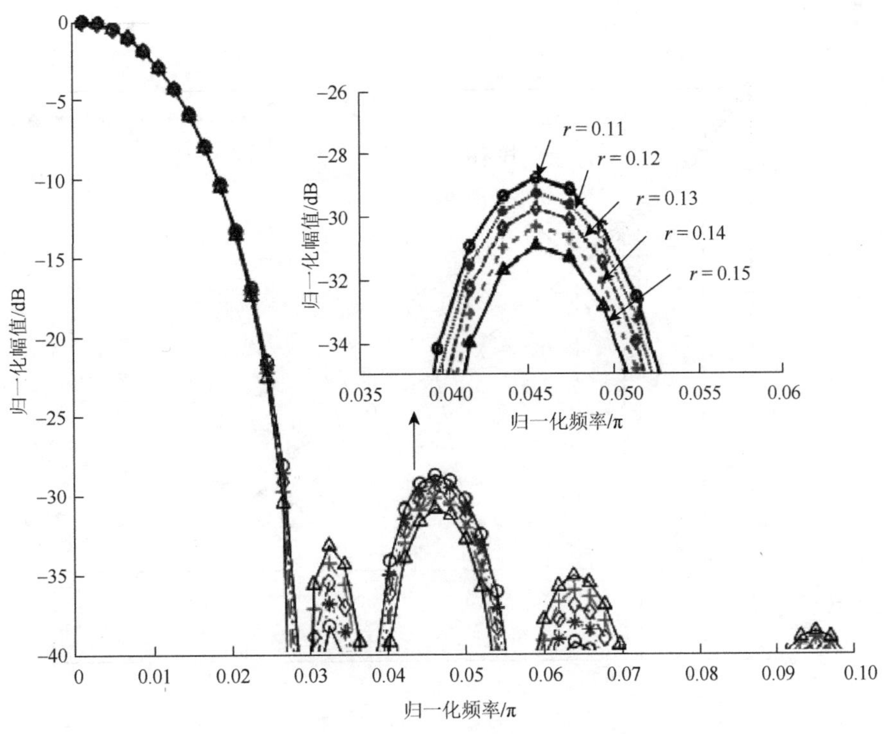

图 5.57　$r = 0.11$～0.15 时的旁瓣峰值电平

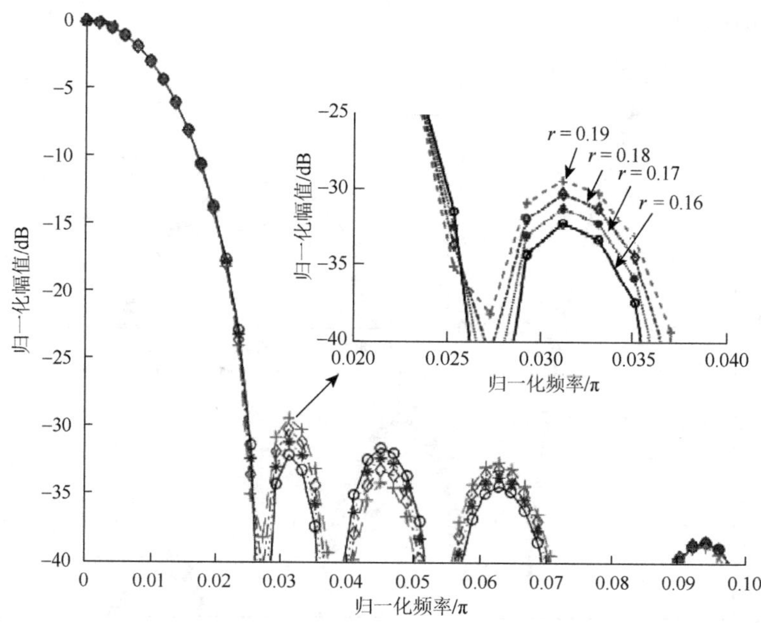

图 5.58　$r=0.16\sim0.19$ 时的旁瓣峰值电平

取 $M_*=128$ 保持不变，系数 r 在[0，1]主瓣和旁瓣峰值电平的变化曲线如图 5.59、图 5.60 所示。

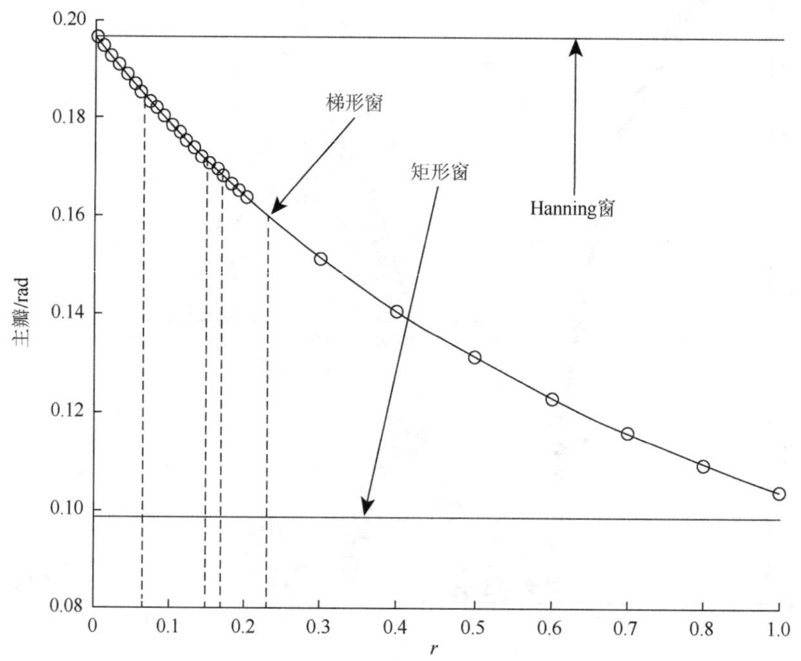

图 5.59　$r=0\sim1$ 时的旁瓣峰值电平变化曲线

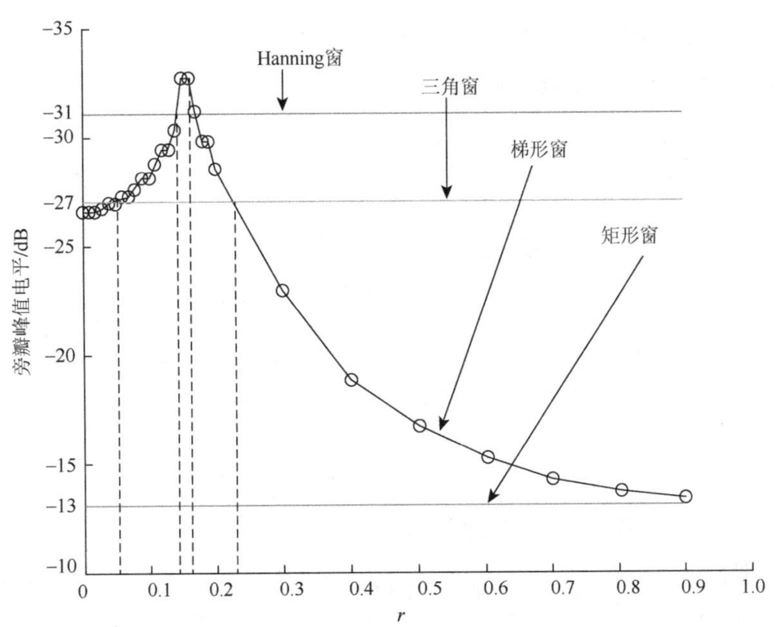

图 5.60　$r=0\sim1$ 时的旁瓣峰值电平变化曲线

由图 5.59 看出，梯形窗的主瓣随系数 r 的变化特性，当 $r=1$ 时，即 $M_*=L$，此时梯形窗变为经典的矩形窗，主瓣最窄。由图 5.60 可知，当 $r\in[0,0.06]$ 时，梯形窗旁瓣峰值电平优于矩形窗，旁瓣衰减速率优于矩形窗，主瓣宽度大于矩形窗。当 $r\in[0.07,0.15]$ 和 $r\in[0.18,0.23]$ 时，梯形窗旁瓣峰值电平优于三角窗，旁瓣衰减速率等于三角窗，主瓣宽度比矩形窗窄。当 $r\in[0.16,0.18]$ 时，梯形窗旁瓣峰值电平优于 Hanning 窗，主瓣宽度大于矩形窗，梯形窗的旁瓣衰减速率略低于 Hanning 窗。在 $r=0.16$ 时，梯形窗的旁瓣峰值电平最低（$A=-32.12\,\text{dB}$），旁瓣衰减速率等于三角窗，主瓣宽度（$6.89\pi/M_*$）比三角窗（$8\pi/M_*$）窄。

2. 梯形自卷积窗性能分析

梯形自卷积窗是由若干个梯形窗进行时域卷积得到的结果。设 p 为卷积的阶数，则 p 阶梯形自卷积窗的表达式为

$$w_{\mathrm{T}p}=\underbrace{w_{\mathrm{Tra}}(t)*w_{\mathrm{Tra}}(t)*\cdots*w_{\mathrm{Tra}}(t)}_{p} \tag{5.76}$$

根据卷积定理，梯形窗在时域卷积等于在频域相乘，可得梯形自卷积窗的频域表达式为

$$\begin{aligned}W_{\mathrm{Tra}\text{-}p}(\omega)&=\underbrace{W_{\mathrm{Tra}}(\omega)W_{\mathrm{Tra}}(\omega)\cdots W_{\mathrm{Tra}}(\omega)}_{p}\\&=[W_{\mathrm{Tra}}(\omega)]^p\end{aligned} \tag{5.77}$$

取旁瓣特性最优的梯形窗对其进行卷积，即 $M_* = 128$， $r = 0.16$ 时，1～4 阶梯形自卷积窗的频谱特性曲线如图 5.61 所示。

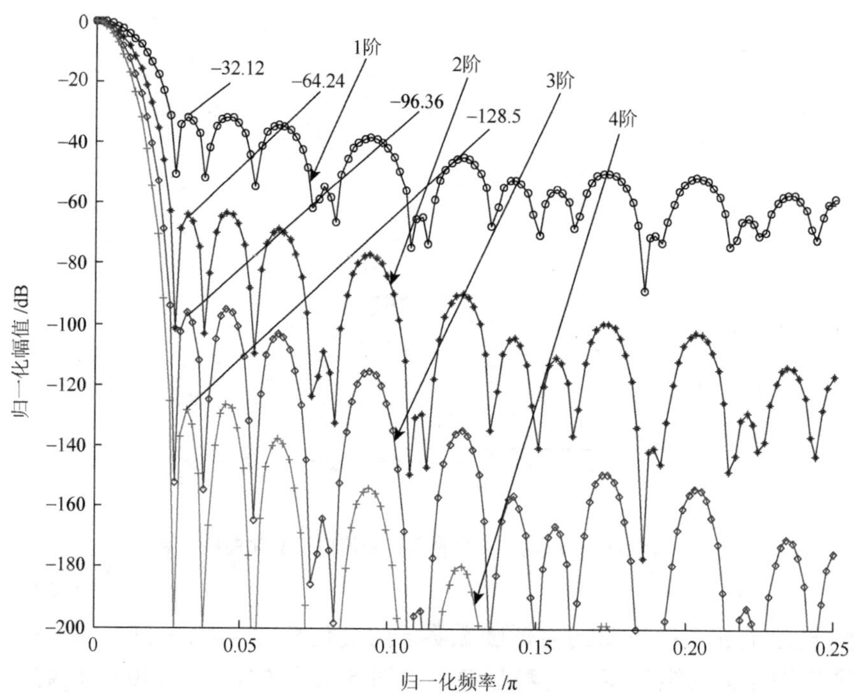

图 5.61 梯形自卷积窗幅频特性曲线

由图 5.61 可知，梯形自卷积窗的旁瓣峰值电平和旁瓣衰减速率与卷积的阶数 p 呈倍数关系，卷积阶数越高，梯形窗的旁瓣特性越好。将梯形自卷积窗的主瓣和旁瓣特性与经典自卷积窗函数进行对比，见表 5.14。

表 5.14 窗函数主瓣和旁瓣性能表

窗函数	p	B	A	D
三角窗	1	$8\pi/M_*$	−26	12
	2		−52	24
	3		−78	36
	4		−104	48
Hanning 窗	1	$8\pi/M_*$	−32	18
	2		−64	36
	3		−96	54
	4		−128	64

续表

窗函数	p	B	A	D
Blackman 窗	1	$12\pi/M_*$	−59	18
	2		−118	36
	3		−177	54
	4		−236	72
梯形窗	1	$8\pi/(M_*-1+L)$	−32	12
	2		−64	24
	3		−96	36
	4		−128	48

3. 基于梯形自卷积窗的四谱线插值算法

设含直流分量的单一频率信号 $x(t)$ 以采样频率 f_s 均匀采样，可得其离散时域信号为

$$x(n)=A_0+A\sin\left(2\pi\frac{f_0}{f_s}n+\varphi_0\right) \tag{5.78}$$

式中：A_0 为直流分量；A、f_s、φ_0 分别为谐波的幅值、频率和初相位。

对离散信号 $x(n)$ 作梯形自卷积窗处理，可得加窗序列为

$$x_T(n)=x(n)w_{\text{Tra}-p}(n) \tag{5.79}$$

梯形自卷积窗的 $w_{\text{Tra}-p}(n)$ 的频谱图如图 5.62 所示，p 为卷积的阶数，对式（5.79）进行傅里叶变换后为

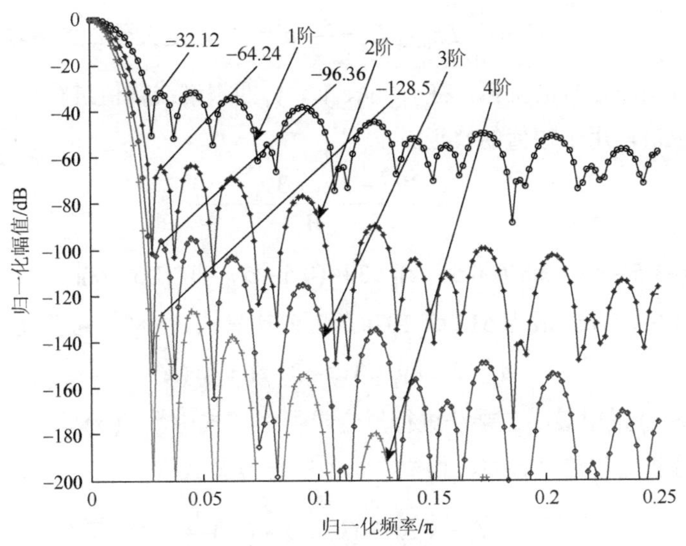

图 5.62　梯形自卷积窗幅频特性曲线

$$x_{\mathrm{Tra}-p}(k)=A_0w_{\mathrm{Tra}-p}(k)+A\mathrm{e}^{\mathrm{j}\varphi_0}w_{\mathrm{Tra}-p}(k-k_0) \tag{5.80}$$

式中：$k=0,1,\cdots,N-1$；$k_0=\dfrac{f_0}{f_s}$；$N=\dfrac{f_0}{\Delta f}$。

考虑到信号很难做到完全同步采样，在异步采样的情况下，k_0一般为非整数。设在信号频率k_0附近幅值最大的四根谱线为k_1、k_2、k_3、k_4，如图5.63所示。这四根谱线对应的幅值分别为y_1、y_2、y_3、y_4，且均为关于α的函数，令$\alpha=k_0-k_1-1.5$，$-0.5<\alpha<0.5$。

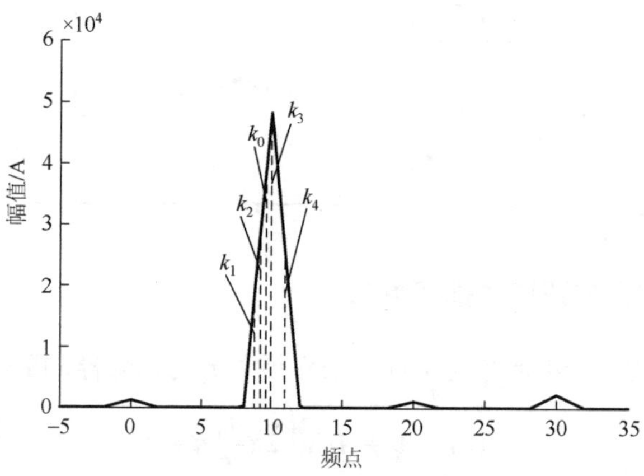

图5.63 采样频谱图

设

$$\xi=\frac{2\times(y_3+y_4-y_1-y_2)}{y_3+y_4+y_1+y_2} \tag{5.81}$$

即式（5.81）可写为$\xi=g(\alpha)$，对其进行求反函数后，采用最小二乘法进行拟合，得到$\Delta\phi=\phi_{n_{y'}}-\phi_{n_{x'}}=\dfrac{2\pi}{\lambda}(n_{y'}-n_{x'})L=\dfrac{2\pi}{\lambda}Ln_0^3\gamma_{63}E_z=\dfrac{2\pi}{\lambda}n_0^3\gamma_{63}V$，是关于$\xi$的多项式函数。

为准确求取谐波信号的幅值，将y_1、y_2、y_3、y_4四根谱线幅值进行加权平均，计算出实际的峰值点幅值，用于幅值的修正。

$$A_h=\frac{2(y_1+3y_2+3y_3+y_4)}{W_1} \tag{5.82}$$

式中：$W_1=|W(-1.5-\alpha)|+3|W(-0.5-\alpha)|+3|W(0.5-\alpha)|+|W(1.5-\alpha)|$。

在实际运算中，N一般为512或1024，幅值计算式（5.82）可简化为

$$A_h=N^{-1}(y_1+3y_2+3y_3+y_4)\gamma(\alpha) \tag{5.83}$$

对多项式$\gamma(\alpha)$采用最小二乘法进行拟合求得多项式函数$V(\alpha)$。

通过上述分析可得信号频率、相位、幅值的计算公式为

$$f_0=k_0\Delta f=(k_2+\alpha+0.5)\frac{f_s}{N} \tag{5.84}$$

$$\varphi_0 = \arg[X(k_2)] + \pi/2 - \arg[X(\alpha)] \tag{5.85}$$

$$A_h \approx N^{-1}(y_1 + 3y_2 + 3y_3 + y_4)V(\alpha) \tag{5.86}$$

4. 仿真分析

本书为验证梯形窗的谐波分析的准确度，通过 MATLAB 仿真，分析了 4 阶梯形自卷积窗、4 阶三角自卷积窗、4 阶 Hanning 自卷积窗的准确度。

4 阶梯形自卷积窗的四谱线修正公式为

$$\alpha_{p=4} = -0.022\,26\xi^7 + 0.056\,90\xi^5 + 0.025\,189\xi^3 - 0.148\,155\xi \tag{5.87}$$

$$V(\alpha)_{p=4} = 1.183\,821\alpha^6 - 0.308\,258\alpha^4 + 0.018\,434\alpha^2 + 0.000\,243 \tag{5.88}$$

4 阶三角自卷积窗的四谱线修正公式为

$$\alpha_{p=4} = 0.002\,038\xi^7 + 0.011\,846\xi^5 + 0.089\,833\xi^3 + 1.332\,723\xi \tag{5.89}$$

$$V(\alpha)_{p=4} = 0.000\,807\alpha^6 + 0.014\,011\alpha^4 + 0.172\,267\alpha^2 + 1.102\,290 \tag{5.90}$$

4 阶 Hanning 自卷积窗的四谱线修正公式为

$$\alpha_{p=4} = 0.003\,269\xi^7 - 0.005\,343\xi^5 + 0.024\,183\xi^3 + 0.154\,284\xi \tag{5.91}$$

$$V(\alpha)_{p=4} = -0.603\,293\alpha^6 + 0.416\,472\alpha^4 - 0.054\,418\alpha^2 + 0.088\,548 \tag{5.92}$$

设含有直流分量的谐波信号模型为

$$x(n) = 3 + \sum_{h=1}^{24} A_h \sin\left(2\pi \frac{if_h}{f_s} n + \varphi_h\right) \tag{5.93}$$

各次谐波参数见表 5.15，4 阶三角自卷积窗、4 阶 Hanning 自卷积窗和 4 阶 Blackman 自卷积窗的采样点数 $N_1 = 1024$，4 阶梯形自卷积窗的采样点 N_2 为 512 和 1024，即梯形窗在 $M_* = 128$，$L = 20.48$ 和 $M = 256$，$L = 40.96$ 两种情况下进行仿真。

表 5.15　信号参数

次数/次	幅值/V	相位/(°)	次数/次	幅值/V	相位/(°)
1	220	5.05	8	1.9	56
2	4.4	39	9	2.3	43.1
3	10	60.5	10	0.8	19
4	3	123	12	1.1	22
5	6	52.7	15	0.85	10
6	2.1	146	18	0.6	6.1
7	3.2	97			

由表 5.16 和表 5.17 仿真结果不难看出，基于 4 阶梯形自卷积窗的四谱线插值算法，在采样点为 512 时的准确度比 Hanning 自卷积窗在采样点数为 1024 时的准确度还高。基于 4 阶梯形自卷积窗的四谱线插值算法的采样点数为 1024 时，无论是直流分量提取，还是谐波分量的提取，比其他几种算法都有更高的准确度，从而保证了直流分量及谐波分量提取过程中的准确度。

表 5.16　幅值相对误差

次数/次	三角自卷积窗（1024 点）	Hanning 自卷积窗（1024 点）	梯形自卷积窗（512 点）	梯形自卷积窗（1024 点）
0	-4.15×10^{-3}	-5.09×10^{-4}	-2.31×10^{-5}	-1.462×10^{-6}
1	-4.15×10^{-6}	-3.90×10^{-7}	-2.31×10^{-7}	-4.93×10^{-11}
2	-6.31×10^{-4}	-5.21×10^{-5}	1.65×10^{-6}	-1.68×10^{-8}
3	5.57×10^{-5}	2.63×10^{-7}	7.52×10^{-6}	-1.56×10^{-11}
4	-3.31×10^{-4}	-5.13×10^{-5}	-2.88×10^{-5}	-1.51×10^{-8}
5	1.69×10^{-4}	8.27×10^{-5}	9.45×10^{-6}	-2.66×10^{-9}
6	5.63×10^{-5}	2.58×10^{-5}	5.46×10^{-5}	1.67×10^{-8}
7	-4.32×10^{-4}	-3.32×10^{-5}	-6.48×10^{-6}	-6.90×10^{-9}
8	-3.79×10^{-5}	-9.17×10^{-5}	-2.95×10^{-5}	2.03×10^{-8}
9	-2.45×10^{-5}	-2.15×10^{-6}	-7.49×10^{-7}	3.48×10^{-9}
10	-3.73×10^{-5}	-6.16×10^{-5}	-1.56×10^{-7}	-3.08×10^{-8}
12	-3.18×10^{-4}	-1.40×10^{-6}	-6.48×10^{-6}	8.17×10^{-8}
15	-1.05×10^{-5}	-5.05×10^{-5}	-2.95×10^{-6}	-2.90×10^{-8}
18	-4.40×10^{-5}	-3.29×10^{-5}	-7.49×10^{-7}	-4.47×10^{-8}

表 5.17　相位相对误差

次数/次	三角自卷积窗（1024 点）	Hanning 自卷积窗（1024 点）	梯形自卷积窗（512 点）	梯形自卷积窗（1024 点）
1	1.79×10^{-4}	9.70×10^{-5}	2.65×10^{-6}	6.74×10^{-9}
2	2.46×10^{-2}	-7.15×10^{-2}	7.48×10^{-3}	2.56×10^{-6}
3	1.24×10^{-2}	4.14×10^{-3}	2.85×10^{-4}	8.52×10^{-7}
4	2.41×10^{-2}	1.25×10^{-3}	8.75×10^{-4}	4.98×10^{-9}
5	2.65×10^{-3}	6.02×10^{-4}	3.56×10^{-5}	1.85×10^{-7}
6	-4.17×10^{-2}	-2.61×10^{-3}	7.85×10^{-4}	5.69×10^{-7}
7	-3.26×10^{-2}	-8.21×10^{-3}	6.22×10^{-5}	4.91×10^{-7}
8	-4.12×10^{-2}	-4.51×10^{-3}	2.78×10^{-4}	2.65×10^{-8}
9	1.29×10^{-3}	3.16×10^{-4}	8.53×10^{-4}	9.86×10^{-7}

续表

次数/次	三角自卷积窗（1024 点）	Hanning 自卷积窗（1024 点）	梯形自卷积窗（512 点）	梯形自卷积窗（1024 点）
10	5.41×10^{-3}	-5.70×10^{-4}	5.52×10^{-5}	6.36×10^{-7}
12	-8.18×10^{-3}	-2.81×10^{-4}	-6.48×10^{-4}	-4.03×10^{-6}
15	-6.35×10^{-3}	-1.47×10^{-3}	-2.95×10^{-5}	3.00×10^{-6}
18	-3.90×10^{-4}	-5.47×10^{-4}	-7.49×10^{-6}	-3.34×10^{-7}

互感器的在线校验，要求在电力系统运行的状态下进行。电力系统运行中的噪声会对信号采集造成一定的影响，因此算法的实际嵌入必须考虑噪声的影响。图 5.64、图 5.65 为基波、三次谐波、五次谐波在高斯白噪声为 20～120 dB 的情况下，幅值和相位的相对误差变化曲线图。可以看出，该算法在 20～40 dB 白噪声影响下，其幅值相对误差为10^{-3}%，相位相对误差为10^{-2}%；在 50～900 dB 白噪声影响下，其幅值相对误差为10^{-5}%，相位相对误差为10^{-4}%；在 50～90 dB 白噪声影响下，其幅值和相位的相对误差基本不受影响，故本书算法适用于有噪声的现场实际测量环境。

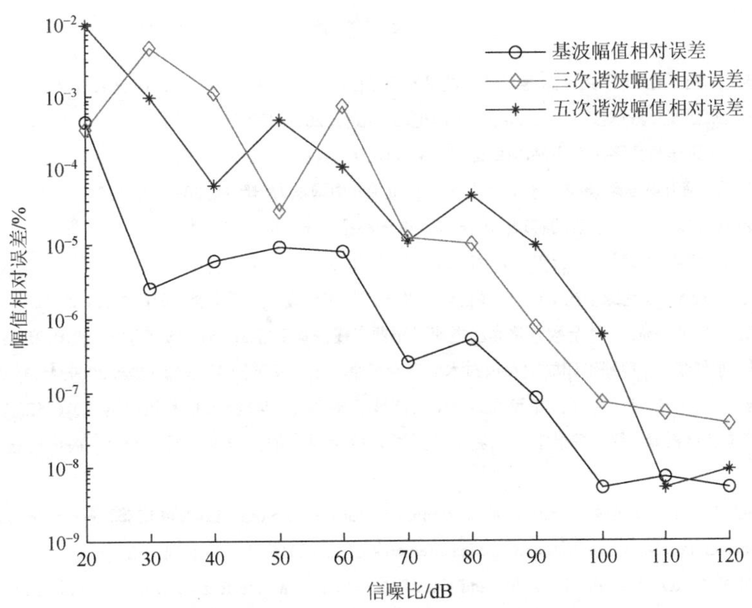

图 5.64　20～120 dB 白噪声环境下幅值相对误差变换曲线

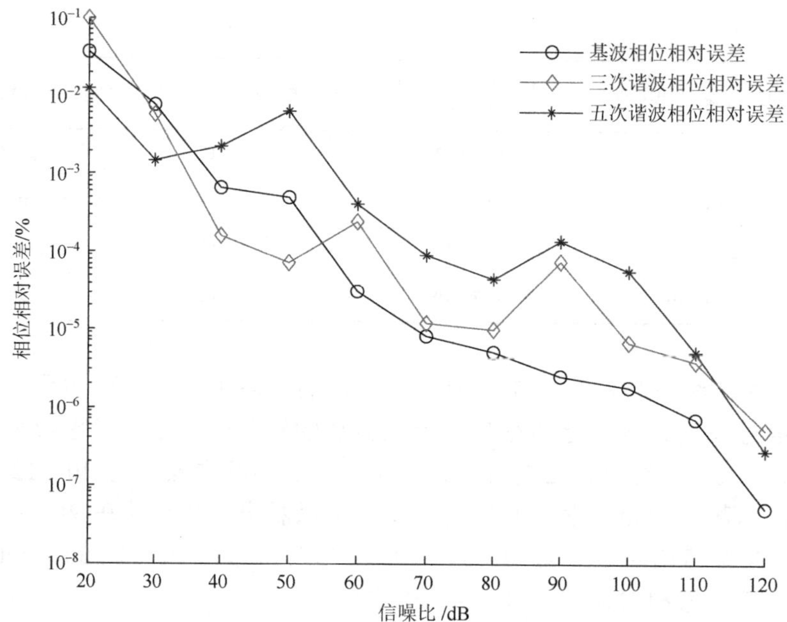

图 5.65　20～120 dB 白噪声环境下相位相对误差变换曲线

参考文献

[1] 刘延冰, 余春雨, 李红斌. 电子式互感器原理、技术及应用[M]. 北京: 科学出版社, 2009: 121-145.

[2] 冯军. 智能变电站原理及测试技术[M]. 北京: 中国电力出版社, 2011: 127-153.

[3] 罗承沐. 电子式互感器与数字化变电站[M]. 北京: 中国电力出版社, 2012: 111-132.

[4] 胡灿. 超/特高压直流互感器现场校验技术及装置[M]. 北京: 中国电力出版社, 2013: 98-135.

[5] 林彤. 一种变电站自动化监测系统的实现[D]. 成都: 电子科技大学, 2012.

[6] 陈新刚. 电磁式互感器励磁特性分析[D]. 济南: 山东大学, 2013.

[7] 王欢, 李红斌. 一种 SF_6 绝缘结构 EVT 在线自诊断及应用技术研究[J]. 变压器, 2010, 47(2): 27-30.

[8] 童悦, 李红斌, 张明明, 等. 一种全数字化高压电流互感器在线校验系统[J]. 电工技术学报, 2010, 25(8): 59-64, 84.

[9] 秦晓军, 陈庆, 李红斌. 一种基于印刷电路板技术的窄带型空心电流互感器[J]. 高压电器, 2009, 45(3): 97-98, 103.

[10] 李振华, 胡蔚中, 闫苏红, 等. 电子式电流互感器中的高精度数字积分器技术[J]. 高压电器, 2016, 52(2): 42-49.

[11] 李振华, 王忠东, 卢树峰, 等. 基于空心线圈互感系数自校验原理的大电流校验系统[J]. 高电压技术, 2014, 40(8): 2335-2342.

[12] PAN Y, WANG Y, LAI L, et al. Calibration of electronic transformer with digital output based on synchronous sampling[C]// 2016 Conference on Precision Electromagnetic Measurements(CPEM 2016). IEEE, 2016: 1-2.

[13] LIU Z, DUAN X, LIAO M, et al. Simulation and test of electromagnetic interference with electronic current transformer[J]. High voltage engineering, 2017, 43(3): 994-999.

第6章

互感器状态评估方法

6.1 电子式互感器的误差状态评估

电子式互感器在投入电网运行后仍需要对其性能进行评估，以保障电力系统的安全稳定运行。从 1882 年第一次出现高压输电到 21 世纪智能电网的大力推进，电力系统经历了翻天覆地的变化，在运电力设备的状态评估模式随着科技的发展大致经历了三个阶段[1-3]。

第一阶段是事后评估，即以设备出现功能故障作为维修的依据。在 20 世纪 50 年代以前，电网设备以这种状态评估方式为主。当时的电力网络远没有现在的这样复杂，设备发生故障时的影响范围较小。同时电力设备的结构相对简单且容易修复，因此这个阶段的电力系统以故障后的评估维修为主。早期的这种维修模式适合当时的生产力发展水平，能够满足简单电力系统的需求。当故障后果较小且维修过程简单快捷时可以采用这种评估维修方式。

第二阶段是定期状态评估，也称为定期运维。这种方式以时间为依据，预先设定运维的时间和工作内容。自 20 世纪 50 年代从苏联引入这种状态评估方式以来，定期运维已成为我国电力工业所采用的主流运维模式。定期运维基于设备故障率与运行时间呈正相关的原则，根据电力设备的运行时间安排检修和维护，以避免故障后可能给系统带来的风险，减小电力设备发生故障的次数。在运电子式互感器目前采用的是定期状态评估的运维模式。由于定期运维模式相比于事后维修可靠性较高，在现阶段的电力工业中得到了广泛的应用。目前挂网运行中的电子式互感器误差状态评估所采用的方式一般是定期离线检修的形式。国家标准（JJG 313-2010 测量用电流互感器）规定的检修时间为 2 年，但是实际操作时检修的时间间隔可能会更长，甚至挂网投运后并不具备检修的设备和条件。

第三阶段，也是现在发展中的阶段，即状态监测或状态检修，也就是对互感器进行定期或不定期，甚至长期实时的状态监测，判断其运行状态，进而来决定是否需要停电检修或者更换。而在目前的评估方式中，依据其是否需要标准器，又可分为有标准器的评估和无标准器的评估。有标准器的状态评估在第 4 章和第 5 章分别进行了介绍，本章主要介绍无标准器的状态评估。

6.2 无标准器的误差状态评估

电子式互感器的误差状态评估需要寻求一种标准量进行比对计算。传统的评估模式是将高级标准器的输出值作为比对标准量。电网是一个复杂的时变系统，如何选择一种其他形式的评估标准量是不停电条件下实现电子式互感器误差状态评估的关键问题，属于计量技术领域的国际性难题。总结现有的研究方法，主要有四种：基于信号处理的误

差状态评估方法、基于模型解析的误差状态评估方法、基于知识诊断的误差状态评估方法、基于数据驱动的误差状态评估方法。

6.2.1　基于信号处理的误差状态评估方法

这一类状态评估方法的评估思路是对系统的输出信号采样分析的方法。获得表征系统运行状态的多种特征向量，根据系统异常运行状态与获得的特征向量之间的物理关系实现系统运行状态的分析和评估，如图 6.1 所示。基于信号处理的误差状态评估方法无须建立精确的数学模型，适用于模型复杂但状态参数可以测量的系统，常用的信号处理方法有基于自适应滑动窗滤波器的误差状态评估方法、基于分形理论的误差状态评估方法及基于小波变换的误差状态评估方法等。

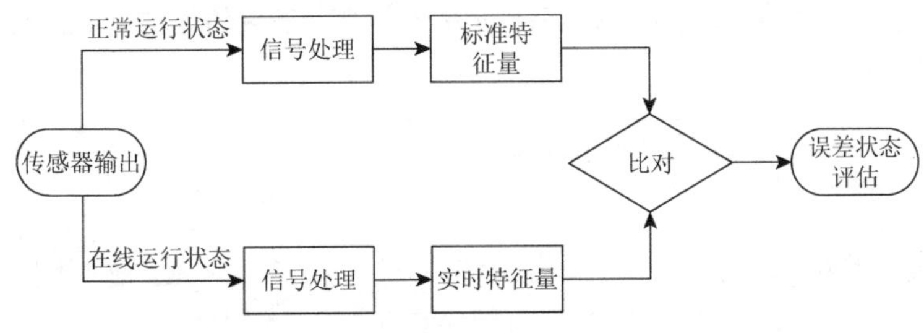

图 6.1　基于信号处理的误差状态评估思路

基于信号处理的误差状态评估的关键是对传感器输出的异常信号特征进行分类、提取和识别。当电子式互感器的误差状态发生异常变化时，其输出信号会有一些表现形式，如偏差突然增大、信号突然消失、输出信号突然畸变等，因此可以通过对电子式互感器的输出信号进行分析从而识别误差状态的异常变化。有学者针对该类方法的可行性进行了初步的探索研究。例如，基于小波变换的电子式互感器突变故障诊断方法，利用小波变换的方法定位电子式互感器二次输出信号的突变时刻。同时为了避免一次系统的信号突变对电子式互感器故障诊断的误判，对多个电子式互感器的诊断结果进行比较，当电子式互感器在同一时刻均发生信号突变时认为此时电网的异常信号发生突变。该方法主要针对的是互感器异常突变的故障检测。

运行过程中误差状态的长期渐变性是互感器更为关注的问题。对比正常运行状态，电子式互感器在不同故障情况下的二次输出信号分形维数不同。基于分形-小波的电子式互感器故障诊断方法通过对电子式互感器故障输出信号的分形维数进行分析，判断电子式互感器输出的异常信号属于所建立的故障模式中的哪一类，但该方法无法检测出电子式互感器的固定偏差异常变化。

基于小波神经网络的电子式互感器故障诊断方法在利用小波变换提取信号频域特征的基础之上构成特征向量数据进行神经训练，同传统的小波变换相比实现了漂移偏差、固定偏差及变比偏差的检测，但该方法一般不满足电子式互感器计量准确度的需求。

目前，基于信号处理的误差状态评估方法存在的问题在于：上述的研究成果均是基于电网一次信号稳定的前提进行仿真分析，试图将稳定的一次电压信号作为评估标准量。但实际电网由于受节点负荷动态变化的影响，其一次电压信号属于一种非平稳时变信号，变化范围远大于 0.2%。因此，基于信号处理的方法所选择的评估标准量不适合在运电子式电压互感器计量误差的状态评估。

6.2.2 基于模型解析的误差状态评估方法

基于模型解析的误差状态评估方法，关键是对互感器的物理模型、数学解析模型等进行精确建模。这一类状态评估方法是建立互感器的物理模型或数学模型，根据已知输入量或状态量，求解互感器的理论输出值，从而建立起互感器误差状态评估的比对标准量。通过对比分析互感器的理论输出值与实际测量值，实现其测量误差的状态评估，如图 6.2 所示。基于模型解析的误差状态评估方法主要有参数估计法、状态估计方法、等价空间方法等。

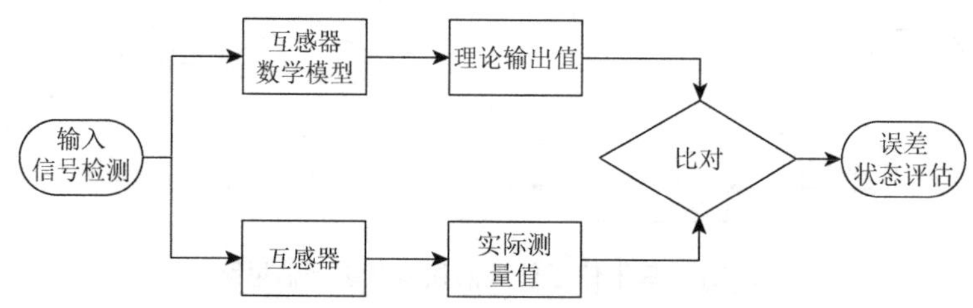

图 6.2　基于模型解析的误差状态评估方法的思路

基于模型解析的误差状态评估方法在自确认互感器领域应用广泛。在电力互感器应用领域，相关学者研究了一种电子式互感器渐变性故障诊断方法，从电力系统的元件物理特性出发，建立了输电线路和变压器的电流观测器计算模型，将电流观测器的输出值作为比对标准量，与电子式互感器的实际测量值进行比较形成残差序列，通过比较残差序列与设定的阈值实现电子式互感器的误差状态评估。基于电流观测器的电子式互感器的误差状态评估如图 6.3 所示。

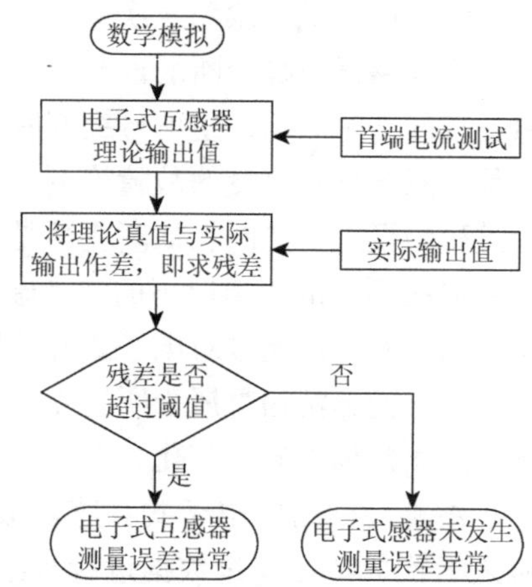

图 6.3　基于电流观测器的电子式互感器的误差状态评估

上述方法的实质是利用首端电流和所建立的电流观测器模型为评估标准量，如何在运行过程中保证首端电流的测量准确度是该方法需要解决的问题。另外，电力系统中输电线路和变压器的参数准确度较差，且在建立模型时需要基于一些

假设条件，所建立的数学模型准确度与电子式互感器计量误差状态评估的准确度要求（0.2 级）存在差距。同时电力系统的模型参数易受运行环境的影响，对电子式电压互感器的计量误差进行长期评估时无法保证模型的准确性，不适应复杂多变的现场运行状况。

6.2.3　基于知识诊断的误差状态评估方法

这一类状态评估方法的评估思路是通过发掘设备的状态特征量与其他变量的内在联系，利用多种知识处理的方法，实现设备的状态特征量与其他变量的映射和量化，从而进行系统的误差状态评估。与基于信号处理的误差状态评估方法类似，该方法不需要确定系统的数学模型，适用于模型复杂且系统的状态参数无法直接测量的系统。基于知识诊断的误差状态评估方法主要有基于专家系统的误差状态评估方法、基于模糊算法的误差状态评估方法、基于知识观测器的误差状态评估方法及基于信息融合的误差状态评估方法等[4-8]。

基于知识诊断的误差状态评估方法在互感器的误差状态评估中的应用有学者进行了探索性的研究。如相关学者提出的电能计量装置状态模糊综合评估与检验策略，选取了多个能够反映电能计量装置运行状态的综合评估结果。该方法需要获取电能计量装置的多种运行参数，包括外观、部件配置、负荷性质、设备的运行环境等。但实际运行过程中，这些数据的准确获取是存在一定难度的，任何一个数据的错误都会影响最终的评估结果。基于知识诊断的误差状态评估方法用于电子式互感器误差状态评估时的可靠性较差，无法准确量化电子式互感器的误差状态变化。

6.2.4　基于数据驱动的误差状态评估方法

基于信号处理、模型解析及知识诊断的误差状态评估方法对不停电条件下实现电子式互感器误差状态评估具有一定的参考价值和借鉴意见，但主要存在以下几个问题：①电子式互感器主要用于监测电力系统的一次高压大电流信号，是一种非平稳的随机信号，波动范围远大于 0.2%，单纯的信号解析的方法无法在 0.2 级准确度的要求下将电子式互感器渐变性的误差状态与电力系统一次物理状态的自身波动区分，易造成误判或漏判等问题；②基于模型解析的误差状态评估方法很难满足 0.2 级准确度的要求，且对于不同应用场合下的电子式互感器都需要有针对性的数学模型的建立，通用性较差；③基于知识诊断误差的状态评估方法需要评估人员具有扎实的专业知识，主观性较强，评估可靠性较差，且通常无法量化电子式互感器测量误差的状态变化。对于测量设备，误差的评估需要测量值和标准量进行比对评估。针对无标准器的电子式互感器测量误差状态评估，需要一种更为行之有效的方法。

电子式互感器在智能变电站中起着联系一次物理电网和二次控制系统的桥梁作用，其测量数据反映了电网的一次物理状态，被测状态量之间电气物理上的相关性决定了电子式互感器数据信息的关联性，即电子式互感器的数据信息之间存在着稳定的物理相关性。因此，可以根据智能变电站的电气相关性，利用统计分析的方法对电子式互感器的输出数据进行分析，将电网的一次信息波动与电子式互感器自身运行异常造成的测量偏差相互分离。通过正常测量数据的提取表征电子式互感器运行状态的统计特征量，实现了脱离高级标准器条件下的电子式互感器误差状态的智能化检测。

1. 电子式互感器的信息物理相关性分析

现代电力系统由物理电网系统（一次输变电系统）和控制系统（二次控制、保护和计量系统）两部分构成，从信号的形式划分可对应为物理系统与信息系统。电力系统在运行过程中一次电网的电气物理关系决定了物理系统的运行状态。对于二次信息系统，各传感测量设备将一次物理电网的特征状态量转换为对应的数字信息。二次侧的测控、保护和计量设备在这些信息的基础上，经过转换、传输和计算后形成相应的控制信号调节一次物理电网的运行状态，如开关投切及负荷调整等，保证电力系统安全、稳定运行。从信号的传输流程看，电网的一次物理系统和二次信息系统可以视为一种“物理—信息—物理”的信号传输过程。电子式互感器在电力系统中起着连接一次物理系统和二次信息系统的桥梁作用，基于电子式互感器的信号传输示意图如图 6.4 所示。

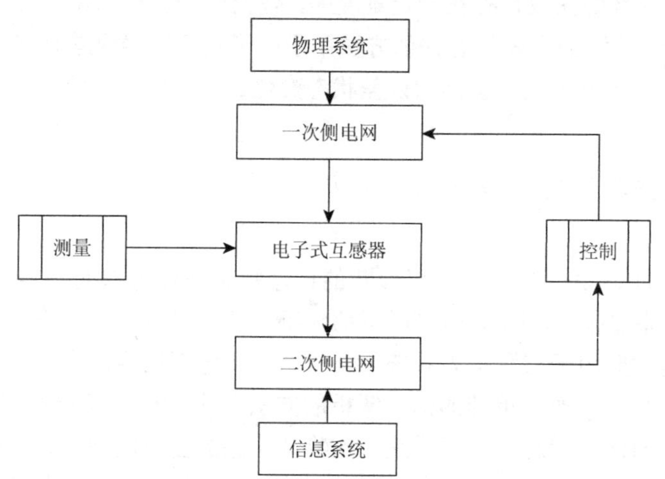

图 6.4　基于电子式互感器的“物理—信息—物理”信号传输示意图

1）物理系统模型

电子式互感器在电力系统中主要用于观测电力系统一次电压信号的物理状态。电力系统的一次电压信号属于一种连续物理信号，其数学模型通常可用微分方程进行描述：

$$\frac{\mathrm{d}u}{\mathrm{d}t}=f(u,s,t) \tag{6.1}$$

式中：u 为电力系统的节点电压状态变量；s 为系统的输入变量。该数学模型利用微分项表示一次电压状态在时间上的连续变化，实际情况下是无法精确求解的。

从一次电网电气物理联系的角度出发，电力系统 n 个节点的物理状态量可描述如下：

$$F[\boldsymbol{U}(N+1),\boldsymbol{S}(N),\boldsymbol{D}(N+1),p,A]=0 \tag{6.2}$$

式中：A 为一次电网的物理网络结构变量，由系统各元件的连接方式和开关的状态量共同决定；p 为网络元件参数，一般不可调整；$\boldsymbol{D}$ 为电力系统的不可控变量或干扰变量，由用户需求所决定，一般也不可控制，记为 $\boldsymbol{D}=[d_1,d_2,\cdots,d_n]^{\mathrm{T}}$；$S$ 为控制变量，即一次物理系统的可调变量，由信息系统反馈控制，记为 $\boldsymbol{S}=[s_1,s_2,\cdots,s_n]^{\mathrm{T}}$；$\boldsymbol{U}$ 为一次系统的物理状态量，记为 $\boldsymbol{U}=[u_1,u_2,\cdots,u_n]^{\mathrm{T}}$；$N$ 为信息采样时标，对应系统的调控周期。

2）信息系统模型

电子式互感器将一次物理模拟电压电流信号转换为二次数字信号，力求为保护和计量设备提供准确的一次电压所示的状态信息。电子式互感器的二次输出信息可记为 $\boldsymbol{X}=[x_1,x_2,\cdots,x_n]^{\mathrm{T}}$，则在正常运行状态下电子式互感器的物理信息转换过程可描述为

$$\boldsymbol{X}(N)=\boldsymbol{K}_X\boldsymbol{U}(N) \tag{6.3}$$

式中：$\boldsymbol{K}_X$ 为电子式互感器的变比向量。二次信息系统根据电子式互感器输出的状态信息，对实际的一次系统进行开关操作和负荷调节等，即二次信息系统将电子式互感器输出的信息映射为实际的控制量 $\boldsymbol{S}$，映射过程可描述为

$$\boldsymbol{S}(N)=E_N\boldsymbol{X}(N) \tag{6.4}$$

一般而言，二次信息与控制量 $\boldsymbol{S}$ 之间的映射关系为线性映射。将式（6.3）和式（6.4）代入式（6.2），可得电力系统中 n 个电子式互感器的二次输出信息满足下式：

$$F[\boldsymbol{K}_X^{-1}\boldsymbol{X}(N+1),E_N\boldsymbol{X}(N),\boldsymbol{D}(N+1),p,A]=0 \tag{6.5}$$

式（6.5）表明在正常运行状态下变电站中配置的多台电子式互感器的二次输出信息与其所测量的一次电压状态量一样，在参数 A 和 p 的作用下满足一定的电气物理相关性，即某种运行规律，因此可根据参量 A 和 p 建立电子式互感器计量误差状态评估的标准量。

综上，在信息物理相关性的约束下，电子式互感器误差状态的评估模型，如图 6.5 所示。

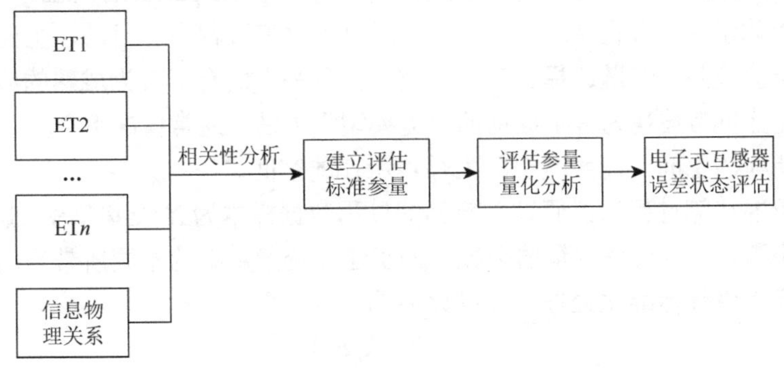

图 6.5　基于信息物理相关性的误差状态评估模型

ET 为电子式互感器

2. 基于数据驱动的电子式互感器误差状态评估

电子式互感器在运行过程中产生的大量测量数据反映了一次物理电压和电流的状态信息及自身的测量误差状态信息。可在电气物理相关性分析的制约下，利用统计分析的方法对电子式互感器中的信息物理相关性进行量化分析，从而实现电子式互感器的误差状态评估。在统计学中常见的相关性分析方法有二元变量相关性分析、回归分析、关联分析及聚类分析等。其中二元变量相关性分析主要针对二元统计量的统计相关性分析；回归分析是用统计推断的方式推测多元变量之间相关关系的有无和形式；关联分析中最经典的算法是 Apriori 算法，用于挖掘数据属性之间潜在的有利用价值的联系，该方法主要用于商业数据分析；聚类分析是一种探索性的分析方法，根据数据集的属性相关性对数据集进行分析。上述几种相关性分析方法主要用于数据相关性的探索，并不适用于将关联数据与其他类型的数据相互分离和量化。本节采取一种基于主元分析（principal component analysis，PCA）的数据相关性分析方法。该方法适用于海量数据的特征提取和降维，从几何角度上来解释，主元分析的定义就是把数据集 $x=(x_1,x_2,\cdots,x_n)$ 构成的坐标在一定约束条件下进行一个旋转，从而产生一个新的坐标系，在新坐标系中具有若干个代表数据最大变异程度的坐标轴。当统计过程中某一变量发生异常时，检测样本数据在新的坐标系下会有某种程度的偏离，通过检测偏离程度的大小就可以判断过程数据是否出现异常[9-13]。

1）主元分析的基本原理

随着通信技术的快速发展和广泛应用，大量工业设备的过程运行数据被采集并存储下来。如何从海量的过程运行数据中挖掘出隐藏的过程状态信息，从而对工业系统进行监控和状态评估，已成为越来越迫切的需求。主元分析等多元变量统计方法在物理研究、化学分析及工业过程监控等领域均是一种有效的统计分析方法。主元分析最早在 1901 年由 Pearson 提出，用于对空间中的相关数据点进行最佳直线或平面拟合，随后大量的文献对其进行了深入的研究，并逐步形成了相对完善的理论体系。就其应用而言，20 世纪 60 年代初被引入化学领域，当时被称为主因素分析（principal factor analysis）。70 年代后被引入分析化学中，并在 80 年代后期逐渐引入化工过程中。目前，主元分析已在数据简化、奇异值检测、变量选择、变量分类及预测等方面有了较为成熟的应用。在过程监控中，主元分析常被视为基于数据的“无模型”方法，通常情况下主元子空间可被认为是真实值所在的空间，而残差空间为噪声所在的空间。

主元分析的计算过程为：假设采集到的过程数据样本为 $\boldsymbol{X}^0\in\boldsymbol{\Phi}^{n\times m}$，其中 n 为测量数据的样本个数，m 为过程变量的个数。为了避免变量量纲的不同所带来的影响，首先需要对数据样本进行标准化处理，标准化后的数据矩阵为

$$\boldsymbol{X}=(\boldsymbol{X}^0-\boldsymbol{1}_n\boldsymbol{b}^{\mathrm{T}})\boldsymbol{\Sigma}^{-1} \tag{6.6}$$

式中：$\boldsymbol{1}_n=[1,1,\cdots,1]^{\mathrm{T}}\in\boldsymbol{\Phi}^{n\times 1}$；$\boldsymbol{b}=(\boldsymbol{X}^0)^{\mathrm{T}}\boldsymbol{1}_n/n$ 为测量数据的均值向量；$\boldsymbol{\Sigma}=\mathrm{diag}(\sigma_1^2,\sigma_2^2,\cdots,\sigma_m^2)$ 为数据的方差矩阵。

将标准化后的采样数据进行分解如下：

$$X = t_1 p_1^{\mathrm{T}} + t_2 p_2^{\mathrm{T}} + \cdots + t_m p_m^{\mathrm{T}} = T_X P_X^{\mathrm{T}} \tag{6.7}$$

式中：$T_X = [t_1, t_2, \cdots, t_m]$为得分矩阵；$P_X = [p_1, p_2, \cdots, p_m]$为载荷矩阵。

对于任意的 i 和 j，当$i \neq j$时均有$t_i^{\mathrm{T}} t_j = 0$成立，即各个得分向量之间满足相互正交，同理各个负荷向量之间也满足相互正交，即

$$\begin{cases} p_i^{\mathrm{T}} p_j = 0, & i \neq j \\ p_i^{\mathrm{T}} p_j = 0, & i = j \end{cases} \tag{6.8}$$

根据采样数据分解的这一特性，将式（6.7）等式两端同时乘 p_t 可得

$$t_i = X p_i \tag{6.9}$$

从几何学的角度出发，由式（6.9）可知得分向量t_i是数据矩阵X在相应载荷向量p_i上的映射，其长度代表了数据矩阵X在相应载荷向量上的占比。把得分向量按其长度大小做递减排列，如下式：

$$\| t_1 \| > \| t_2 \| > \cdots > \| t_m \| \tag{6.10}$$

则载荷向量 p_1 为数据矩阵X变化最大的方向，p_2 为数据矩阵X变化第二大的方向，p_m 为数据矩阵X变化最小的方向。

如果数据矩阵 X 各个变量之间存在某种线性相关性，那么 X 的变化将主要由其最大的几个载荷向量来反映，而在其他方向上的投影将会很小。数据矩阵X可作如下的主元分解：

$$X = \hat{X} + E = T P^{\mathrm{T}} + T_{\mathrm{e}} P_{\mathrm{e}}^{\mathrm{T}} \tag{6.11}$$

式中：$\hat{X} = T P^{\mathrm{T}}$为数据矩阵 X 的主元子空间模型；$E = T_{\mathrm{e}} P_{\mathrm{e}}^{\mathrm{T}}$为数据矩阵 X 的残差子空间模型。T 为主元得分矩阵；P 为主元载荷矩阵；T_{e}为残差得分矩阵；P_{e}为残差载荷矩阵。

载荷矩阵 P 和 P_{e} 可以通过对数据矩阵 X 的协方差矩阵 R 进行奇异值分解得到，如式（6.12）所示：

$$R = X^{\mathrm{T}} X / (n-1) = [P P_{\mathrm{e}}] \Lambda [P P_{\mathrm{e}}]^{\mathrm{T}} \tag{6.12}$$

式中，$\Lambda = \mathrm{diag}(\lambda_1, \lambda_2, \cdots, \lambda_m)$，$\lambda_1 \geqq \lambda_2 \geqq \cdots \geqq \lambda_m$为协方差矩阵$R$的特征值；$[PP]$为对应的特征向量组成的载荷向量。特征值越大，代表的变量相关性越强。

对于电子式互感器误差状态评估而言，电子式互感器的二次输出信息主要包括电网一次电压信息和自身的计量误差信息。当电子式互感器正常运行时其计量误差信息相比于电网一次电压信号的波动较小，此时测量数据矩阵 X 的协方差矩阵 R 体现的主要是一次电压信号之间的相关性。因此利用主元分析法对电子式互感器的测量数据进行分析，得到的主元子空间为电网一次电压信号的真实值，残差子空间则为电子式互感器的计量误差。当电子式互感器中的某一相发生计量误差异常波动时，测量数据矩阵X的协方差矩阵R将发生变化，从而造成主元载荷矩阵和残差载荷矩阵变化，从而电子式互感器的二次输出信息在主元子空间和残差子空间中的数据投影也将发生变化，通过检测数据投影的偏移程度即可对电子式互感器二次输出信息的准确性进行检验，并进一步对其

计量误差状态进行在线评估[14-16]。

2）主元个数的确定

主元子空间的个数确定目前有较多的方法，但是每种方法都有其优点和缺点。部分学者认为确定主元个数时，应以主元恢复的数据效果最好为依据，即重构误差达到最小时的主元个数为最优主元，该方法只需对数据进行分析，但是缺乏对过程故障检测的针对性。基于这一思路，部分学者提出了一种基于故障检测与识别性能优化的主元个数选取方法，认为选择主元个数时需要能够准确检测出主元子空间和残差子空间中的临界故障幅值。相比而言，后一种方法需要知道故障的临界幅值，即需要建立系统运行过程中所有的故障集。对于一个复杂的工业系统，建立健全的故障集是很难实现的。目前主要用到的主元个数确定方法是方差累计贡献率百分比（cumulative percent variance，CPV）法和交叉检验（cross validation，CV）法。

交叉检验法将样本数据分成建模数据和检验数据两个部分。建模数据用于建立不同主元个数下的主元模型；检验数据则用于测试不同主元个数下的最优主元模型。根据检验数据误差最小化的原则确定主元模型对应的主元个数。交叉检验法的优点在于主元个数的选择不受人为主观因素的影响，但当变量数目较大时，该方法的计算量也会很大。

方差累计贡献率百分比法通过计算前 p 个主元的方差累积百分比确定主元个数，其计算公式为

$$\mathrm{CPV}(p)=\frac{\sum_{j=1}^{p}\lambda_j}{\sum_{j=1}^{m}\lambda_j}\times 100\% \tag{6.13}$$

采用方差累计贡献率百分比法选择主元个数时需要人为地选定一个标准 CPV 期望值，一般情况下该值可设置为 85%。当 CPV 大于期望值时，对应的 p 值即为应该保留的主元个数。这种方法的优点是计算量较小，简单可靠，但其缺点是标准 CPV 期望值的确定主观性较大。对于电子式互感器误差状态评估，由于变量数较小，主观性带来的影响可忽略不计，可利用方差累计贡献率百分比法选择电子式互感器二次输出信息的主元数。

3）评估控制限的确定

当电子式互感器的计量误差状态存在异常变化时，测量数据在主元子空间和残差子空间中的投影将发生一定的偏离，可以通过建立统计量判断异常变化的偏离程度，实现电子式互感器计量误差的状态评估。一般而言，可在主元子空间中建立 Hotelling T^2 统计量判断主成分的偏移程度，在残差子空间中建立 Q 统计量判断测量数据中非主成分的偏移程度。

a. Hotelling T^2 统计量

Hotelling T^2 统计量是得分向量的标准平方和，主要用于衡量测量数据投影至主元子空间中的信息大小，具体的表现形式如下：

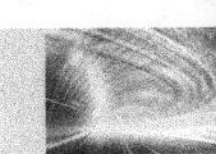

$$T^2 = \boldsymbol{X}^{\mathrm{T}}\boldsymbol{P}\boldsymbol{\Lambda}^{-1}\boldsymbol{P}^{\mathrm{T}}\boldsymbol{X} = \sum_{i=1}^{p}\frac{t_i^2}{\lambda_i} \sim \frac{p(n^2-1)}{n(n-p)}F(n,n-p) \tag{6.14}$$

式中：$\boldsymbol{\Lambda} = \mathrm{diag}(\lambda_1,\lambda_2,\cdots,\lambda_m)$ 为主元方差矩阵；p 为主元个数；$F(n,n-p)$ 为自由度 n 和 $n\text{–}p$ 的 F 分布。给定一个置信度 α，可以得到 Hotelling T^2 统计量的控制限位：

$$T_\alpha^2 = \frac{a(n^2-1)}{n(n-a)}F_\alpha(\alpha,n-\alpha) \tag{6.15}$$

Hotelling T^2 统计量只包含了主元得分信息，体现了过程系统性的变动情况，对于电子式互感器的二次输出信息而言，它主要反映的是电网的一次物理电压信号的波动。

b. Q 统计量

一般而言，Hotelling T^2 的假设检验主要用于检验投影至主元子空间中某些变量的变动，如果某一测量变量的过程信息没有被很好地投影至主元子空间中，那么这种变量的异常变化就无法通过建立 Hotelling T^2 统计量进行检测。此时，可以通过在残差子空间中计算 Q 统计量判断过程变量的异常变化情况。Q 统计量的具体表现形式如下：

$$\boldsymbol{Q} = (\boldsymbol{X}\boldsymbol{P}_{\mathrm{e}}\boldsymbol{P}_{\mathrm{e}}^{\mathrm{T}})(\boldsymbol{X}\boldsymbol{P}_{\mathrm{e}}\boldsymbol{P}_{\mathrm{e}}^{\mathrm{T}})^{\mathrm{T}} = \boldsymbol{X}\boldsymbol{P}_{\mathrm{e}}\boldsymbol{P}_{\mathrm{e}}^{\mathrm{T}}\boldsymbol{X}^{\mathrm{T}} \leqslant Q_{\mathrm{c}} \tag{6.16}$$

式中：Q_{c} 为显著性水平为 α 的统计量控制阈值，可按下式计算：

$$Q_{\mathrm{c}} = \theta_1\left[\frac{C_\alpha\sqrt{2\theta_2 h_0^2}}{\theta_1} + 1 + \frac{\theta_2 h_0(h_0-1)}{\theta_1^2}\right]^{\frac{1}{h_0}} \tag{6.17}$$

其中：$\theta_i = \sum\limits_{j=\alpha+1}^{3}\lambda_j^i\ (i=1,2,3)$；$h_0 = 1-2\theta_1\theta_3/3\theta_2^2$；$C_\alpha$ 正态分布在检测水平为 α 下的临界值。

经过主元分析后电子式互感器的计量误差信息将投影到残差子空间中，因此在电子式互感器正常运行状态下，通过建立统计量控制阈值 Q_{c}，实现对所建立的信息物理相关性分析的评估模型的量化。

当电子式互感器处于正常运行状态时，二次输出信息 Q 统计量的期望值如下：

$$E(Q) = \mathrm{tr}\boldsymbol{E}\{\boldsymbol{I}_i(s_{xi}+v_{ti})\boldsymbol{P}_{\mathrm{e}}\boldsymbol{P}_{\mathrm{e}}^{\mathrm{T}}[\boldsymbol{I}_i(s_{xi}+v_{ti})\boldsymbol{P}_{\mathrm{e}}]^{\mathrm{T}}\} \tag{6.18}$$

式中：$\boldsymbol{I}_i$ 为单位矩阵对应的列向量；s_{xi}，v_{ti} 分别为对应电子式互感器的系统误差和随机误差。当某相电子式互感器的二次输出发生计量偏差 f_i 时，测量数据的数学形式为

$$x(t) = \boldsymbol{I}_i(k\boldsymbol{U}_{ti}+s_{xi}+v_{ti}) + \boldsymbol{I}_i f_i \tag{6.19}$$

则在异常情况下测量数据的 Q 统计量期望值为

$$\boldsymbol{E}(Q) = \mathrm{tr}\boldsymbol{E}\{\boldsymbol{I}_i(s_x i+v_t i)\boldsymbol{P}_{\mathrm{e}}\boldsymbol{P}_{\mathrm{e}}^{\mathrm{T}}[\boldsymbol{I}_i(s_x i+v_t i)\boldsymbol{P}_{\mathrm{e}}]^{\mathrm{T}}\} + \boldsymbol{E}(f_i^2)\|\boldsymbol{P}_{\mathrm{e}i}\|^2 \tag{6.20}$$

式中：$\boldsymbol{P}_{\mathrm{e}i}$ 为残差矩阵 $\boldsymbol{P}_{\mathrm{e}}$ 对应的列向量。由式（6.20）可知，当 $\boldsymbol{P}_{\mathrm{e}i} \neq 0$ 时，Q 统计量的期望值与计量偏差 f_i 呈正相关。当电子式互感器正常运行时，测量数据的 Q 统计量应小于其统计量控制阈值；当电子式互感器的计量误差发生异常变化时，测量数据的 Q 统计量将超过其统计量控制阈值。当 $\boldsymbol{P}_{\mathrm{e}i} = 0$ 时，则无论电子式互感器的计量误差有多大，Q 统

计量也不会超过其统计量控制阈值，这种情况表示某相电子式互感器的二次输出信息与其他两相相互独立。对于基于信息物理相关性的电子式互感器计量误差状态评估，恒有 $\boldsymbol{P}_{ei} \neq 0$。

进一步地，分析基于信息物理相关性的电子式互感器计量误差状态评估模型可检测的误差变化大小。对式（6.19）进行标准化处理可得

$$\overline{x(t)} = [\boldsymbol{I}_i(k\boldsymbol{U}_{ti} + s_{xi} + v_{ti}) + \boldsymbol{I}_i f_i - \boldsymbol{1}_n \boldsymbol{b}^{\mathrm{T}}]\boldsymbol{\Sigma}^{-1} \tag{6.21}$$

此时测量数据的 Q 统计量为

$$Q = (\overline{x(t)}\boldsymbol{P}_{\mathrm{e}}\boldsymbol{P}_{\mathrm{e}}^{\mathrm{T}})(\overline{x(t)}\boldsymbol{P}_{\mathrm{e}}\boldsymbol{P}_{\mathrm{e}}^{\mathrm{T}})^{\mathrm{T}} = \| \boldsymbol{P}_{\mathrm{e}}^{\mathrm{T}}\overline{x(t)} + \boldsymbol{P}_{\mathrm{e}}^{\mathrm{T}}\boldsymbol{\Sigma}^{-1}\boldsymbol{I}_i f_i \|^2 \tag{6.22}$$

根据向量的三角不等式原理可得

$$\| \boldsymbol{P}_{\mathrm{e}}^{\mathrm{T}}\overline{x(t)} + \boldsymbol{P}_{\mathrm{e}}^{\mathrm{T}}\boldsymbol{\Sigma}^{-1}\boldsymbol{I}_i f_i \| \geqslant \| \| \boldsymbol{P}_{\mathrm{e}}^{\mathrm{T}}\overline{x(t)} \| - \| \boldsymbol{P}_{\mathrm{e}}^{\mathrm{T}}\boldsymbol{\Sigma}^{-1}\boldsymbol{I}_i f_i \| \| \tag{6.23}$$

则利用 Q 统计量对电子式互感器计量误差状态进行评估时，能检测出的第 i 相电子式互感器计量误差变化的充分条件为

$$\boldsymbol{P}_{\mathrm{e}}^{\mathrm{T}}\boldsymbol{\Sigma}^{-1}\boldsymbol{I}_i \boldsymbol{f}_i \geqslant 2Q_{\mathrm{c}} \tag{6.24}$$

由式（6.24）可得，当第 i 相电子式互感器计量误差变化满足式（6.25）时，基于本章提出的电子式互感器状态评估模型才能有效检测出来。

$$\| f_i \| \geqslant \frac{2\sigma_i Q_{\mathrm{c}}}{\left(\sum_{k=p+1}^{n} p_{ik}^2\right)^2} \tag{6.25}$$

3. 电子式互感器计量误差的异常诊断

当电子式互感器二次输出信息的 Q 统计量超过其统计量控制阈值 Q_{c} 时，需要判断具体哪一相电子式互感器的计量误差状态发生异常变化。在对多个变量数据进行过程监控时最为常用的变量辨识的方法是针对统计量的贡献图法，即通过计算各个变量在超限统计量的构造中所起的作用，可以得到变量对于超限统计量的重要程度，即贡献率。认为贡献率最高的变量发生了异常变化。

当 Q 统计量超过统计控制阈值后，第 i 相电子式互感器的测量 X_i^0 对 Q 统计量的贡献率为

$$Q_i = e_i^2 = (\boldsymbol{X}_i - \hat{\boldsymbol{X}}_i)^2 \tag{6.26}$$

式中：$\boldsymbol{X}_i$ 为测量数据矩阵对应的列向量；$\hat{\boldsymbol{X}}_i$ 为主元子空间数据矩阵对应的列向量。

4. 电子式互感器误差评估流程

根据上述内容可得，利用主元分析对电子式互感器误差状态的评估流程如图 6.6 所示。

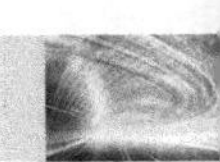

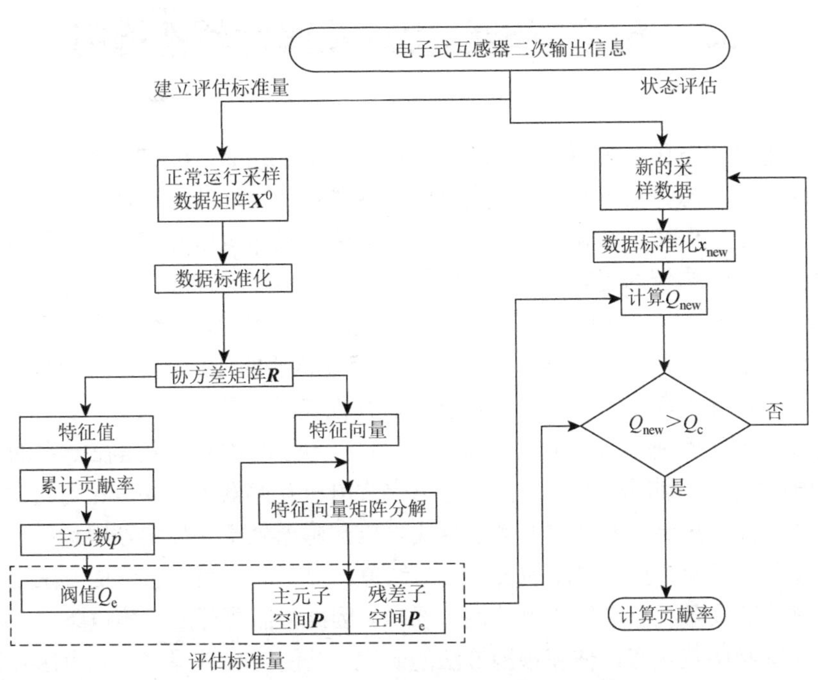

图 6.6　基于主元分析的电子式互感器误差评估模型量化流程

（1）采集正常运行状态下电子式互感器的二次输出信息，获取数据矩阵X^0。

（2）对数据矩阵X^0进行标准化数据处理，得到标准化的数据矩阵 X，其均值向量为b，方差矩阵为Σ。

（3）对标准化矩阵X进行奇异值分解，计算其特征值$\lambda_1,\lambda_2,\cdots,\lambda_m$和对应的特征向量$[PP_e]$。

（4）按照 CPV≥85% 的原则选取主成分的个数 p，确定主元子空间的载荷矩阵 P 及残差子空间的载荷矩阵P_e。

（5）选取检验置信度α，根据式（6.17）计算 Q 统计量的统计量控制阈值Q_c，建立电子式互感器计量误差状态的评估标准量。

（6）采集运行过程中电子式互感器的二次输出信息，根据式（6.16）计算过程信息的 Q 统计量。若小于统计量控制阈值Q_c，表明此时电子式互感器处于正常运行状态；若大于统计量控制阈值Q_c，表明此时电子式互感器有较大可能处于异常运行状态。

（7）当电子式互感器二次输出信息的 Q 统计量超过统计量控制阈值Q_c时，根据式(6.26)判断具体某相电子式互感器的误差发生异常变化，指导相关工作人员运行维护和检修工作。

6.3　电容式电压互感器误差状态评估

本节以电容式电压互感器（capacitor voltage transformer，CVT）为例，具体说明无标准器下的误差状态评估方法。电容式电压互感器因其良好的绝缘性能和经济性而被广泛应用于 110 kV 及以上的电力系统中。然而这种形式的电压互感器相比传统的电磁式电压互感器而言结构较为复杂，误差稳定性不高，在实际运行过程中极易出现超差的现象。现场运行经验表明，110 kV 及以上电压等级的互感器中，电容式电压互感器的故障率约为电磁式电压互感器的 5 倍，为电磁式电流互感器的 10 倍。作为测量设备，计量误差的长期稳定性是衡量电容式电压互感器运行性能最重要的参数之一。

对电容式电压互感器计量误差的状态评估，一般采用的方法是在一定的检定周期内，在停电的状态下利用标准器与被校验电容式电压互感器进行误差比对检测。但由于高压输电线路停电困难，电网中大量电容式电压互感器处于超检定期限运行状态，计量误差存在超差的风险，影响电能的公平贸易结算。现有的误差状态评估方法已不适应智能变电站对关键设备状态在线监测的运行要求。因此，需要开展不停电条件下的在运电容式电压互感器误差状态评估和预测方法的研究，以便实时掌握电容式电压互感器的误差状态，更具有针对性地指导电容式电压互感器的运行维护工作对于保证电力系统的安全、稳定、经济运行具有重要的意义。同时针对在运电容式电压互感器误差状态评估和预测的相关技术路线、研究方法可推广至其他类型的电力互感器的研究中，对于推动行业技术发展具有重要的参考价值。

国家电网有限公司统计的相关数据表明，在高等级的电网中，特别是 330 kV 及以上电压等级中，电容式电压互感器的使用数量占有较大的优势。电容式电压互感器的基本工作原理如图 6.7 所示，其中 C_1、C_2 分别为电容分压器的高压电容和中压电容，中间变压器 T_1、补偿电抗器 L、阻尼装置 D 及过电压保护装置 G 共同组成了电磁单元部分。电容式电压互感器接入高压系统后由电容分压器将一次高压信号变换为较低的中间电压信号，降低了电磁单元的绝缘要求，再由中间变压器转化为所需的二次小信号，用于计量、测控、保护和通信等应用。电容式电压互感器的二次输出根据需求的不同有多个绕组，其中 1a1n（2a2n、3a3n）为主二次绕组接线端子，dadn 为剩余电压绕组接线端子。

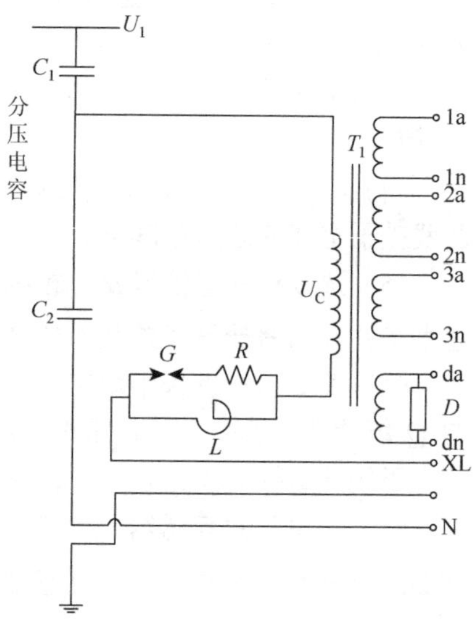

图 6.7　电容式电压互感器工作原理图

6.3.1　基于信息物理相关性分析的电容式电压互感器误差状态评估

电容式电压互感器的计量准确度要求为 0.2 级，一般情况下计量误差的变化小于一次物理电压自身状态的随机波动，难以将电容式电压互感器的误差变化从电网自身状态随机变化的影响中剥离。现代电力系统由物理电网系统（一次输变电系统）和控制系统（二次控制、保护和计量系统）两部分构成，从信号的形式划分可对应为物理系统与信息系统。电容式电压互感器等电力互感器在电力系统中起着连接一次物理系统与二次信息系统的桥梁作用，其二次输出信息力求准确真实地表征电网的一次物理状态。电网在运行过程中由于电气物理相关性的约束，某些一次电气物理参量的运行规律是可解析的或者服从已知分布规律的，正常运行状态下电容式电压互感器的二次输出信息也应满足这些已知规律。根据电容式电压互感器的二次输出信息，利用数理统计的方法判断这些参数是否符合已知规律，从而对电容式电压互感器的误差状态是否存在异常变化做出判断[17-19]。

1. 基于信息物理相关性分析的误差状态评估模型

不同的电力系统网络因为不同的设计需求，其电气网络拓扑结构也不相同。但不失一般性，电网 110 kV 及以上电压等级的输变电系统在电气物理结构上是一种三相四线制的运行方式，如图 6.8 所示。根据电网的运行特征，电网一次侧节点的三相电压信号之间满足如下关系式：

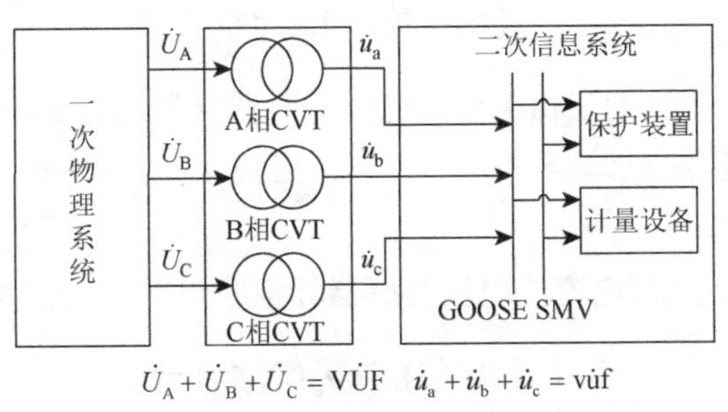

图 6.8　电容式电压互感器信息物理相关性模型

$$\dot{U}_A+\dot{U}_B+\dot{U}_C=\text{V}\dot{\text{U}}\text{F} \tag{6.27}$$

式中：$\dot{U}_A$、$\dot{U}_B$、$\dot{U}_C$ 分别为一次节点三相电压信号的状态相量；$\text{V}\dot{\text{U}}\text{F}$ 为节点三相电压信号的不平衡度。

$\dot{U}_A$、$\dot{U}_B$、$\dot{U}_C$ 的实部也应该满足式（6.27），即有

$$U_{At}\cos\theta_{At}+U_{Bt}\cos\theta_{Bt}+U_{Ct}\cos\theta_{Ct}=\text{Re}(\text{V}\dot{\text{U}}\text{F})_t \tag{6.28}$$

式中：$\dot{U}_{At}$、$\dot{U}_{Bt}$、$\dot{U}_{Ct}$为t时刻一次节点三相电压信号的幅值；$\cos\theta_{At}$，$\cos\theta_{Bt}$，$\cos\theta_{Ct}$为其相位角的余弦值；$\mathrm{Re}(\mathrm{V\dot{U}F})_t$为$t$时刻电网的三相不平衡度的实部。根据电力系统三相对称运行的电气物理特点，图 6.8 的变量关系又可描述为如下的状态方程：

$$\begin{cases}\boldsymbol{F}[\boldsymbol{U}(t+1),S_U(t),D_U(t+1),p_U,\boldsymbol{A}_U]=0\\ \boldsymbol{F}[\boldsymbol{\theta}(t+1),S_\theta(t),D_t(t+1),p_\theta,\boldsymbol{A}_\theta]=0\end{cases}\tag{6.29}$$

式中：t为采样时刻；$\boldsymbol{U}(t+1)=[U_{At},U_{Bt},U_{Ct}]^{\mathrm{T}}$；$\boldsymbol{\theta}(t+1)=[\theta_{At},\theta_{Bt},\theta_{Ct}]^{\mathrm{T}}$；$p_U$、$p_\theta$为网络元件参数，对于节点三相信号而言并不涉及网络元件参数，视为 0。$\boldsymbol{A}_U=\boldsymbol{A}_\theta$为节点三相对称的物理特性，为线性矩阵，且在电网运行过程中保持不变；$S_U(t)$、$D_U(t+1)$及$S_\theta(t)$、$D_t(t+1)$导致节点三相电压信号的不对称。式（6.29）可简化为

$$\begin{cases}F[\boldsymbol{U}(t+1),\mathrm{Re}\,f_U(t),\boldsymbol{A}_U]=0\\ F[\boldsymbol{\theta}(t+1),\mathrm{Re}\,f_\theta(t),\boldsymbol{A}_\theta]=0\end{cases}\tag{6.30}$$

此时三相电容式电压互感器的计量绕组输出信号所包含的信息为

$$\begin{cases}u_{at}=kU_{At}+v_{fat}+s_{fax}\\ u_{bt}=kU_{Bt}+v_{fbt}+s_{fbx}\\ u_{ct}=kU_{Ct}+v_{fct}+s_{fcx}\end{cases}\tag{6.31}$$

$$\begin{cases}\theta_{at}=\theta_{At}+v_{\theta at}+s_{\theta ax}\\ \theta_{bt}=\theta_{Bt}+v_{\theta bt}+s_{\theta bx}\\ \theta_{ct}=\theta_{Ct}+v_{\theta ct}+s_{\theta cx}\end{cases}\tag{6.32}$$

式中：u_{at}、u_{bt}、u_{ct}为t时刻三相电容式电压互感器计量绕组输出信号的幅值；v_{fat}为幅值固定偏差；s_{fax}为幅值随机偏差；$v_{\theta at}$为相位固定偏差；$s_{\theta ax}$为相位随机偏差；θ_{At}、θ_{Bt}、θ_{Ct}为其初始相位。

在正常运行状态下三相电容式电压互感器计量绕组的输出信息应满足式（6.33）：

$$\begin{cases}F[u(t+1),\mathrm{Re}\,f_u(t),\boldsymbol{A}_U]=0\\ F[\theta(t+1),\mathrm{Re}\,f_\theta(t),\boldsymbol{A}_\theta]=0\end{cases}\tag{6.33}$$

相比于电容式电压互感器的 0.2 级准确度要求，电力系统三相不平衡度在一定时间内的波动可视为常数，即式（6.33）中除了电容式电压互感器的二次输出信息状态量$u(t+1)$、$\theta(t+1)$，其余参量均为常数，变电站三相电容式电压互感器的二次输出信息之间存在线性相关性。当三相电容式电压互感器正常运行时，二次输出信息之间的线性相关性主要体现在电网的一次物理电压变化上，可将三相电容式电压互感器正常运行时的线性相关性作为评估标准量。通过对三相电容式电压互感器的二次输出信息进行相关性分析，将电力系统的一次电压信号波动与电容式电压互感器的自身异常造成的测量数据偏差相互剥离，则剩余的二次输出信息为三相电容式电压互感器的计量误差信息。

2. 基于主元分析的评估模型量化方法

分析可知经过主元分析后电容式电压互感器的计量误差信息将投影到残差子空间中，因此在三相电容式电压互感器正常运行状态下，通过建立统计量控制阈值 Q_{c}，实现对所建立的信息物理相关性分析的误差状态评估模型进行量化。

当电容式电压互感器处于正常运行状态时，二次输出信息 Q 统计量的期望值如下：

$$\boldsymbol{E}(Q)=\mathrm{tr}\boldsymbol{E}\{\boldsymbol{I}_i(s_{xi}+v_{ti})\boldsymbol{P}_{\mathrm{e}}\boldsymbol{P}_{\mathrm{e}}^{\mathrm{T}}[\boldsymbol{I}_i(s_{xi}+v_{ti})\boldsymbol{P}_{\mathrm{e}}]^{\mathrm{T}}\} \tag{6.34}$$

式中：$\boldsymbol{I}_i$ 为单位矩阵对应的列向量；s_{xi}，v_{ti} 分别为对应电容式电压互感器的系统误差和随机误差。

当某相电容式电压互感器的二次输出发生计量偏差 f_i 时，测量数据的数学形式为

$$x(t)=\boldsymbol{I}_i(k\boldsymbol{U}_{ti}+s_{xi}+v_{ti})+\boldsymbol{I}_i\boldsymbol{f}_i \tag{6.35}$$

在异常情况下测量数据的 Q 统计量期望值为

$$\boldsymbol{E}(Q)=\mathrm{tr}\boldsymbol{E}\{\boldsymbol{I}_i(s_{xi}+v_{ti})\boldsymbol{P}_{\mathrm{e}}\boldsymbol{P}_{\mathrm{e}}^{\mathrm{T}}[\boldsymbol{I}_i(s_{xi}+v_{ti})\boldsymbol{P}_{\mathrm{e}}]^{\mathrm{T}}\}+\boldsymbol{E}(f_i^2)\|\boldsymbol{P}_{\mathrm{e}i}\|^2 \tag{6.36}$$

式中：$\boldsymbol{P}_{\mathrm{e}i}$ 为残差矩阵 $\boldsymbol{P}_{\mathrm{e}}$ 对应的列向量。对于基于信息物理相关性分析的误差状态评估，恒有 $\boldsymbol{P}_{\mathrm{e}i}\neq 0$。

当三相电容式电压互感器二次输出信息的 Q 统计量超越其统计量控制阈值 Q_{c} 时，需要判断具体哪一相电容式电压互感器的计量误差状态发生异常变化。在对多个变量数据进行过程监控时最为常用的变量辨识的方法是针对统计量的贡献图法，即通过计算各个变量在超限统计量的构造中所起的作用，可以得到变量对于超限统计量的重要程度，即贡献率，认为贡献率最高的变量发生了异常变化。

当 Q 统计量超过统计量控制阈值时，第 i 相电容式电压互感器的测量数据 $\boldsymbol{X}_i^0$ 对 Q 统计量的贡献率为

$$Q_i=e_i^2=(\boldsymbol{X}_i-\hat{\boldsymbol{X}}_i)^2 \tag{6.37}$$

式中：$\boldsymbol{X}_i$ 为测量数据矩阵对应的列向量；$\hat{\boldsymbol{X}}_i$ 为主元子空间数据矩阵对应的列向量。

6.3.2　实验验证

为了验证基于信息物理相关性分析的误差状态评估模型的可行性，在实验室条件下设计了实验验证方案。

1. 实验设计

由 6.3.1 节分析可知，在不停电条件下实现电容式电压互感器计量误差的状态评估主要会受到电网一次电压自身状态波动的影响。为了能够真实反映电网一次电压的波动信息，采集变电站某 110 kV 间隔三相电压互感器的二次输出信息作为实验电压信号源，采样频率为 1 min/次，采样点数为 3 000 点，时间约为 3 天，如图 6.9 所示。

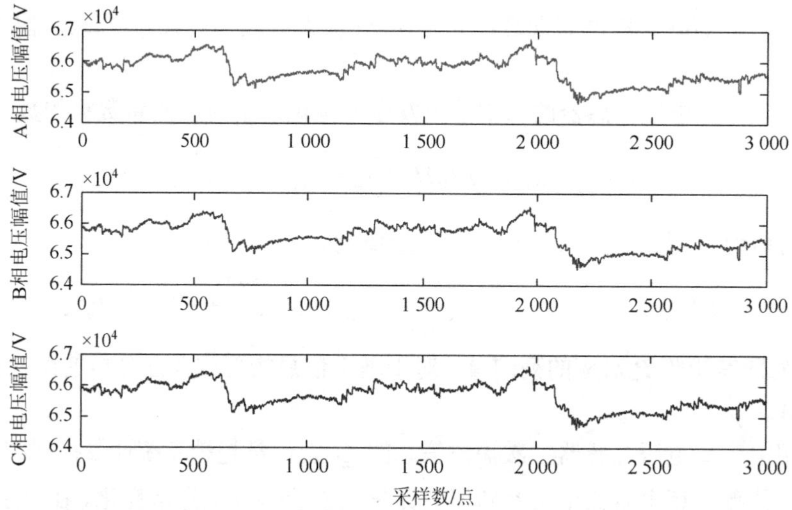

(a) 三相一次物理电压幅值信息

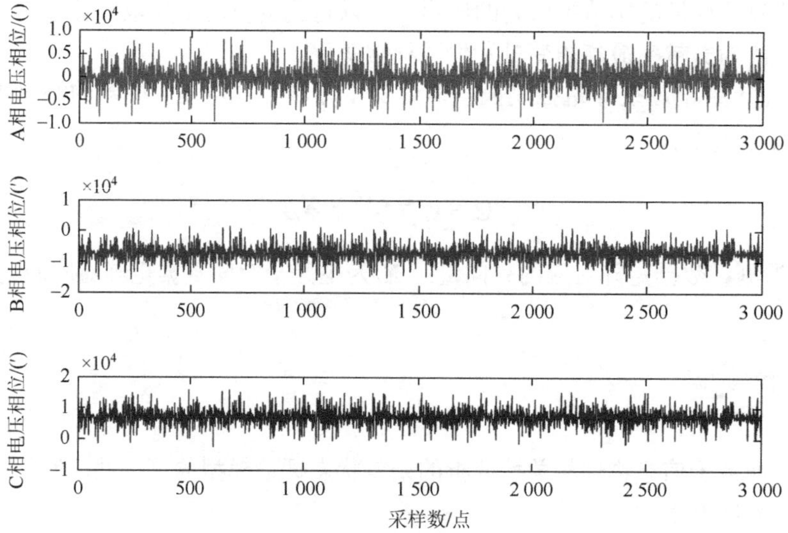

(b) 三相一次物理电压相位信息

图 6.9　三相一次物理电压信号实测数据

由于电压互感器在运行过程中的误差稳定性较好，可以认为三相电压互感器的二次输出信息能够正确反映电网一次物理电压的状态信息。利用电容器和微型电压互感器构建模拟电容式电压互感器，通过三相程控功率源对变电站采集的三相电压互感器的二次输出数据进行复现输出（比例为 110 kV/∶57.7 V），模拟变电站现场真实的一次物理电压信号。利用 24 bit 信号采集系统对三相模拟电容式电压互感器的输出信号进行数据采样，对所采集的数据进行主元分析，实现对电容式电压互感器计量误差状态的在线监测和评估。同时搭建传统的利用标准互感器对比的计量误差校验系统（准确度等级为 0.05 级），对基于信息物理相关性分析的电容式电压互感器误差状态评估模型进行验证。

2. 实验结果分析

利用三相程控率源复现电力系统三相一次电压信号的物理信息，在不叠加误差影响因素的情况下采集三相模拟电容式电压互感器的输出信号，同时利用校验系统计算出三相模拟电容式电压互感器的幅值误差 ε 和相位误差 δ。不进行误差影响实验时，对三相模拟电容式电压互感器的二次输出数据（2 000 点）进行误差状态评估，Q 统计量的过程监控如图 6.10 所示，幅值和相位的异常数据占比分别为 1.4%和 0.9%，可认为此时三相模拟电容式电压互感器处于正常运行状态。同时基于校验系统测试三相模拟电容式电压互感器的幅值误差和相位误差，三相模拟电容式电压互感器的幅值误差和相位误差的标准差依次为 0.032 5%、0.026 7%、0.018 9%、0.657′、0.547′、0.706′，基本无明显波动，与图 6.10 所示的评估结果一致。

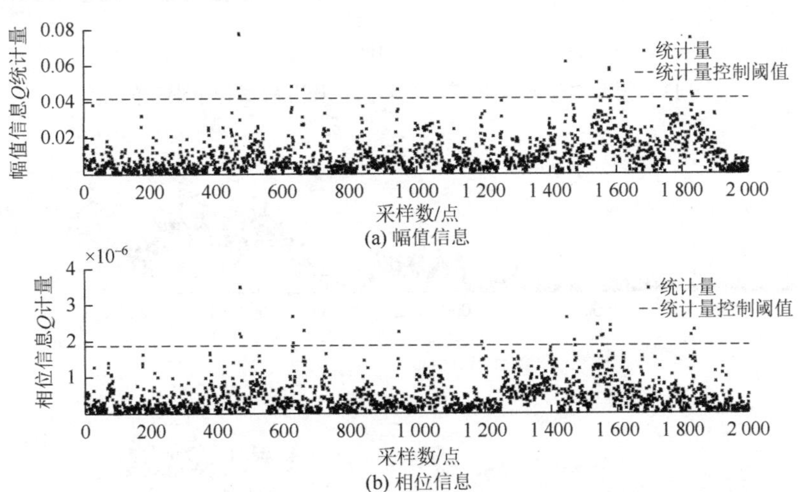

图 6.10　三相电容式电压互感器正常运行状态下的 Q 统计量监控图

根据工程应用中常用的电容式电压互感器频率附加误差计算公式可知，由频率变化引起的电容式电压互感器附加误差与频率波动呈线性关系，可改变程控功率源的输出频率模拟电容式电压互感器不同程度的计量误差变化。保持 B、C 两相程控功率源输出的信号频率为 50 Hz 不变，设置 A 相程控功率源的输出频率，模拟 A 相电容式电压互感器不同大小的计量误差变化，验证基于信息物理相关性分析的电容式电压互感器误差状态评估模型的有效性。具体的实验过程为：1～500 采样点时设置 A 相程控功率源输出信号的频率为 50 Hz；501～1 000 采样点时设置 A 相程控功率源输出信号的频率为 49.5 Hz；1 001～1 500 采样点时设置 A 相程控功率源输出信号的频率为 49 Hz；1 501～2 000 采样点时设置 A 相程控功率源输出信号的频率为 48.5 Hz。采集三相模拟电容式电压互感器的二次输出信息，根据式（6.37）计算表征计量误差信息的 Q 统计量，并与统计控制阈值 Q_c 进行比较，实现对三相模拟电容式电压互感器计量误差状态的评估。A 相模拟电容式电压互感器的计量误差变化如图 6.11 所示，基于信息物理相关性分析的计量误差状态评估结果如图 6.12 所示。

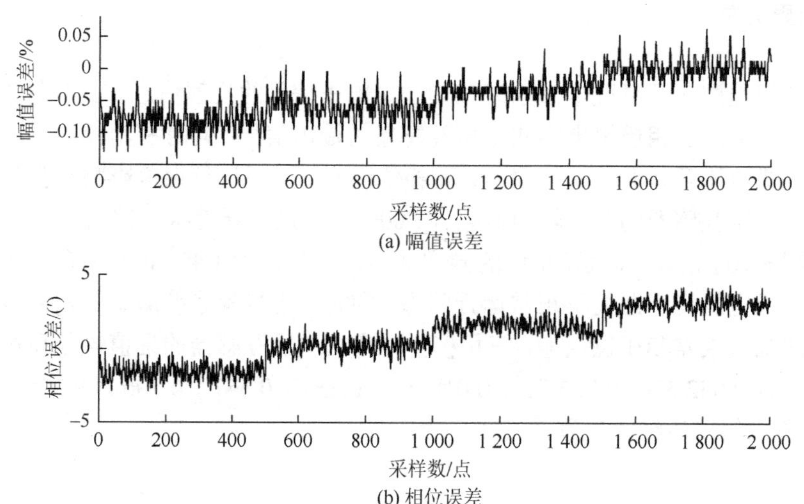

图 6.11　频率实验下 A 相模拟电容式电压互感器计量误差的变化

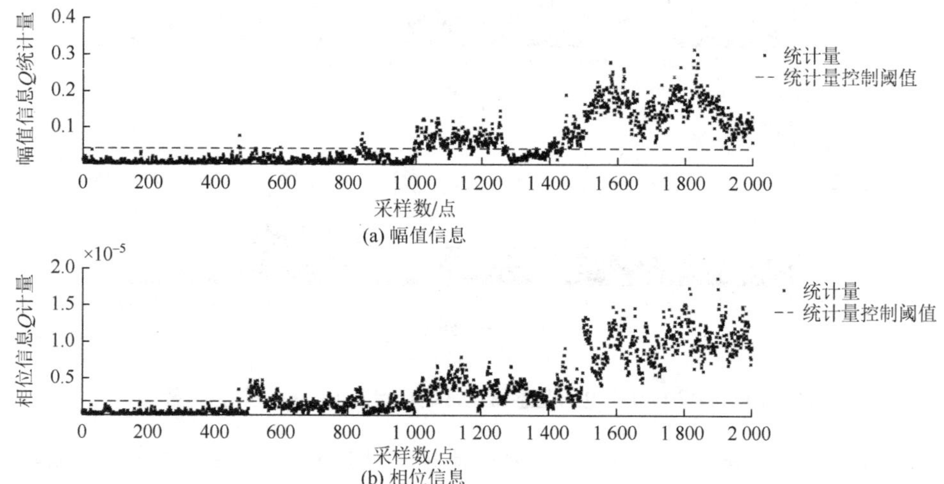

图 6.12　频率实验下三相模拟电容式电压互感器的 Q 统计量监控图

由图 6.11 可知，随着实验过程中频率偏移的增加，A 相电容式电压互感器的计量误差逐渐增大，三相模拟电容式电压互感器的 Q 统计量同样也在逐渐增大。当采样点数达到 1 000 点及以上时，表征相位误差状态的 Q 统计量基本开始超过其统计量控制阈值，认为三相电容式电压互感器中某相电容式电压互感器的相位误差发生异常波动，此时 A 相电容式电压互感器相位的误差变化为 3.2′，相位信息的误差评估精度满足 0.2 级准确度的要求；当采样点数达到 1 500 点及以上时，表征幅值误差信息的 Q 统计量基本全部超过其统计量控制阈值，认为三相电容式电压互感器中某相电容式电压互感器的幅值误差发生异常波动，此时 A 相电容式电压互感器幅值的误差变化为 0.097 6%，幅值误差的评估准确度满足 0.2 级准确度的要求。计算三相模拟电容式电压互感器的二次输出对 Q 统计量的贡献率，如图 6.13 所示。分析 Q 统计量超过其统计控制阈值的数据点，A 相模拟电容式电压互感器的贡献率最大，即此时 A 相模拟电容式电压互感器的计量误差状态发生较大变化，与对 A 相模拟电容式电压互感器进行频率误差实验相符合，基于信息物理相关性分析的电容式电压互感器误差状态评估模型可用于 0.2 级电容式电压互感器的误差状态评估。

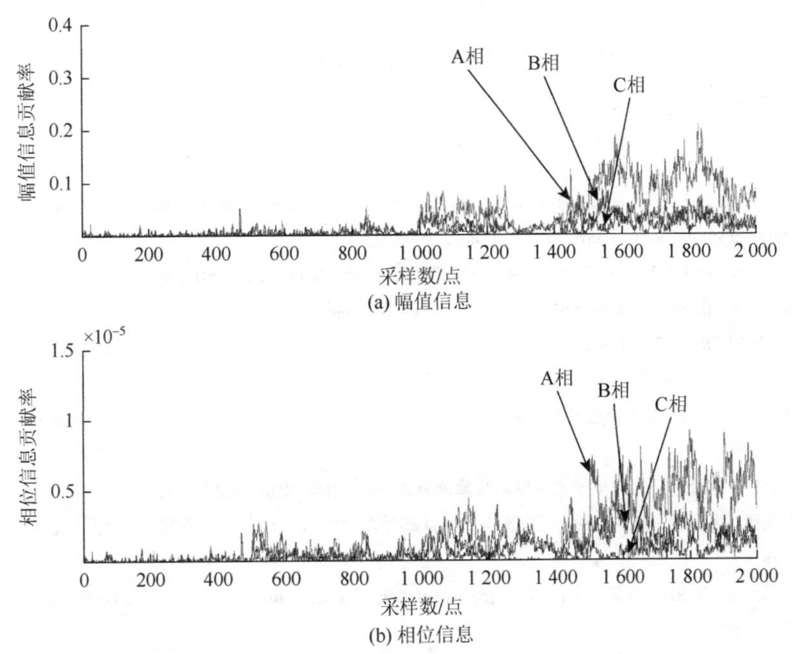

图 6.13　频率实验下三相模拟电容式电压互感器的测量数据对 Q 统计量的贡献率

对电容式电压互感器的误差评估结果进行量化分析。仍然通过改变 A 相程控功率源的输出频率，模拟在不同计量误差异常状态下三相电容式电压互感器幅值信息 Q 统计量的期望值及相位信息 Q 统计量的期望值，如图 6.14 所示。由图 6.14 可知，随着电容式电压互感器计量误差的逐渐增大，三相电容式电压互感器二次输出信息的 Q 统计量也逐渐增大，且 Q 统计量的期望值与误差的平方值呈线性关系，与理论计算的结果一致，实

际评估时可根据三相电容式电压互感器二次输出信息 Q 统计量的期望值对电容式电压互感器的计量误差大小做出大致的判断。

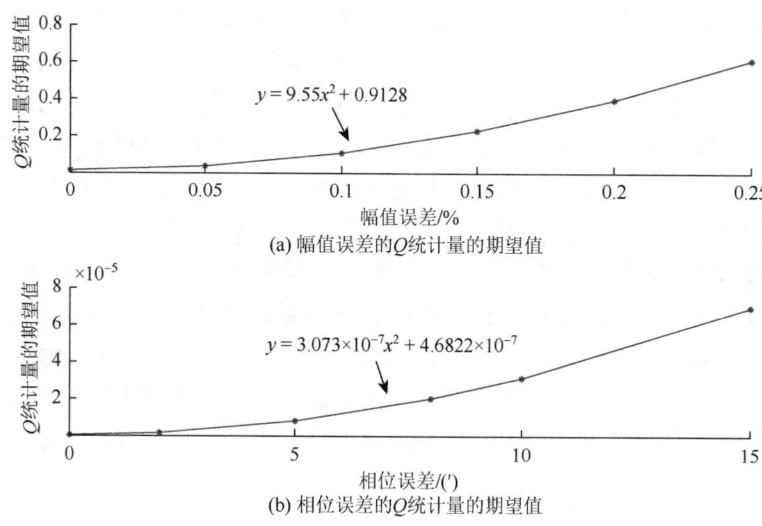

(a) 幅值误差的Q统计量的期望值

(b) 相位误差的Q统计量的期望值

图 6.14 不同计量误差下的 Q 统计量的期望值

参 考 文 献

[1] ZHANG Y, HOU G L, LI Y Y, et al. Sensor and actuator fault detection and diagnosis based on morphology-wavelet[J]. 2009 IEEE international symposium on industrial electronics, 2009: 926-931.

[2] YANG H, CHANG W, HUANG C. Power system distributed on-line fault section estimation using decision tree based neural nets approach[J]. IEEE trans on power delivery, 1995, 10(1): 540-546.

[3] LO K L, NG H S, TRECAT J. Power systems fault diagnosis using Petri nets[J]. IET proceedings-generations, transmissions and distributions, 1997, 144(3): 231-236.

[4] 熊小伏, 何宁, 于军, 等. 基于小波变换的数字化变电站电子式互感器突变性故障诊断方法[J]. 电网技术, 2010, 34(7): 181-185.

[5] 杨学东. 基于小波：分形理论的电子式互感器故障诊断方法研究[D]. 重庆: 重庆大学, 2012.

[6] 王洪彬, 唐昆明, 徐瑞林, 等. 数字化变电站电子式互感器渐变性故障诊断方法研究[J]. 电力系统保护与控制, 2012, 40(24): 53-58.

[7] FENG Z G, WANG Q, SHIDA K. Design and implementation of a self-validating pressure sensor[J]. IEEE sensors journal, 2009, 9(3): 207-218.

[8] SHEN Z, WANG Q. Failure detection, isolation and recovery of multifunctional self-validating sensor[J]. IEEE transactions on instrumentation and measurement, 2012, 61(12): 3351-3362.

[9] SHEN Z, WANG Q. Data validation and validated uncertainty estimation of multifunctional self-validating sensors[J]. IEEE transactions on instrumentation and measurement, 2013, 62(7): 2082-2092.

[10] 王洪彬, 唐昆明, 徐瑞林, 等. 数字化变电站电子式互感器渐变性故障诊断方法研究[J]. 电力系统保护与控制, 2012, 40(24): 53-58.

[11] CHO H J, PARK J K. An expert system for fault section diagnosis of power systems using Fuzzy relations[J]. IEEE trans on power systems, 1997, 12(1): 342-348.

[12] MC ARTHUR S, DAVISON E M, HOSSACK J A, et al. Automating power system fault diagnosis through multi-agent system

technoligy[C]. In 31th Annual Hawaii International Conference on System Sciences, Big Island, HI, USA, Jan. 2004. 947-954.

[13] 程瑛颖, 吴昊, 杨华潇, 等. 电能计量装置状态模糊综合评估及检验策略研究[J]. 电测与仪表, 2012, 49(564): 1-6.

[14] LIN K, HOLBERT K E. Design of a hybrid fuzzy classifier system for power system sensor status evaluation[C]. In IEEE-Power-Engineering-Society General Meeting. CA: IEEE, 2005: 1351-1358.

[15] 张秋雁，程含渺，李红斌，等. 数字电能计量系统误差多参量退化评估模型及方法[J]. 电网技术，2015, 39(11): 3202-3207.

[16] CHEN Q, WYNNE R J, GOULDING P, et al. The application of principal component analysis and kernel density estimation to enhance process monitoring[J]. Control engineering practice, 2000, 8(5): 531-543.

[17] QIN S J, DUNIA R. Determining the number of principal components for best reconstruction[J]. Journal of process control, 2000, 10(2/3): 245-250.

[18] 王海清, 余世明. 基于故障诊断性能优化的主元个数选取方法[J]. 化工学报, 2004, 55(2): 214-219.

[19] VIKTOR Z, YORAM J, KAUFMAN, et al. Vanderlei Martins. Principal component analysis of remote sensing of aerosols over oceans[J]. IEEE transactions on geoscience and remote sensing, 2007, 45(3): 730-745.

第7章

典型工程应用案例

随着电力系统中数字化变电站和智能变电站的试点和推广，电子式互感器等新一代测量设备得到更加广泛的应用，因此对于电子式互感器数据采集的准确性、安全性、同步性均有更加严格的要求。电子式互感器的测试技术主要是指对电子式互感器及合并单元输出信号的基本准确度、温度循环准确度、电磁兼容等性能进行测试。下面介绍电子式互感器测试技术的典型工程应用案例。

7.1 电子式电流互感器测试技术应用实例

电子式电流互感器测试技术主要是针对互感器准确度进行的校验及电磁兼容性能测试等，主要包括离线校验及在线校验。离线校验一般在停电状态下进行，在线校验可对运行中的互感器进行直接测试。

7.1.1 测试校验系统软件界面

校验系统软件功能主要是对信号的显示、储存、分析、预警等，采用多种表示方式，方便技术人员对信号的分析判断。在线校验系统软件主要分为前面板显示程序和后面板处理程序[1-3]。前面板主要实现标准和被测波形与数据显示、参数的设定及功能性参数监测，如图 7.1 所示。

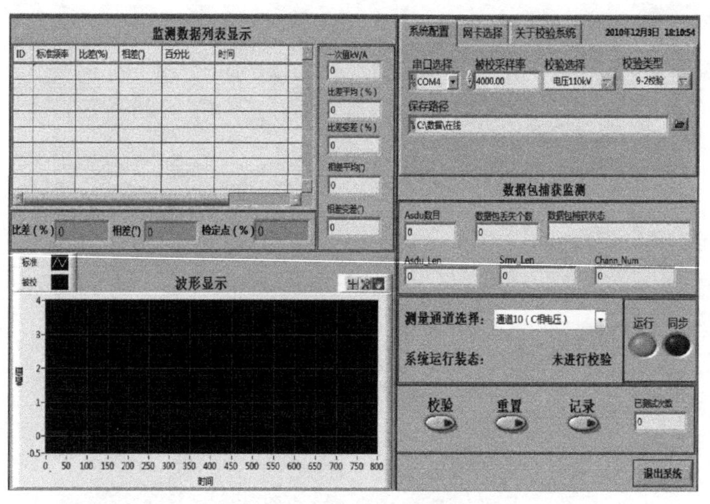

图 7.1 电子式电流互感器在线校验系统软件界面

系统主界面由四部分组成：系统配置界面、结果列表显示界面、波形显示界面和监测界面。其中系统配置界面用来进行参数设置、网卡选择等；结果列表显示界面和波形显示界面分别用来实时显示所选测量项目的结果及波形；监测界面主要方便用户了解整个系统的运行。后面板是程序的主体，完成通信机制的建立、数据的处理，主要包括标准通道信号的接收、被校验通道合并单元 IEC 61850-9-2 数字信号的接收[4-7]。

7.1.2　现场测试

1. 离线测试

为了验证在线校验系统的可行性及校验准确性，首先在检测机构对在线校验仪进行离线运行测试；同时，为了保证溯源的准确性，本在线校验系统与其他两台校验系统进行了结果比对，它们同时校验国内某公司 PSMU 系列合并单元，离线测试数据见表 7.1。

表 7.1　三台校验系统电流校验比对结果

电流百分比%	八位半表		某校验系统		本在线校验系统	
	比值误差/%	相位误差/(′)	比值误差/%	相位误差/(′)	比值误差/%	相位误差/(′)
1.27	0.16	2	0.17	−5.6	0.14	1.2
5.04	0.08	−3	0.07	−6.8	0.09	−2.1
18.59	0.04	−2	0.05	−7.9	0.04	−1.3
80.05	0.01	−5.6	0.02	−8.4	0.01	−4.5
100.21	0.00	−6.2	0.01	−8.8	0.01	−6.1

由以上三台校验系统数据的比对可以看出，三台校验系统在相应的电流变化范围内误差基本一致，这说明本在线校验系统的准确度满足相关的要求。同时为了确保正式在线挂网校验系统的准确性，在贵州某变电站现场进行离线校验，如图 7.2 所示。此次校验针对国内某公司模拟量输入合并单元，同步方式为光秒脉冲，被校验互感器为 10 kV/800 A 电子式电压、电流互感器。

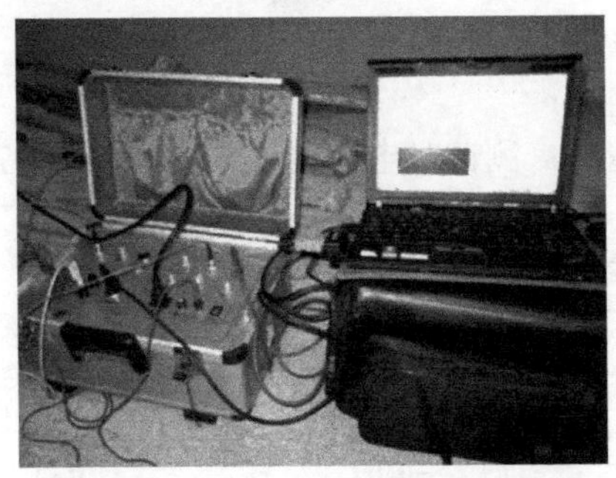

图 7.2　离线校验

同时为了保证本在线校验系统的可行性，在测试过程中，与某校验系统进行全程数据比对，校验数据见表 7.2。

表 7.2　电流校验数据结果比对

电流百分比			1%	5%	20%	50%	100%	120%
本在线校验系统	比值误差/%	A 相	0.223	0.098	0.113	0.091	0.082	0.078
		B 相	–0.081	–0.032	–0.025	–0.039	–0.050	–0.044
		C 相	0.103	0.019	0.041	0.033	0.020	0.013
	相位误差/(′)	A 相	5.78	7.44	7.38	7.03	5.44	4.86
		B 相	0.79	7.01	7.59	6.55	5.47	5.40
		C 相	1.06	7.56	7.23	6.12	5.03	5.02
某校验系统	比值误差/%	A 相	0.195	0.051	0.098	0.118	0.109	0.108
		B 相	–0.067	–0.170	–0.052	–0.009	–0.011	–0.017
		C 相	–0.046	–0.059	0.011	0.057	0.051	0.051
	相位误差/(′)	A 相	3.94	0.47	4.85	4.39	3.81	3.87
		B 相	1.40	3.25	4.57	4.63	3.68	3.97
		C 相	0.55	2.47	4.16	4.06	3.76	3.77

从表 7.2 中可以看出，本在线校验系统和某校验系统相比，额定电流下比值误差最大不超过±0.04%，相位误差不超过±2′，两台校验系统对 A、B、C 三相电子式电流互感器校验的结果均为合格。

2. 在线测试

1）钳形双线圈准确度测试

为测试在线校验系统的准确度，参照《互感器校验仪检定规程》(JJG 169—2010）和 IEC 60044-8 通信协议的要求，在检测机构对其进行校准。结果表明，钳形双线圈的准确度在 1%～120%额定电流的范围内，比值误差变化小于 0.04%，相位误差变化小于 1.2′，满足 0.05 级准确度的要求。

2）钳形双线圈开合试验

测试钳形双线圈多次开合后的误差变化情况，测试时电流为 1 500 A，见表 7.3。

表 7.3　钳形双线圈开合试验

开合次数/次	钳形铁心线圈		钳形空心线圈	
	比值误差/%	相位误差/(′)	比值误差/%	相位误差/(′)
1	–0.003	0.22	–0.012	0.26
20	–0.011	0.13	–0.015	0.64
50	–0.007	0.57	–0.022	0.48
100	–0.015	0.68	–0.005	0.40

表 7.3 显示，开合 100 次的钳形铁心线圈的准确度与最初时相比，比值误差变化 0.012%，相位误差变化 0.46′。钳形空心线圈比值误差变化 0.017%，相位误差变化 0.38′。结果证明该钳形双线圈经多次开合后依然具有较高的准确度。

3）现场应用

电子式电流互感器在线校验系统在经过了上述的一系列测试后，达到了在不停电的状态下进行在线测试运行的各项条件，于 2012 年在某变电站进行了在线挂网运行测试，测试温度为 20℃，湿度为 60%。测试过程中，针对站内的 3 台组合式电子式互感器（电压 110 kV，电流 1 500 A）进行了在线误差校验分析。以下所有操作过程均为带电操作，在线校验现场图如图 7.3 所示。

图 7.3　电子式电流互感器在线校验系统现场校验照片

在带电作业过程中，由于初次作业标准钳形电流传感器闭合不紧密，初次校验时存在气隙，此时校验系统测试程序准确提示存在气隙，提醒操作人员再次操作，证实了本系统自诊断功能的可靠性。

提示后，操作人员重新对传感头进行调整，当程序不再提示时，说明传感头此时闭合良好，可以进行校验。成功挂网后，系统对运行的数据进行了实时记录及波形实时监测，摘录部分测试数据见表 7.4（10 个点的连续数据）。

表 7.4　电流在线校验数据

测试点	1	2	3	4	5	6	7	8	9	10
A 相电流百分比/%	2.882	2.858	2.855	2.878	2.866	2.884	2.939	2.925	2.922	2.915
A 相比值误差/%	0.120	0.135	0.138	0.133	0.163	0.157	0.142	0.138	0.154	0.150
A 相相位误差/(′)	4.184	4.624	4.877	4.498	5.999	6.135	4.546	4.121	4.581	4.437
B 相电流百分比/%	2.930	2.922	2.944	2.876	2.917	2.904	2.954	2.919	2.992	2.928
B 相比值误差/%	0.101	0.108	0.121	0.089	0.133	0.107	0.125	0.111	0.137	0.114

续表

测试点	1	2	3	4	5	6	7	8	9	10
B 相相位误差/(′)	6.504	7.201	6.924	6.943	8.178	8.768	6.690	6.252	7.157	6.506
C 相电流百分比/%	2.927	2.900	2.888	2.935	2.894	2.928	2.970	2.977	2.964	2.966
C 相比值误差/%	0.084	0.100	0.098	0.101	0.137	0.127	0.113	0.108	0.115	0.127
C 相相位误差/(′)	3.167	2.231	3.426	2.428	4.63	4.198	2.540	2.935	3.139	3.115

测试结果显示，被测三相电子式电流互感器（额定电流均为 1 500 A）A 相、B 相、C 相一次电流小于 5%，比值误差小于±0.2%，相位误差小于±10′，满足 0.2 级准确度的要求。

在线校验系统挂网操作过程表明，电流传感头带电地电位作业方式操作简单，可以有效保证人身安全，且提出的组合式钳形电流传感头构成标准电流通道的技术方案，可以实现对铁心传感头安装是否符合要求、是否存在气隙的判断。现场测试过程中，第一次操作没有将传感头闭合完好，系统进行了正确提示。所以，这种构成标准电流通道的校验数据的反馈判断是可行的，保证了现场操作时的可控，实现了高准确度的电子式电流互感器在线校验与故障诊断。

7.2 电子式电压互感器测试技术应用实例

为了验证在线校验的可行性及系统准确度，对电子式电压互感器在线校验系统的准确度进行了测试。

1. 准确度测试

参照《测量用电压互感器》（JJG 314—2010）和《变电站通信网络和系统第 9-2 部分：特定通信服务映射(SCSM)-通过 TSO/IEC 8802-3 的采样值》（IEC 61850-9-2）标准要求，对研制的电子式电压互感器在线校验系统进行测试，结果见表 7.5。

表 7.5 电子式电压互感器在线校验系统校准结果

额定电压百分比/%	比值误差/%	相位误差/（′）
20	0.024	−1.12
50	−0.003	−0.11
80	−0.018	0.44
100	0.016	0.50
120	0.017	0.22

表 7.5 可以看出，研制的在线校验系统在 20%～120%额定电压范围内，比值误差变化<0.04%，相位误差变化<2′。由以上校准结果可知，该在线校验系统可达到万分之五的校验准确度，即可校验 0.2 级及以下准确度的电子式电压互感器。

2. 抗干扰能力测试

现场校验时，来自现场的强电磁干扰可能会影响系统的准确度，尤其是来自相邻一次导线的干扰[8-11]，会对在线校系统中的标准电压互感器造成影响。当校验其中一相的互感器时，另外两相一次导线的磁场可能会对标准电压互感器的准确度产生影响。为验证系统抗邻相电磁干扰能力，在贵州省电力公司进行了如下试验。

如图 7.4 所示，当标准电压互感器接入 A 相时，将 A 相一次导线断电，B 相、C 相一次导线电压升至额定值（110kV / $\sqrt{3}$ ），测量标准电压互感器的输出，按式（7.1）计算误差：

$$\sigma = \frac{U_{\mathrm{i}}}{U_{\mathrm{r}}} \times 100\% \tag{7.1}$$

式中：U_{i} 为标准电压互感器的邻相感应电压输出；U_{r} 为额定电压时标准电压互感器输出（57.7 V）。其他两相的试验也按上述方法进行，测试结果见表 7.6。

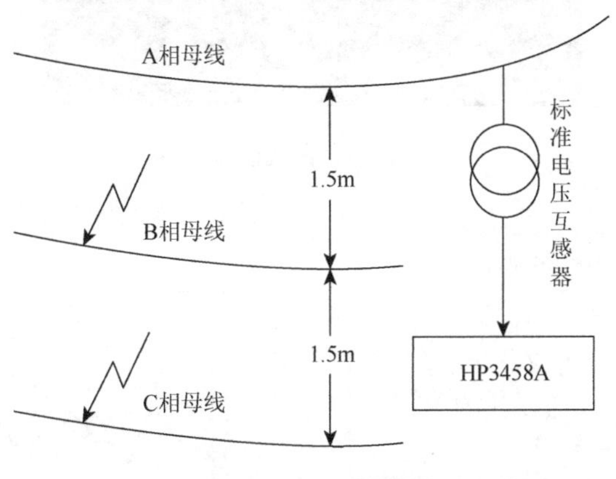

图 7.4　抗干扰测试

表 7.6　抗干扰测试结果

参数	标准电压互感器接入A 相导线	标准电压互感器接入B 相导线	标准电压互感器接入C 相导线
误差/%	0.002	0.003	0.001

测试结果表明：标准电压互感器现场校验时受邻相电压干扰的影响很小，对整体准确度的影响可以忽略，由此证明该互感器具有很好的抗邻相电磁干扰能力。

3. 在线校验

为验证研制的电子式电压互感器在线校验系统的现场测试性能，在贵州省电力公司白城 110 kV 变电站进行在线测试，被测电子式电压互感器设计准确度为 0.2 级。图 7.5 为现场校验场景，图 7.6 为测试结果。

图 7.5　在线校验

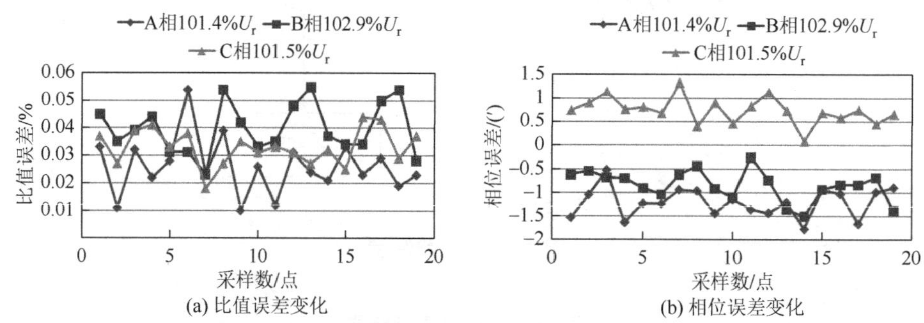

(a) 比值误差变化　(b) 相位误差变化

图 7.6　被校验电压互感器误差变化（$U_r = 110\text{kV}/\sqrt{3}$ 为一次导线额定电压）

从图 7.6 可以看出，三相电子式电压互感器比值误差最大变化＜0.06%，角差最大变化＜2′，满足《互感器 第 7 部分：电子式电压互感器》（IEC 60044-7：1999）中 0.2 级测量用电子式电压互感器的准确度要求。现场测试过程证明该在线校验系统具有校验时间灵活、高准确度、抗干扰能力强、操作安全方便的特点，为数字量输出电子式电压互感器的现场校验提供了一种简单有效的新途径。

图 7.5 中在线校验系统标准电压互感器采用的是电磁式电压互感器。电磁式电压互

感器随着电压等级的提高，其体积及重量会大幅增加。为了提高在线校验系统在高电压等级下的适应性，同时研制了基于 SF_6 标准电容器的电子式电压互感器在线校验系统，如图 7.7 所示，现场试验如图 7.8 所示。

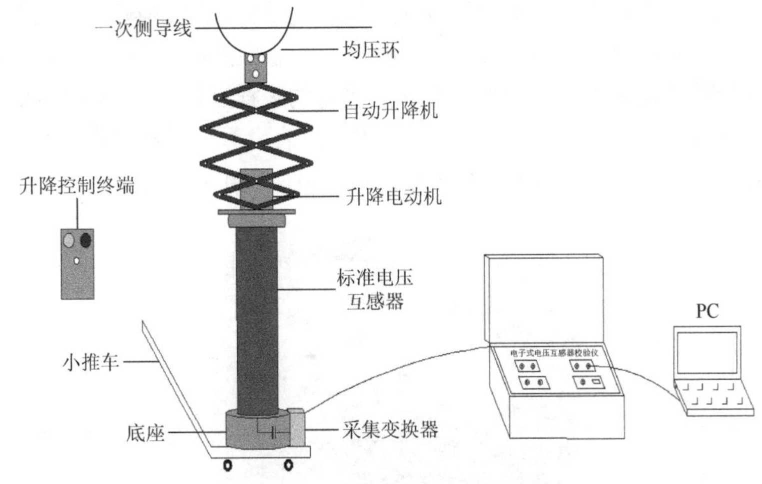

图 7.7　标准电压变换器结构图

图 7.8　现场测试图

7.3　合并单元测试技术应用实例

模拟量输入合并单元计量性能校验装置是专门用于测试和评价模拟量输入合并单元计量性能的校验装置，由程控功率源、标准信号变换器、时间数字转化器、同步信号发生器、数据采集卡、被测合并单元和上位机等组成。校验装置有标准和被校验两个通道，在同步信号发生器的控制下，标准通道和被校验通道对数据进行同步采集，然后将数据发送到上位机，在上位机中完成数据处理和计算，从而对模拟量输入合并单元的计量性能进行相关试验。根据《模拟量输入合并单元计量性能检测技术规范》（Q/GDW 11364—2014）中提出的模拟量输入合并单元计量性能检测项目和方法，提出了模拟量输入合并单元计量性能校验的总体方案，设计了一套模拟量输入合并单元计量性能校验装置，同时开发了该校验装置相适应的模拟量输入合并单元计量性能校验软件，然后对目前主流的模拟量输入合并单元进行相关测试[12-15]。模拟量输入合并单元计量性能校验装置如图 7.9 所示。检验系统内置时间硬件补偿装置，用以补偿采集卡固有的采样延迟。采用 FPGA 技术和时间数字转换（time-to-digital converter，TDC）技术相结合，对采样不同步实行硬补偿，使得采样同步误差小于正负 20 ns。校验系统操作界面如图 7.10 所示。

图 7.9　模拟量输入合并单元计量性能校验装置产品屏柜

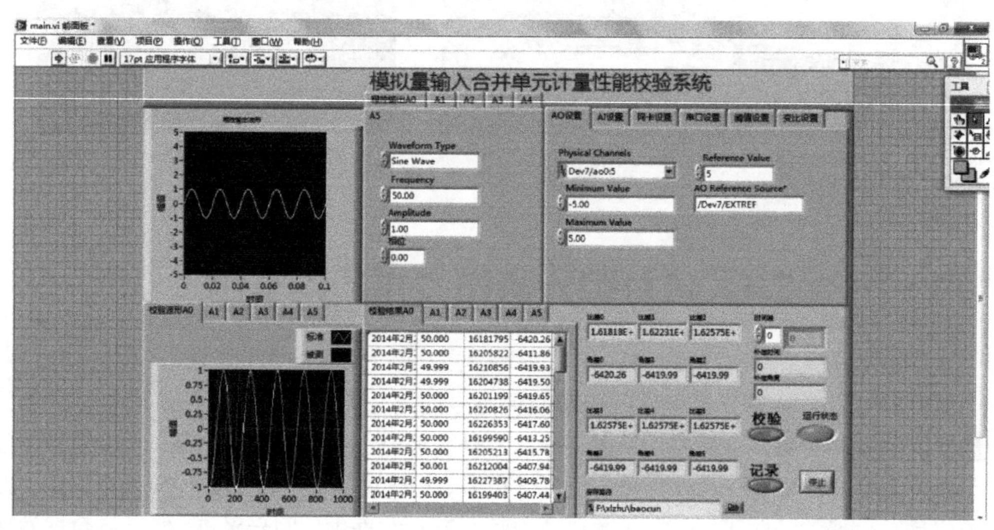

图 7.10　校验系统界面

模拟量输入合并单元计量性能评价试验平台基于三相程控功率源和模拟量输入合并单元计量性能校验系统构建而成，试验平台如图 7.11 和图 7.12 所示。智能测试系统软件调用三相程控功率源软件，控制三相程控功率源输出测试项目对应的波形，模拟测试工况。模拟量输入合并单元计量性能校验系统则检测被测模拟量输入合并单元的输入模拟量和输出 IEC 61850-9-2 协议数据包，校验合并单元的计量性能，校验结果发送给智能测试系统软件，进行计量性能评价。

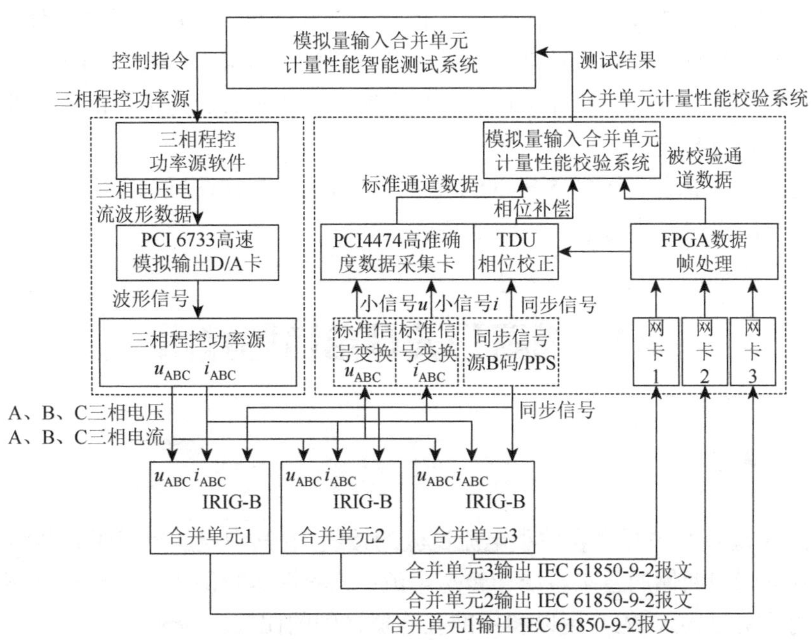

图 7.11　模拟量输入合并单元计量性能评价试验平台结构框图

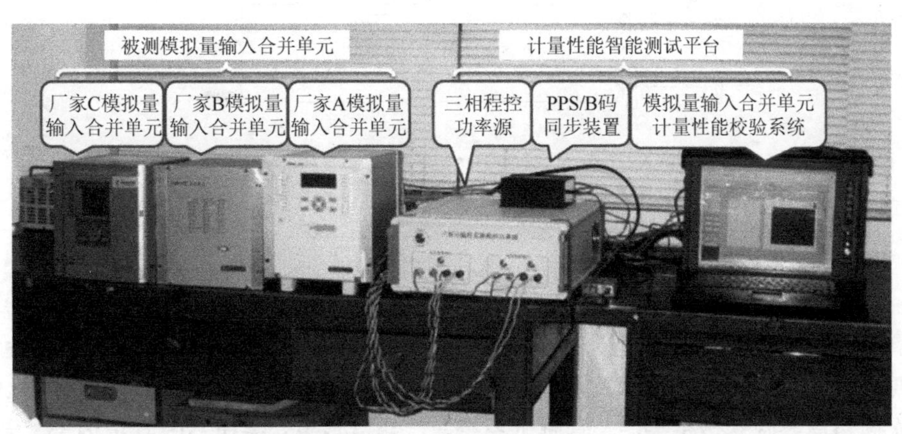

图 7.12　模拟量输入合并单元计量性能评价试验平台测试照片

三相程控功率源基于大功率运放，其输出可叠加直流，三相电压电流幅值、相位、频率均独立可调，输出信号波形任意，满足模拟量输入合并单元计量性能测试

的多种需求。开展试验时，根据测试项目要求，模拟测试工况提供功率信号给模拟量输入合并单元。

模拟量输入合并单元计量性能校验系统能分析多个通道的准确度和通道之间的相互影响，基于虚拟仪器技术研发，不仅具有校验功能，还能完成计量性能测试项目中误差性能相关试验、电磁兼容与温度影响试验等各项试验的测试。试验时，计量性能校验系统检测被测合并单元的输入模拟信号、输出数字 IEC 61850-9-2 信号，根据被测合并单元的输入和输出，来校验其计量性能。校验结果发送给智能测试系统软件。

智能测试系统软件调用程控功率源控制和计量性能校验系统校验结果，控制检测流程，根据测试数据进行分析和计量性能评估，输出测试报表。为了保证系统性能，对系统整体准确度进行校准。

校准之后，系统均满足 0.05 级准确度要求，且通过多次测试，比值误差的单点波动不超过 0.02%，相位误差的单点波动不超过 0.2′。

7.4 隔离开关开合试验技术

7.4.1 系统模型

图 7.13 为隔离开关开合容性小电流试验的接线图：其中电压电流组合测量系统用于测量隔离开关端口两侧的暂态电压和暂态电流；在容性负载侧接有被校验互感器，被校验互感器的输出也接入 PC，用以和标准互感器之间的比较。

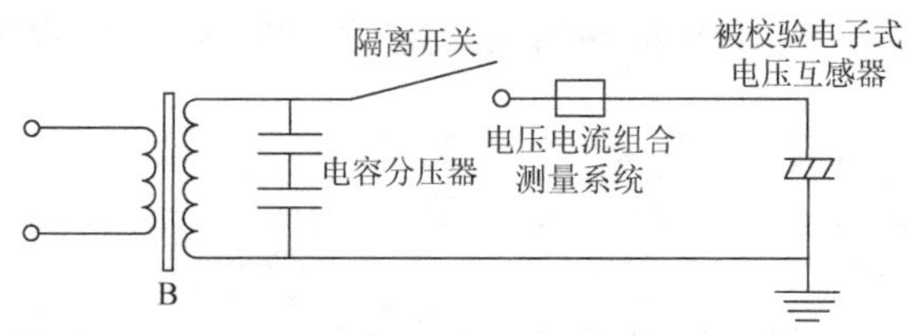

图 7.13 试验接线图

7.4.2 隔离开关开合容性小电流试验平台搭建

隔离开关开合试验是超出国标要求的项目，搭建隔离开关开合容性小电流试验回路后需要测试一次电压电流波形，因此需要研发高频电压电流组合测量系统进行测试。根据一次回路需要两套传感头，一套测试系统。一套传感头安装在 GIS 管道内部，一套用于敞开式一次回路。通过前期试验和理论研究可知，该项试验中一次电流为高频大电流，在隔离开关开合操作时的一次电压也是频率成分较为复杂的大电压信号。该电压电流组合测量系统包括标准高频电流互感器、标准高频电压互感器和高速采样传输系统，其工

作原理如图 7.14 所示，实物图如图 7.15、图 7.16 所示。

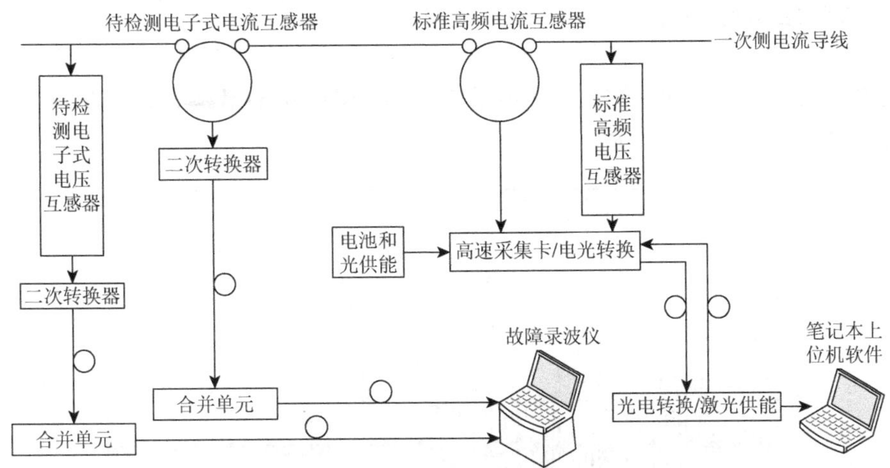

图 7.14　电压电流组合测量系统

图 7.15　隔离开关开合试验敞开式测试平台

图 7.16　电子式互感器隔离开关开合试验

7.4.3 试验结果总结分析

隔离开关开合试验的一次波形和电子式互感器受干扰输出波形如图 7.17～图 7.19 所示。

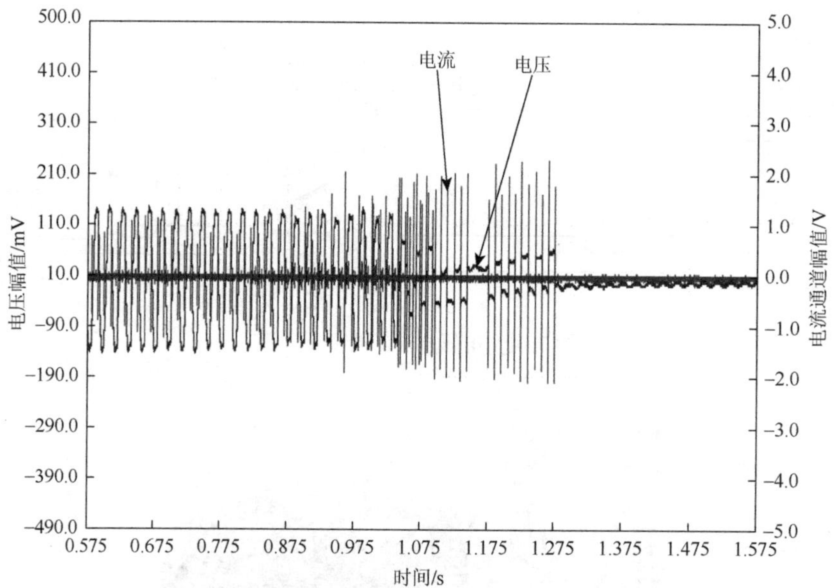

图 7.17 隔离开关开闸波形（冲击信号表示电流，正弦信号表示电压）

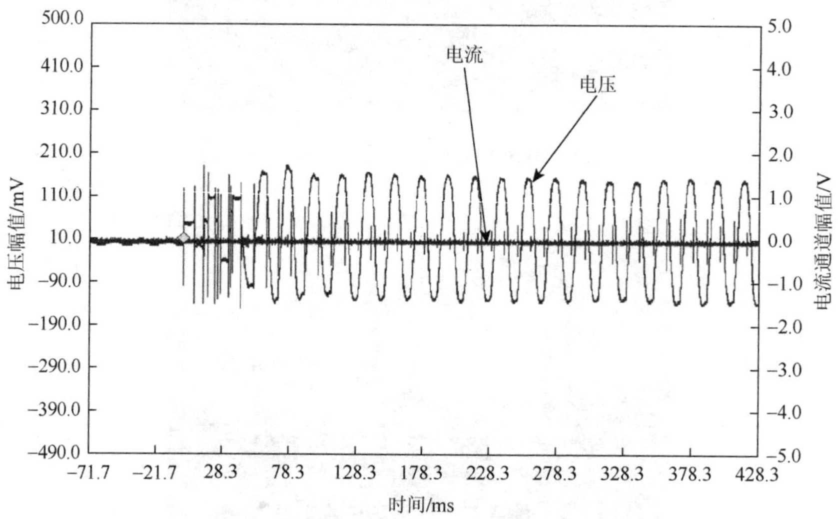

图 7.18 隔离开关合闸波形（冲击信号表示电流，正弦信号表示电压）

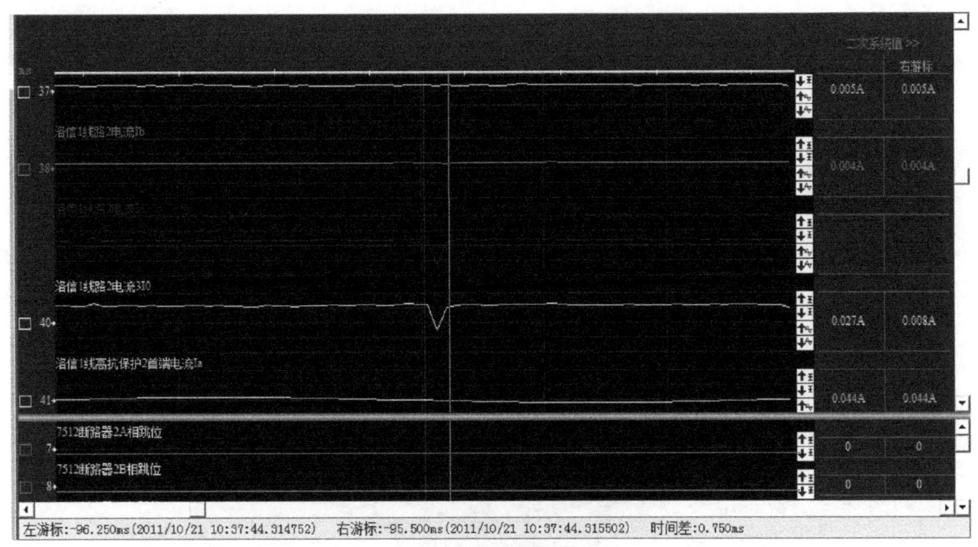

图 7.19　750 kV 电子式电流互感器受干扰输出导致保护误动波形

试验中电子式互感器出现的硬件故障和输出波形数据异常现象，也是在变电站运行的电子式互感器会出现故障现象。此次多个制造厂的多个产品的试验结果，为制定新的电磁兼容试验标准提供了依据，同时通过这个项目的试验，可有效提高电子式互感器的抗强电磁干扰的性能，降低运行过程发生电磁防护的故障率。

7.4.4　测试结果分析

2011 年相关部门组织了电子式互感器性能测试，经国家电网有限公司多个部门联合讨论形成方案，对 20 余个厂家的 41 台样品进行了测试，其中有 5 台样品通过了全部测试项目。具体结果如下。

1. 有源电子式电流互感器（Rowgowski 线圈或 LPCT 线圈原理）

测试过程出现的问题主要有电磁兼容测试导致产品故障、温度循环测试导致产品故障、短时电流测试导致采集器故障、隔离开关开合测试导致产品故障、振动测试导致一次故障、绝缘击穿、传感器工作不稳定、雷电冲击测试导致产品故障、复合误差测试产品超差等，故障按类型分类，如图 7.20 所示。

测试表明，有源电子式电流互感器共发生故障 21 台次，其中电磁兼容测试导致产品故障率最高，共发生 6 台次，占比高达 28.6%；其次为短时电流测试导致采集器故障和温度循环测试导致产品故障，分别发生 4 台次，占比为 19.0%；隔离开关开合测试导致产品故障发生 2 台次，占比为 9.5%；其他类型的故障发生次数较为平均，占比均为 4.8%。

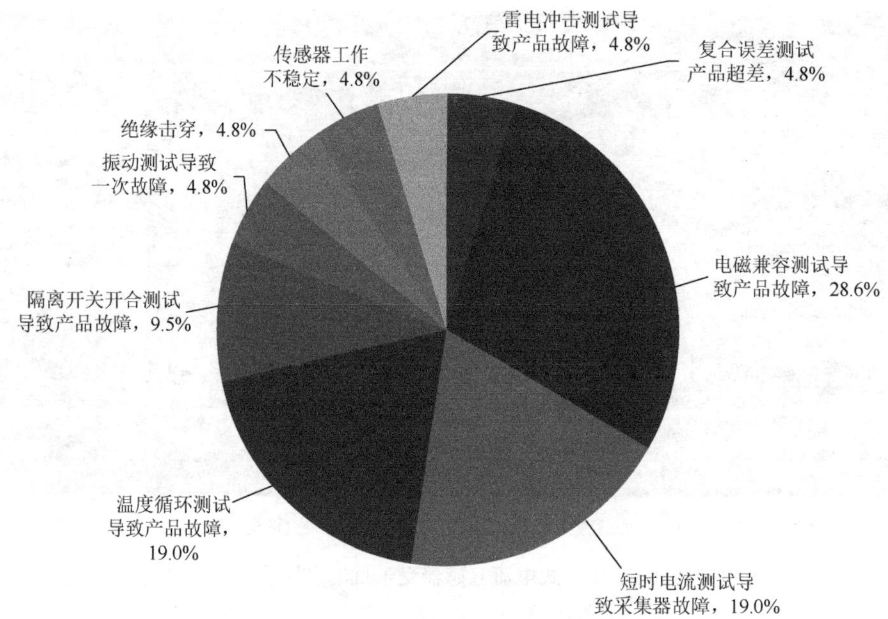

图 7.20　有源电子式电流互感器故障分类图

因占比以四舍五入取值，故图中各数据加和不为 100%

补充说明：隔离开关开合测试过程中，除有 2 台次产品发生故障，导致产品无法正常工作，试验无法进行，还有 3 台次产品测试过程未出现故障，但是产品输出异常，可能会导致继电保护装置误动。隔离开关开合测试结果如图 7.21 所示。

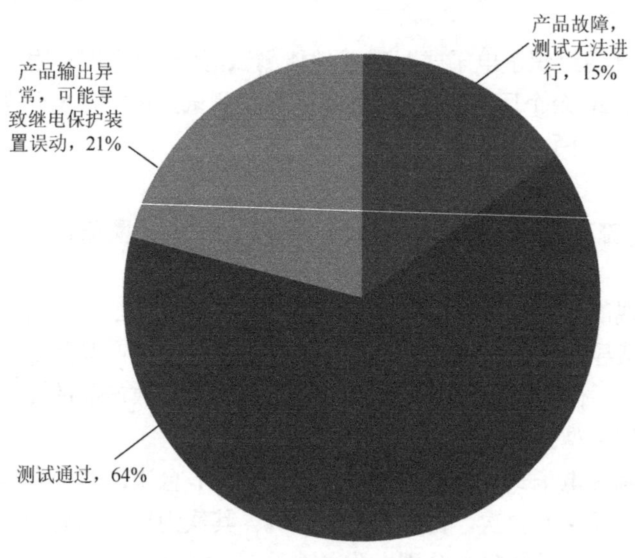

图 7.21　有源电子式电流互感器隔离开关开合测试结果

2. 有源电子式电压互感器（电容分压或电感分压原理）

测试过程出现的问题主要有电磁兼容测试导致产品故障、隔离开关开合测试导致产品故障、温度循环测试导致产品故障、雷电冲击测试导致采集器故障、绝缘击穿等，故障按类型分类，如图 7.22 所示。

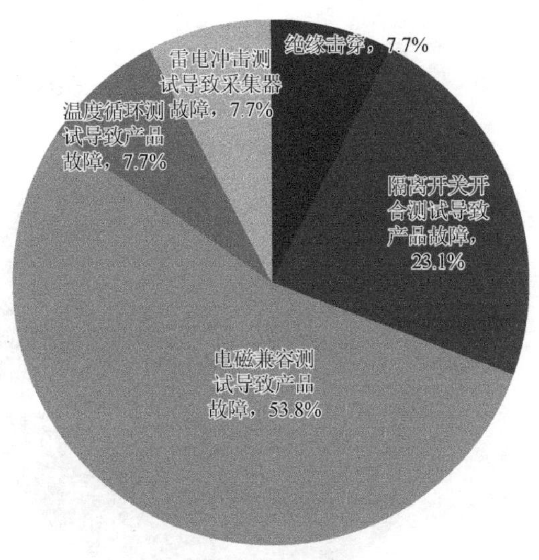

图 7.22　有源电子式电压互感器故障分类图

测试表明，有源电子式电压互感器共发生故障 13 台次，其中电磁兼容测试导致产品故障最高，共发生 7 台次，占比高达 53.8%；其次为隔离开关开合测试导致产品故障，发生 3 台次，占比为 23.1%；其他类型的故障发生次数较为平均，占比为 7.7%。

补充说明：隔离开关开合测试过程中，除有 3 台次产品发生故障，导致产品无法正常工作，还有 4 台次产品测试过程未出现故障，但是产品输出异常，可能会导致继电保护装置误动。隔离开关开合测试结果如图 7.23 所示。

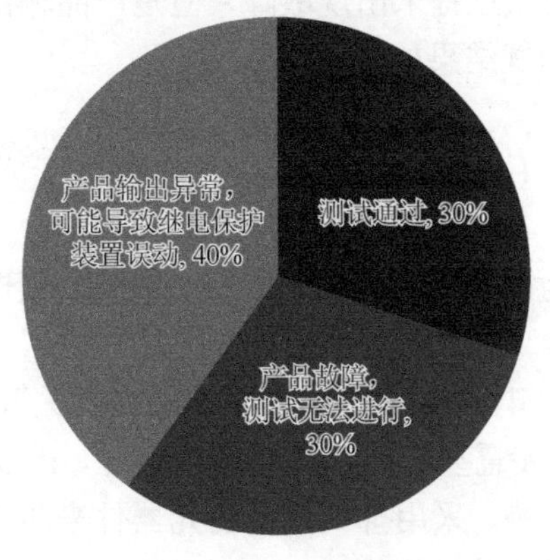

图 7.23　有源电子式电压互感器隔离开关开合测试结果

3. 无源电子式电流互感器（磁光玻璃或全光纤原理）

测试过程出现的问题主要有小电流测试时误差测试异常、温度循环测试时输出异常、电磁兼容测试时产品故障、复合误差测试产品输出异常、振动测试时输出异常、隔离开关开合测试导致产品故障、机械强度测试时产品故障等，故障按类型分类，如图 7.24 所示。

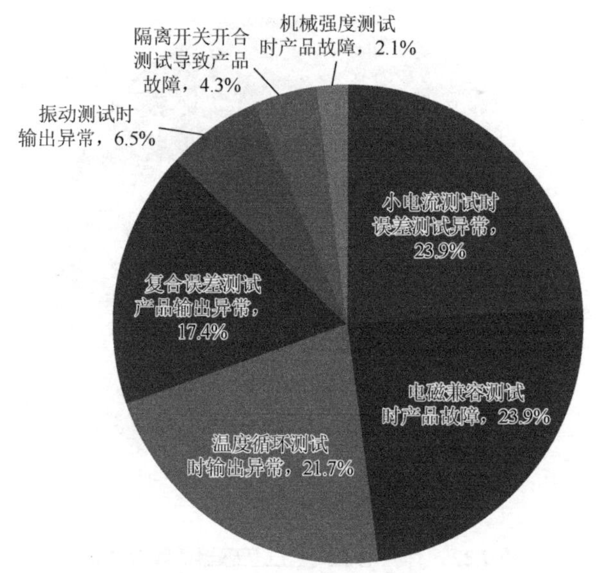

图 7.24　无源电子式电流互感器故障分类图

因占比以四舍五入取值，故图中各数据加和不为 100%

测试表明，无源电子式电流互感器共发生故障 46 台次，其中小电流测试时误差测试异常和电磁兼容测试时产品故障发生率最高，分别发生 11 台次，占比 23.9%；温度循环测试时输出异常，发生 10 台次，占比 21.7%；复合误差测试产品输出异常发生 8 台次，占比 17.4%。

补充说明：隔离开关开合测试过程中，除有 2 台次产品发生故障，导致产品无法正常工作，还有 1 台次产品测试过程未出现故障，但是产品输出异常，可能导致继电保护装置误动。隔离开关开合测试结果如图 7.25 所示。

4. 无源电子式电压互感器（Pockels 原理）

测试过程出现的问题为雷电冲击测试导致产品故障。测试表明，无源电子式电压互感器共发生故障 1 台次。

从上述结果可以看出，电子式互感器在利用隔离开关开合试验进行电磁兼容测试时，尚存在一些不足，下一步需要在提高机箱屏蔽效能、改变电路结构以减少敏感回路在传导和辐射方面的高频影响，采用抑制浪涌的元器件来防范浪涌（冲击）骚扰所产生的电磁干扰，提高电磁兼容防护设计等。

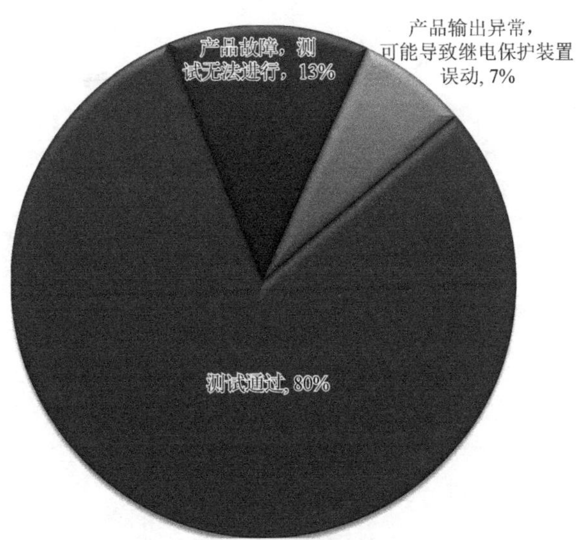

图 7.25　无源电子式电流互感器隔离开关开合测试结果

参 考 文 献

[1] 王世阁, 张军阳. 互感器故障及典型案例分析[M]. 北京: 中国电力出版社, 2013: 17-118.

[2] 李兆华. 电能计量接线技术手册[M]. 北京: 中国电力出版社, 2011: 45-103.

[3] 孙褆, 舒开旗, 刘建华. 电能计量新技术与应用[M]. 北京: 中国电力出版社, 2010: 57-91.

[4] 李振华. 高压组合型电子式电流电压互感器[D]. 武汉: 华中科技大学, 2011.

[5] 杨雪东. 基于小波-分形理论的电子式互感器故障诊断方法研究[D]. 重庆: 重庆大学, 2012.

[6] 李伟. 电子式电流互感器及数字化电站新技术研究[D]. 武汉: 华中科技大学, 2011.

[7] 张明明, 陈庆, 汪本进, 等. 断路器中的光供电式空心电流互感器的设计及应用[J]. 电气制造, 2006(11): 38-39.

[8] 陈金玲, 李红斌, 刘延冰, 等. 比较式光学电流互感器的信号解调[J]. 电力系统自动化, 2006(21): 82-85.

[9] 范红勇, 李红斌, 张艳. 电子式电流互感器的一种高压侧低功耗信号调制方法[J]. 高压电器, 2006(5): 388-389, 392.

[10] 张明明, 陈庆, 汪本进, 等. 应用于断路器中的光供电式空心电流互感器[J]. 高压电器, 2006(3): 217-219.

[11] 李振华, 闫苏红, 胡蔚中, 等. 光学电压互感器的研究及应用现状分析[J]. 高电压技术, 2016, 42(10): 3230-3236.

[12] ZHENG L, TAO Z. The Integration of power electronic transformer with DC microgrid and its influences on distribution network[C]//2018 China International Conference on Electricity Distribution (CICED). IEEE, 2018: 2507-2514.

[13] YAO X, ZHANG C S, ZHAO Z G, et al. Study of electronic transformer temperature field monitoring based on FBG sensing[J]. Transducer and microsystem technologies, 2017, 36(6): 70-72.

[14] HUANG P, MAO C, WANG D. Electric field simulations and analysis for high voltage high power medium frequency transformer[J]. Energies, 2017, 10(3): 371-373.

[15] MESHRAM S, SHERKI Y. Study of dual active bridge: an application to solid state transformer[J]. International journal of engineering and management research (IJEMR), 2015, 5(3): 294-297.